IMPRESSIONS DE VOYAGES EN INDE

DANS LA MÊME SÉRIE
« REVUE DES DEUX MONDES »

Paul Scudo, Édouard Schuré et Richard Wagner, *La Controverse Wagner. Tannhaüser à Paris en 1861*, choix de textes.

Leopold von Sacher-Masoch, *Femmes slaves.*

Jean-Abram Noverraz, *Souvenir de l'Empereur Napoléon Ier. Journal du Retour des Cendres.*

Lafcadio Hearn, *Lettres japonaises 1890-1903.*

Rudyard Kipling, *Sur la guerre 1914-1919. Neuf lettres.*

Élisée Reclus, *Histoire de la guerre de Sécession aux États-Unis (1861-1865).*

Émile Michel, *Diego Velàzquez. Physionomie d'un génie.*

Alfred Duvaucel

Né le 4 février 1793, Alfred Duvaucel est le fils d'un fermier général, Louis Philippe Duvaucel, guillotiné en 1794. Sa mère, Anne-Marie Loquet du Trazail, se remaria à Georges Cuvier, professeur d'anatomie comparée au Muséum d'histoire naturelle. Ayant d'abord choisi la carrière militaire sous les ordres de Lazare Carnot, il s'oriente définitivement vers les sciences. Nommé naturaliste du Roi en 1817, il s'embarque pour l'Inde et rejoint un autre naturaliste, Pierre-Médard Diard, à Calcutta. Après avoir collecté de nombreuses espèces végétales et animales au Bengale et en Indonésie, il meurt à Madras en août 1824 à l'âge de 31 ans.

Victor Jacquemont

Le naturaliste Victor Jacquemont, né le 8 août 1801, est surtout connu pour sa correspondance abondante et flamboyante. Élevé dans un esprit anticlérical, ami de Mérimée et de Stendhal, il sera un fidèle des salons – notamment celui de Cuvier – où savants et écrivains discutent des choses du monde. Passionné de sciences naturelles, Jacquemont s'embarque en août 1828 sur *La Zélée* en direction de l'Inde. Après avoir parcouru tout le nord du pays pour une collecte riche en espèces minérales et végétales, il succombe à Bombay le 7 décembre 1832, à l'âge de 31 ans. Enterrée sur place, sa dépouille sera ensuite inhumée dans la galerie de zoologie du Muséum d'histoire naturelle de Paris.

Jérôme Petit

Conservateur à la Bibliothèque nationale de France, docteur en études indiennes, membre de l'UMR « Mondes iranien et indien », Jérôme Petit a traduit en français l'autobiographie de Banārasīdās, un marchand jaïna du XVIIe siècle (*Histoire à demi*, Presses Sorbonne Nouvelle, 2011). Il a parallèlement publié *Le grand livre des sciences et inventions indiennes* (Bayard Jeunesse, 2011) qui a reçu le Prix « Le goût des sciences » du ministère de la Recherche.

AGORA

Collection dirigée par François Laurent

ALFRED DUVAUCEL
et
VICTOR JACQUEMONT

IMPRESSIONS DE VOYAGES EN INDE

1818-1832

Édition préfacée et annotée par
Jérôme Petit

POCKET

Ouvrage publié sous la direction de
Olivier Cariguel et Eryck de Rubercy

ISBN : 978-2-266-26215-6

Sommaire

LETTRES ET ÉCRITS DE VICTOR JACQUEMONT

LA POSTÉRITÉ DE VICTOR JACQUEMONT

ANNEXES

Alfred Duvaucel et Victor Jacquemont ou les destins brisés de deux naturalistes en Inde au début du XIXe siècle

« Encore une correspondance de Victor Jacquemont ! Oui et c'est une grande faveur, car il n'est pas de plaisir plus délicat que de lire les lettres de Jacquemont. Dans cet émerveillement, on ne sait ce qui vous ravit le plus : l'esprit, la gentillesse, la sensibilité, la force, l'érudition, la science[1]. » Cette remarque – ce sursaut – du botaniste Jean Beauverie (1874-1938), professeur à l'Académie des sciences de Lyon, chargé de rédiger le compte rendu de l'édition des lettres de Victor Jacquemont au géologue suisse Jean de Charpentier (1786-1855), rejoindra celle du lecteur du présent volume, sinon qu'il ne pourra s'exclamer : « Encore une correspondance d'Alfred Duvaucel ! » Car c'est bien là l'intérêt de rééditer des lettres du célèbre voyageur naturaliste que de les confronter à celles d'un homme qui a eu un destin tout aussi fatal, sans avoir été autant mis en lumière par les savants, les gens de lettres et autres amateurs d'esprit et d'aventure.

Alfred Duvaucel (1793-1824) n'aura en effet pas connu le succès de Victor Jacquemont (1801-1832).

1. Jean Beauverie, « Compte rendu des *Lettres de Victor Jacquemont à Jean de Charpentier* (Masson, 1933) », *Revue générale des sciences*, 30 novembre 1933, p. 653.

Ayant d'abord choisi la carrière militaire sous les ordres de Lazare Carnot, Duvaucel s'est tourné vers les sciences. S'il a peu écrit, Jacquemont, en revanche, amateur de musique et de littérature, ami de Stendhal et de Mérimée, a rempli bien des pages au cours d'une existence très brève. Ce temps de vie si court est un point commun entre nos deux hommes. En outre, l'un et l'autre moururent à l'âge de trente et un ans. Le troisième dénominateur commun est, de toute évidence, l'Inde. Les explorateurs ont parcouru, à la même époque, ce pays en bravant des dangers multiples (tigres, brigands, tensions militaires, maladies). Si Duvaucel débarqua en Inde en 1818 et resta dans la région jusqu'à sa mort en 1824, Jacquemont explora l'Inde du Nord peu de temps après, entre les années 1828 et 1832. L'Inde qui les fascinait ne les laissa pas repartir vers leur pays natal. Alors qu'il décide de regagner la France, Duvaucel meurt à Madras « vers la fin d'août », sans plus de précision sur la date[1], d'une fièvre apparentée à la malaria. Quant à Jacquemont, il s'éteint d'une maladie du foie à Bombay, étape de son voyage qui aurait dû le mener dans le sud de la péninsule, avant de s'embarquer pour Brest ou Lorient depuis Madras ou Pondichéry. Quatrième affinité : les sciences naturelles. Elles ont occupé une place prépondérante dans la vie des deux jeunes gens, jusqu'à les pousser à entreprendre des voyages redoutables. Duvaucel a découvert très tôt l'attrait des sciences naturelles par l'entremise de son beau-père. À la mort de son premier mari, Louis-Philippe Alexandre Duvaucel (1749-1793), fermier général, guillotiné sous la Terreur, sa mère Anne-Marie Sophie Loquet du Trazail (c. 1768-1849) s'était en effet remariée en février 1804

1. « Nécrologie : Alfred Duvaucel », *Revue encyclopédique*, avril 1825, p. 274.

avec le grand anatomiste Georges Cuvier (1769-1832)[1]. En ce qui concerne Jacquemont, qui reçut une éducation très ouverte inspirée par l'esprit des Lumières, c'est un accident de laboratoire[2] qui l'obligea, pour se soigner, à exercer ses activités en plein air. Il profita alors de ses connaissances en histoire naturelle, pour laquelle il s'était déjà passionné, dans les années 1817-1818, en parcourant les jardins du marquis de La Fayette (1757-1834) et de Victor Destutt de Tracy (1781-1864) dont il cultivait les amitiés.

Alfred Duvaucel, un scientifique dans l'âme

Le destin d'Alfred Duvaucel bascule après le second mariage de sa mère avec l'illustre Cuvier, déjà titulaire de la chaire d'histoire naturelle au Collège de France dont il a eu la charge en 1800, à l'âge de trente et un ans. Il prend sous son aile son beau-fils qui a préféré

1. Les dates de la famille Duvaucel sont souvent approximatives. Nous nous appuyons sur la notice d'Alphonse Mahul, « Duvaucel (Alfred) », *Annuaire nécrologique ou complément annuel et continuation de toutes les biographies, ou dictionnaires historiques, contenant la vie des hommes remarquables par leurs actes ou leurs productions, morts dans le cours de chaque année, à commencer de 1820*, 5e année, année 1824, p. 109-110. Pour les généalogistes, Louis-Philippe Duvaucel, marquis de Castelnau, est né en 1754 et fut guillotiné le 19 floréal an II (8 mai 1794) à Paris, condamné à mort par le Tribunal révolutionnaire de Paris comme complice d'un complot contre le peuple français, en mettant dans le tabac de l'eau et des ingrédients nuisibles à la santé des citoyens (selon Jean-Pierre Naud, « Sainte Lizaigne en Champagne Berrichone : approche d'histoire locale, approches généalogiques », en ligne, http://www.saintelizaigne.fr).

2. Sa santé s'était altérée lors d'une manipulation faite sans précaution au cours de Louis-Jacques Thénard (1777-1857), professeur de chimie au Collège de France, que le jeune homme suivait du haut de ses quinze ans.

abandonner la carrière militaire en 1815 pour reprendre ses études scientifiques. En 1817, Duvaucel est nommé « naturaliste du Roi ». Le titre de naturaliste est fort commode : il met l'accent sur la science. Il a l'avantage de reléguer en arrière-plan la dimension diplomatique et les enjeux de pouvoir sur les territoires détenus par les nations européennes par-delà les mers. Pourtant les rivalités politiques pesèrent, sans pour autant les entraver, sur les voyages de Duvaucel et de Jacquemont qui montra, pour sa part, une grande habilité dans ce domaine. En décembre 1817, Duvaucel s'embarque sur *La Seine*, un bâtiment commandé par le capitaine Houssard. Il débarque à Calcutta en mai 1818 et retrouve un autre naturaliste français, Pierre-Médard Diard (1794-1863), qui avait étudié l'anatomie et la zoologie avec Georges Cuvier. Peu enclins aux mondanités des salons anglais de Calcutta, les deux hommes se rendent vite à Chandernagor, comptoir français situé au cœur du Bengale britannique. Ils s'installent dans une vaste maison qu'ils transforment au fil de leurs collectes en un véritable petit Muséum. Chaque pièce a une destination particulière, il y a des animaux partout, vivants, empaillés, réduits à l'état de squelette, et le jardin est planté d'espèces rares, si bien que ce drôle d'endroit devient pour un temps l'attraction de la bonne société de Calcutta. Les animaux sont le plus souvent amenés par des chasseurs qui ont été engagés par les deux naturalistes. Les relations privilégiées qu'ils ont réussi à entretenir avec les rajas locaux leur permettent d'obtenir d'autres espèces, outre celles qu'ils collectent et chassent eux-mêmes. Dans une notice qu'il publie en 1821 pour rendre compte des découvertes scientifiques faites par Diard et Duvaucel, Georges Cuvier note qu'ils rencontrèrent une difficulté de taille, celle de la répartition du travail dictée par le système socioreligieux des castes. Et ce n'est pas sans peine qu'ils parviennent « à faire soigner le jardin par le portier, à envoyer quelquefois l'échanson à la pêche et le cuisinier à la chasse. Enfin, ils engagèrent le petit nombre de domestiques qu'ils avaient à cumuler leurs fonctions, victoire d'autant moins aisée que les préjugés religieux sont parfaitement secondés par l'indolence naturelle à ce peuple[1] ». Le ton est donné, dans ce début du XIXe siècle qui n'avait pas encore connu les grands travaux sur le brahmanisme, qui n'avait pas vu naître l'anthropologie, encore moins les études postcoloniales, et qui se bornait à penser le monde à l'aune de ses préjugés.

Le premier envoi que Diard et Duvaucel font au Muséum, en juin 1818, est encore dans toutes les mémoires de naturalistes : le fameux squelette du dauphin du Gange, une tête de bœuf du Tibet dont ils avaient disputé les restes aux chacals et aux chiens, plusieurs espèces d'oiseaux, une description du tapir de Sumatra prise sur un modèle vivant dans la ménagerie constituée par Francis Rawdon-Hastings (1754-1826), gouverneur général de l'Inde britannique, qui leur céda aussi un jeune bouc du Cachemire dont le destin glorieux aura été de propager l'espèce en France. Les deux naturalistes rencontrent alors sir Stamford Raffles (1781-1826), gouverneur de Bencoolen, un comptoir britannique au cœur des Indes néerlandaises, sur la côte sud-ouest de Sumatra. Diard et Duvaucel, pensant avoir épuisé les ressources du Bengale, sont séduits par les libéralités de Raffles, naturaliste dans l'âme mais dont l'agenda est totalement occupé par ses obligations politiques, voyant dans ces deux jeunes Français, sans doute un peu naïfs, une belle opportunité d'enrichir les collections

1. Georges Cuvier, « Notice sur les voyages de MM. Diard et Duvaucel, naturalistes français, dans les Indes orientales et dans les îles de la Sonde », *Revue encyclopédique*, tome X, juin 1821, p. 475.

royales du prince de Galles, futur George IV, assurant la Régence du pouvoir de son père. Diard et Duvaucel ne ménagèrent pas leur peine pour herboriser, chasser et naturaliser toutes les espèces rares qu'ils rencontraient sur leur chemin. Raffles les emmène partout, pendant ses voyages diplomatiques, notamment à Singapour qu'il aurait créé selon une légende. Le coup de maître de Raffles a été de proposer aux deux naturalistes de subvenir à tous les besoins de leur mission scientifique, aux frais de l'*East India Company*, la Compagnie anglaise des Indes orientales, rivale de leurs concurrentes française et hollandaise. À terme, il se crut autorisé, au moment de les congédier, de revendiquer la totalité de leurs collections qu'il envoya en Angleterre.

Arrivés à Achem, actuelle Aceh, au nord de l'île de Sumatra, après un passage par Singapour, Duvaucel se plaint de l'atmosphère de défiance à laquelle ils sont confrontés à leur arrivée. Il raconte comment Diard s'est retrouvé entouré de deux cents Malais qui le dépouillèrent des fruits de sa chasse et de ses armes et bagages. Les deux naturalistes décident de se rendre à Malacca, plaque tournante de la drogue et du poivre, où ils se mettent en quête d'herbes nouvelles qui ne soient pas du pavot et d'animaux étonnants, comme un orang-outang que leur présente le gouverneur hollandais ou encore le fameux dugong, un mammifère marin au corps fuselé, de la même famille que les lamantins (de l'ordre des siréniens), dont ils donnent à Singapour un dessin et une description repris dans l'*Histoire naturelle des mammifères* de Geoffroy Saint-Hilaire et Frédéric Cuvier. De retour à Bencoolen en août 1819, Raffles se saisit de leurs collections qu'il envoie à Londres avec une copie de leurs dessins et de leurs notes. Dépouillés par les Malais, dépouillés par les Anglais, les deux naturalistes se séparent momentanément pour se constituer une nouvelle collection. Diard se dirige vers l'est et arrive à Batavia (actuelle Jakarta), Duvaucel vers l'ouest et il atteint Padang. Les deux amis ne se reverront jamais.

À Padang, Duvaucel parvient à réunir une importante collection riche de quatorze caisses remplies d'animaux empaillés et de squelettes. C'est donc un Duvaucel en pleine confiance qui retourne au Bengale, à Chandernagor, où il se prépare à explorer le Sylhet, une région montagneuse et méconnue des naturalistes, au nord-est de l'actuel Bangladesh. Muni de lettres du gouverneur Hastings, Duvaucel compose son équipe : « un Malabar, bon chasseur et empailleur adroit, un jeune Malais ramené de Sumatra, et qu'à l'imitation de Robinson, il a nommé Jumahat (Vendredi), un peintre mulâtre fort habile, et enfin un cuisinier qui, suivant l'expression de son maître, savait encore mieux disséquer les animaux que les accommoder[1] ». Il entame alors la partie de son voyage décrite dans les lettres rééditées dans ce volume : la remontée du fleuve Hooghly, le lieu saint des brahmanes à Guptipara où est conservée la chevelure de la déesse Durgâ, les territoires Khasi (Cossya), la caverne de Bhûvana, appelée « caverne du diable ». Avec de tels intitulés, c'est aussi l'image de l'Inde qui se joue en partie ici, et la publication de telles lettres dans une revue comme la *Revue des Deux Mondes*, visant un grand public éclairé et non le seul public restreint des scientifiques, aura un impact décisif sur les préjugés tenaces, entretenu par de belles plumes comme Rudyard Kipling ou E. M. Forster, que le monde occidental aura de ce pays, mais aussi sur l'intérêt – scientifique, politique ou littéraire – que peut susciter ce pays de beauté et d'étrangeté, de soleil et de poussière mêlé.

1. Frédéric Cuvier, « Notice sur les voyages de M. Duvaucel », *Revue encyclopédique*, tome XXI, février 1824, p. 258.

Victor Jacquemont, naturaliste ou écrivain-voyageur ?

Victor Jacquemont, plus encore que Duvaucel, enflammera l'imaginaire romantique sur l'Inde. On trouve de lui plusieurs portraits qui le montrent d'une grande beauté, épaisse chevelure au vent, regard fier et droit, tel un Chateaubriand contemplant les ruines de Delhi. Un si beau jeune homme, ami des salons, fou d'opéra, consulté par Stendhal, fauché dans la fleur de l'âge pour la science, maniant une des très belles plumes du moment, il n'en fallait pas moins pour exalter les passions. Jacquemont et Duvaucel, l'un plus encore que l'autre, sont des figures romantiques par excellence, du fait de leur époque, de leur destin, de leur courage, des pays et des mers qu'ils ont traversés. Jacquemont entretient d'ailleurs un double rapport à l'Inde. Il peut se révéler absolument odieux lorsqu'il évoque les membres de son personnel indien, les mêmes dont il dessine de délicats portraits qui seront reproduits dans son journal et dont il peut pleurer la mort. Il déteste l'hindoustani[1] mais il passe du temps à l'apprendre de la plus correcte des manières, si bien qu'il peut s'entretenir dans cette langue avec les plus hautes autorités du pays, notamment pendant l'audience que lui accorde Ranjit Singh, le roi sikh du Pendjab, reproduite dans l'extrait du journal que nous donnons ci-dessous. Il prend un air de mépris pour évoquer des comportements ou des coutumes des Indiens qu'il décrit pourtant avec la plus grande minutie, si bien que son témoignage est l'un des documents

1. Nom de la langue d'usage en Inde du Nord à cette époque qui s'est ensuite scindée, au fil des revendications nationalistes, entre le ourdou persanisé et le hindi sanskritisé.

les plus précieux pour l'anthropologue et l'historien du monde indien de ce début du XIXe siècle.

L'histoire de Jacquemont est celle d'un enfant doué, né dans une famille éclairée. Son père n'a jamais cessé d'écrire (sans avoir jamais rien publié). Son frère Porphyre est un officier brillant et averti. C'est avec ces deux guides qu'il entretiendra sa correspondance la plus fructueuse, la plus détaillée et la plus riche. Ils seront ses exécuteurs testamentaires et travailleront d'arrache-pied à l'édition de son œuvre. Jacquemont a le rare talent de mêler parfaitement la science et la littérature, au point qu'il est malaisé de le définir. On lit dans les diverses notices qui lui sont consacrées : « hommes de lettres », « écrivain-voyageur », ou « naturaliste »[1]. Il est enterré au Muséum national d'histoire naturelle à Paris, dans un caveau du côté sud des galeries de zoologie. Plusieurs membres de l'Académie française ont retracé avec émotion sa destinée : Prosper Mérimée, élu à l'Académie française en 1844, Alfred-Auguste Cuvillier-Fleury élu en 1866, Charles de Mazade élu en 1882, André Chevrillon élu en 1920, Émile Henriot élu en 1946, et d'ailleurs tous collaborateurs réguliers de la *Revue des Deux Mondes*.

1. Jean Filliozat a peut-être le mieux saisit l'ambivalence : « Le destin de Victor Jacquemont a été qu'il meure prématurément pour la science, que son œuvre scientifique passe presque inaperçue et que sa correspondance familière en fasse un des épistoliers les plus célèbres du XIXe siècle. Des deux occupations de sa courte vie : enrichir les sciences naturelles et cultiver l'amitié, c'est la seconde qui a été la plus fructueuse, bien que ce soit à la première qu'il ait tout sacrifié. C'est bien la première, cependant, qui a donné son sens à cette vie. Le savant, quoique malheureux, l'emporte encore sur l'écrivain qui n'avait pas voulu l'être. » (Préface à *Jacquemont*, « Les grands naturalistes français », n° 3, Paris, Muséum national d'histoire naturelle, 1959, p. 9.)

C'est dans les salons mondains que commence la carrière de Jacquemont, et notamment celui de Georges Cuvier où il rencontre l'une des égéries de Mérimée, Sophie Duvaucel, sœur d'Alfred. Sophie est, à l'identique d'Alfred, la belle-fille de Cuvier. Elle est fort belle, comme en témoigne le portrait à la craie de Thomas Lawrence (1827, musée du Louvre). Une autre femme ravira le cœur passionné de Victor, la ravissante cantatrice italienne Adélaïde Schiassetti, dont l'espoir déçu le jettera sur les routes[1]. L'histoire veut que ce fût pour l'oublier qu'il partit en Amérique du Nord, avec une lettre de recommandation du général La Fayette et un pied-à-terre en Haïti où séjournait son second frère Frédéric. En Amérique, il apprit, par une lettre de son père, que le Muséum lui proposait une mission de quatre ans en Inde pour y faire des relevés géologiques, botaniques et zoologiques. N'attendant plus rien de Paris, Victor saisit cette belle occasion de prouver son courage et servir son pays.

Il s'embarque sur le navire *La Zélée* le 26 août 1828. Au cap de Bonne-Espérance, où il fait escale en décembre, il rencontre le capitaine Dumont d'Urville, célèbre capitaine de *L'Astrolabe*. Tel est l'un des coups de génie de Jacquemont que de toujours croiser, semble-t-il, la bonne personne au bon moment. Ce trait de sa destinée se concrétisera en Inde où il va rencontrer tous les personnages les plus célèbres du pays : le gouverneur Bentinck, le général Allard, le tibétologue Alexandre Csoma de Körös, le roi sikh du Pendjab Ranjit Singh qui empêchait les Anglais de se rendre maîtres du nord du pays, l'empereur déchu Muhammad Akbar

1. Sur ce personnage, voir le livre de François Bronner, *La Schiassetti : Jacquemont, Rossini, Stendhal*, collection « Points d'orgue », Paris, Hermann, 2010.

Shâh, avant-dernier empereur moghol, qui lui accorde une audience à Delhi. Un talent de séduction et d'opportunisme – au sens noble d'arriver à saisir l'opportunité quand elle se présente – qui ne l'empêche pas de conduire avec sérieux sa mission scientifique. Au contraire ! La subvention annuelle du Muséum n'aurait jamais suffi à couvrir tous les frais d'un tel voyage, et c'est bien avec l'argent des Anglais et des sikhs qu'il parvient à mener à son terme la mission dont il est chargé.

Sa mission l'emmènera dans toute l'Inde du Nord. Arrivé à Calcutta le 5 mai 1829, il y reste une grande partie de l'année, jusqu'en novembre, pour y apprendre l'hindoustani, passer du temps dans le Jardin botanique bâti sur les rives de la rivière Hooghly, courir les salons, lier des amitiés solides, et préparer la suite de son voyage qui le mènera d'abord à Delhi où il arrive en mars 1830. Il prit alors la périlleuse et peu empruntée route du Tibet à travers l'Himalaya où il procède à d'importants relevés géologiques jusqu'en janvier 1831. Il parcourt ensuite les territoires interdits du Pendjab et surtout du Cachemire, escorté par les hommes du général Allard et muni de lettres de Ranjit Singh, jusqu'en février 1832. Il atteint enfin Bombay en descendant par le Rajasthan et le Maharastra, où l'attendait la fin de son voyage qu'il souhaitait poursuivre deux années encore dans le sud de la péninsule pour reprendre un bateau à Pondichéry ou Madras[1].

---

1. « Il m'est absolument impossible, écrit-il à son père le 14 septembre 1832, de déterminer exactement où et quand je pourrai m'embarquer pour le retour. Je vais écrire à M. de Melay pour savoir les mouvements ordinaires de son petit port, ou de sa rade plutôt, et de celle de Madras (car bien qu'il y ait un capitaine de port à Pondichéry, il n'y a pas plus de port qu'à Montmorency ou à Versailles) ; mais l'époque générale des départs pour l'Europe, c'est décembre et janvier. Il est donc probable (mais longtemps avant mon embarquement, vous aurez

La bonne fortune éditoriale de Victor Jacquemont

Une mort prématurée, un voyage en Inde et une même passion pour l'histoire naturelle ont sans doute été les arguments qui ont poussé la *Revue des Deux Mondes* à publier des lettres de Jacquemont et celles de Duvaucel, en juin 1833, alors que la famille et les éditeurs de Jacquemont préparaient la première édition de sa volumineuse correspondance qui paraîtra en décembre de la même année[1]. Ce « Voyage en Inde », qui est ici réédité, est donc la première publication (posthume) de Victor Jacquemont[2]. Les volumes de sa correspondance seront un vrai succès de librairie tout au long du XIXe siècle et connaîtront deux éditions chez Fournier en 1833 et 1835, trois éditions chez Garnier Frères en 1841, 1846, 1861 et une dernière édition augmentée de lettres inédites et d'une étude sur Jacquemont par Alfred-Auguste Cuvillier-Fleury chez Michel Lévy en 1869. À ces lettres vinrent s'en ajouter d'autres, publiées en 1867 par son ami Prosper Mérimée et rééditées elles aussi en 1877 et 1885. Au tournant du siècle, Henri Omont, l'un des grands conservateurs de la Bibliothèque Nationale, édita

---

là-dessus du certain) que je ne reviendrai qu'au printemps de 1834. » Lettre à Jacquemont père du 14 septembre 1832, *Correspondance avec sa famille et ses amis*, *op. cit.*, édition 1835, p. 377.

1. *Correspondance de Victor Jacquemont avec sa famille et plusieurs de ses amis pendant son voyage dans l'Inde (1828-1832)*, 2 volumes, 1re édition, Paris, H. Fournier, 1833.

2. *Revue des Deux Mondes*, première quinzaine, juin 1833, p. 585-593. Le texte sera repris dans la *Correspondance de Victor Jacquemont avec sa famille*, *op. cit.*, vol. 1, p. 213-236. Pour être tout à fait juste, la nécrologie que Prosper Mérimée donna dans *La Revue de Paris* (tome 50, mai 1833, p. 252-259), reproduite dans ce volume, donne un premier extrait d'une lettre de Jacquemont.

les lettres qu'il avait sous sa garde, une correspondance intime échangée avec sa cousine Zoé Noizet de Saint Paul et une correspondance de travail entretenue avec Joseph Cordier, administrateur des établissements français du Bengale. Il faudra ensuite attendre la célébration du centenaire de la mort de Jacquemont en 1933 pour lire deux nouveaux recueils de correspondance, celle entretenue avec Stendhal éditée par Pierre Maes qui rédigera aussi une importante biographie, et celle, à teneur résolument scientifique, entretenue avec Jean de Charpentier. Les dernières lettres éditées seront celles envoyées à son ami Achille Chaper (1795-1874), un ingénieur et homme politique qui partageait avec Jacquemont la même fougue et les mêmes élans politiques[1].

À côté de sa volumineuse correspondance, son non moins volumineux journal de voyage et de travail fut édité à grands frais, en six immenses volumes in-folio : trois volumes pour le journal, un volume pour les descriptions des collections d'histoire naturelle envoyées par Jacquemont au Muséum, deux volumes de planches et d'atlas comprenant les illustrations de ses collections d'histoire naturelle, ses coupes géologiques, ses dessins, les portraits qu'il fit de son entourage indien, les cartes reconstituées de son voyage[2]. Cette entreprise éditoriale monumentale fut publiée sous les auspices de François Guizot, ministre de l'Instruction publique entre les années 1832 et 1837. Le projet était porté par trois personnalités du monde littéraire et savant : Prosper Mérimée – l'ami fidèle de Jacquemont –, le botaniste Adrien de

1. La bibliographie en fin de volume, classée par ordre chronologique, donne le détail de ces publications.

2. *Voyage dans l'Inde, pendant les années 1828 à 1832*, Paris, Firmin Didot, 1841-1844.

Jussieu (1797-1853) et le géologue Élie de Beaumont (1798-1874) – les commanditaires du voyage.

Dans cette nombreuse correspondance, ce volumineux journal et cet ensemble de textes critiques abondants, il nous a fallu faire un choix. Nous avons ainsi inclus dans notre sélection la suite de la lettre envoyée à son frère Porphyre dont les premières pages avaient été publiées dans la *Revue des Deux Mondes*, ainsi que la lettre suivante, à son père, dont le ton est plus solennel et le contenu mieux documenté. Il nous a semblé utile d'ajouter une lettre à Stendhal pour jeter un pont entre la science et la littérature, une proximité si chère à Jacquemont, ainsi qu'un extrait de son journal où le style diffère sans perdre de son mordant ni de son acuité. Les différents aspects de son style seront bien repris par la critique, que ce soient les trois grands textes du XIXe siècle – ceux de Mérimée, Cuvillier-Fleury et Charles de Mazade – ou les études qu'il a inspirées au XXe siècle – André Chevrillon et Émile Henriot en sont les parangons –, principalement au moment du centenaire de sa mort, « célébré avec éclat[1] », et pour la publication du volume d'hommages dans la collection du Muséum au milieu du siècle[2].

Pour Duvaucel, le choix était plus limité puisqu'il n'a pas fait l'objet d'une littérature critique aussi riche. On trouve des « notices » sur ses voyages, l'une parue en deux livraisons dans la *Revue encyclopédique* sous la plume des frères Cuvier – Georges, le beau-père, dès 1821, et Frédéric en février 1824 –, l'autre parue en trois livraisons, en mars, avril et novembre 1824, dans

1. Selon les mots d'Emmanuel de Margerie, « Victor Jacquemont dans l'Himalaya, 1830-1831 », *Geografiska annaler*, 1935, p. 394.

2. *Jacquemont*, « Les grands naturalistes français », n° 3, Paris, Muséum national d'Histoire naturelle, 1959.

le *Journal asiatique*, organe de la toute nouvelle Société asiatique de Paris, fondée en 1822, à laquelle avait adhéré Duvaucel. Il nous a paru intéressant de reproduire ces différentes notices dans un recueil où figureront en quelque sorte les « œuvres complètes » d'Alfred Duvaucel, en espérant que les quelques redondances liées aux extraits communs donnés dans les notices n'empêchent pas le lecteur d'apprécier ces textes rédigés à partir des pages du journal que tenait Duvaucel et qu'il envoyait au Muséum, à partir duquel il écrivait aussi les « lettres à sa sœur » publiées dans la *Revue des Deux Mondes*, au centre de la présente réédition.

La distance qui nous sépare de ces écrits demande aux lecteurs d'aujourd'hui de prendre en considération l'époque à laquelle ils ont été conçus pour en goûter la saveur particulière. Duvaucel et Jacquemont sont partis dans l'inconnu et nous rapportent un récit de voyage à la fois littéraire, ethnographique et exceptionnel à bien des égards, à propos de la nature humaine notamment. Victor Jacquemont le souligne déjà – et nous lui laissons le dernier mot : « Que divers aspects, que de formes variées de l'existence humaine ne vois-je pas en cherchant des herbes et des pierres[1] ! »

Jérôme Petit

1. Lettre à Mme Victor de Tracy, 24 février 1829, Saint-Denis, île Bourbon, *Correspondance avec sa famille et ses amis*, *op. cit.*, éd. 1835, vol. I, p. 87.

Note sur la transcription

Nous avons modernisé ce qui ne l'était pas encore, des mots comme « éléphans » ou « matelats ». S'agissant des noms indiens, il n'y a aucune règle de transcription. L'orthographe, souvent phonétique, est très fluctuante au sein d'une même œuvre. Nous avons choisi de moderniser le vocabulaire courant, comme « syke » écrit aussi « sike », devenu « sikh, sikhe ». Les noms de lieux ont été maintenus tels qu'ils ont été écrits, complétés par une note sur la localisation et le nom moderne. Nous verrons avec Jacquemont, lorsqu'il écrit à son père de « Semlah, Semla, Simla, Simlah, *ad libitum* », combien l'orthographe des noms de ville même n'est pas encore fixée en France – elle le sera plus rapidement en Angleterre pour des raisons administratives.

LETTRES ET ÉCRITS D'ALFRED DUVAUCEL

La courte vie d'Alfred Duvaucel[1]

Nous croyons qu'on nous saura gré de faire précéder les lettres qui suivent d'une courte notice sur le voyageur auquel nous les devons. Elles ont été écrites de l'Inde, il y a quelques années, par M. Alfred Duvaucel, beau-fils de M. Cuvier, jeune homme qui a rendu les plus rares services à l'histoire naturelle, et qu'une mort prématurée a seule empêché de prendre dans les sciences une place digne de la famille à laquelle il appartenait. Né à Paris, le 4 février 1793, M. Alfred Duvaucel embrassa de bonne heure la carrière des armes, et fit en qualité de sous-officier la campagne de 1813. L'année suivante, il fut envoyé à Anvers et nommé officier d'ordonnance du général Carnot, avec lequel il resta jusqu'à la paix. Ayant donné sa démission à cette époque, et ne trouvant, après de longues et inutiles démarches, aucun emploi conforme à ses goûts pour les sciences, il résolut de se rendre dans l'Inde, et s'embarqua à la fin de décembre 1817, sur un navire du Havre, qui, après une relâche au Cap de Bonne-Espérance, arriva à Calcutta dans les derniers jours du mois de mai 1818. Là, M. Duvaucel rencontra M. Diard, jeune médecin envoyé par le Muséum

1. Cette notice précédant les Lettres familières sur l'Inde et signée « T. L. » a paru dans la *Revue des Deux Mondes*, deuxième quinzaine, juin 1833, p. 601-604. L'auteur n'a pas pu être identifié.

d'Histoire naturelle, dans ces riches contrées, et qui venait d'y débarquer depuis peu de temps. Il se joignit à lui, et tous deux furent s'établir à Chandernagor, où leur activité fut couronnée d'un tel succès, que, dans peu de mois, ils se trouvèrent à même de faire au Jardin du roi plusieurs envois contenant, entre autres choses rares ou nouvelles, un squelette du dauphin du Gange ; le dessin et la description du tapir de Sumatra, pris sur un individu vivant, appartenant à lord Moira ; un jeune bouc du Cachemire, vivant, etc., etc.

Nos deux voyageurs se préparaient à partir pour l'intérieur, lorsque sir Stamford Raffles[1], gouverneur de Bencowlen[2] dans l'île de Sumatra, et chargé d'une mission politique pour plusieurs points du détroit de Malacca, leur proposa de l'accompagner et de s'établir à Bencowlen, sous la condition que la moitié du produit de leurs recherches appartiendrait à la Compagnie des Indes, qui se chargeait de tous les frais. La proposition fut acceptée, et nos naturalistes arrivèrent à leur destination après avoir visité Poulo-Pinang, Sincapour, Achem, Malacca[3], etc.

---

1. Thomas Stamford Raffles (1781-1826) est un militaire, un homme politique et un naturaliste britannique, né à bord du vaisseau *Ann* – son père en était le capitaine – au large de la Jamaïque. Engagé dès l'adolescence dans l'East India Company, il est envoyé à Penang en 1805 et sera nommé gouverneur du comptoir de Bengkulu en 1811. Anobli en 1817, il passe pour avoir fondé la cité-État de Singapour.

2. Bengkulu est un important comptoir disputé par les trois Compagnies des Indes (néerlandaise, anglaise et française) sur la côte sud-ouest de Sumatra. Le traité de Londres de 1824 le cédera aux Hollandais en échange de la non moins stratégique Malacca cédée aux Anglais.

3. Penang est une île (*pulau* en malais) au large de la côte nord-est de la péninsule malaise ; Aceh est la région qui constitue la pointe nord de l'île indonésienne de Sumatra ; Malacca est la cité portuaire de Malaisie, stratégique puisqu'elle contrôle le détroit éponyme, passage

Peu de temps après, sir Stamford Raffles, profitant du sens obscur d'un article du traité passé avec eux, réclama pour la compagnie la presque totalité des récoltes scientifiques faites pendant le voyage, et le tribunal de Bencowlen, devant lequel fut portée l'affaire, décida en faveur de la forme contre l'équité naturelle. Ainsi dépouillés en grande partie de la part qui leur revenait dans les fruits de leurs travaux, les deux amis quittèrent Sumatra à la fin de 1819, en prenant chacun une direction différente. M. Diard se dirigea sur la Cochinchine, et M. Duvaucel retourna au Bengale. Les nombreux envois que reçut bientôt le Muséum attestèrent l'ardeur avec laquelle il avait repris ses recherches.

Vers le milieu de l'année 1821, M. Duvaucel partit pour explorer le Sylhet[1], contrée peu connue des Anglais eux-mêmes : il visita une partie du Côsiah[2], et fut le premier Européen qui pénétra dans la caverne de Boubonne (Bhûvana), dont il a donné une bonne description. Exposé sans cesse, pendant ce voyage, à l'influence d'un climat malsain, il gagna dans les profondes forêts du Sylhet, la fièvre connue dans le pays sous le nom de *jungle fever*, qui l'obligea à revenir à Calcutta, où il arriva avec d'immenses collections en tout genre.

L'année suivante, il partit pour visiter le Nepaul[3], mais diverses circonstances l'empêchèrent de pénétrer aussi

---

obligé des routes commerciales – hollandaise au XVIIe siècle, elle tombera aux mains des Britanniques en 1824.

1. Le Sylhet est une région au nord-est de l'actuel Bangladesh, frontalière avec les régions montagneuses de l'Inde du Nord-Est, bordée par les chaînes du Khasi que Duvaucel explorera.

2. Chaîne de montagnes du Khasi dans l'actuelle région du Meghalaya (« demeure des nuages » en sanskrit).

3. On aura reconnu le Népal, niché sur un plateau himalayen entre l'Inde et le Tibet.

loin qu'il avait l'intention de le faire. Il revint dans la province de Bénarès, où il passa, tant à Bénarès même qu'à Gurack[1], près d'une année qui accrut prodigieusement ses richesses zoologiques. Sa santé s'altérait de plus en plus dans ces fatigues continuelles, et un accident qui faillit lui coûter la vie près de Boglipour[2], le força d'opérer de nouveau son retour dans la capitale du Bengale. Venant de tirer un rhinocéros dans un épais taillis, un autre de ces animaux qu'il n'avait pas aperçu se précipita sur lui, le foula aux pieds et d'un coup de corne lui fit une profonde blessure à la jambe. À partir de cette époque, ses forces furent chaque jour en s'affaiblissant, et une maladie de foie à laquelle se joignit la dysenterie le mit dans l'impossibilité de songer à de nouvelles excursions. Les médecins jugèrent alors qu'un voyage par mer pouvait seul le sauver, et le déterminèrent à s'embarquer pour Madras[3]. Mais il était trop tard, et il n'arriva à sa destination que pour rendre le dernier soupir à la fin d'août 1824.

Dans ce rapide exposé de la vie de M. Duvaucel, nous n'avons montré que le voyageur intrépide, le collecteur infatigable d'objets d'histoire naturelle ; mais à l'audace et à l'énergie nécessaires dans cette double profession, se joignaient chez lui une instruction très étendue, un coup d'œil perçant et des vues profondes dont s'étonna plus d'une fois M. Cuvier, auquel il communiquait régulièrement ses observations scientifiques. M. Duvaucel était un de ces hommes qui ne sont déplacés dans aucune

1. Bénarès est la grande cité hindoue de la vallée gangétique ; Gurack est l'actuelle Gorakhpur au nord-est de l'État de l'Uttar Pradesh, près de la frontière népalaise.

2. Actuelle Bhagalpur située sur la rive sud du Gange dans l'État actuel du Bihar, à l'est de Patna.

3. Actuelle Chennai, capitale de l'État du Tamil Nadu qui s'étend le long de la côte sud-est de l'Inde.

carrière. En 1821, se trouvant à Chandernagor[1] dans un moment où plusieurs emplois étaient vacants, sans qu'on n'eût personne sous la main pour les remplir, on le nomma par intérim procureur du roi, caissier du gouvernement curateur aux biens vacants, et il s'acquitta de ces diverses fonctions, nouvelles pour lui, à la satisfaction générale. L'*Asiatic Journal*[2], en annonçant sa mort, vantait, entre autres qualités, sa facilité pour toute espèce d'études, et rappelait qu'arrivé au Bengale, sans connaître un mot d'anglais, il avait promptement appris cette langue, et assez bien pour pouvoir publier dans les *Asiatic Researches*[3] des dissertations sur divers points d'histoire naturelle.

Son activité prodigieuse suffisait à tout : chasses, lectures, mémoires sur mille sujets différents, correspondance régulière avec les personnes les plus distinguées du Bengale et au dehors, il trouvait du temps pour tout faire. Les lettres que nous publions ici ont été adressées, pendant son voyage au Sylhet, à une sœur qu'il chérissait

1. Actuelle Chandannagar, la ville fut le principal Établissement français de l'Inde du Nord, situé à une trentaine de kilomètres au nord de Calcutta, à l'époque capitale de l'Empire britannique des Indes.

2. Fondé en 1816, *The Asiatic journal and monthly register for British India and its dependencies* était chargé, après une série d'articles généraux sur le commerce, l'armée, l'érudition, etc., de donner des nouvelles mensuelles des « expatriés » (naissances, départs, mariages, décès, etc.) établis dans les territoires gouvernés par la Compagnies des Indes orientales (East India Company). La nécrologie de Duvaucel a été publiée dans le numéro de mai 1825, p. 662-663.

3. Fondées en 1788, les *Asiatick Researches or Transactions of the Society instituted in Bengal for enquiring into the history and antiquities, the arts, sciences, and literature of Asia* étaient l'organe de la Société asiatique du Bengale fondée par William Jones en 1784 dans lequel ont été publiés tous les grands articles scientifiques des premiers indianistes. Les deux articles que nous publions ici (« Remarques sur le Cerf noir du Bengale » et « Sur une nouvelle espèce de Sorex ») en sont tirés.

tendrement, et qui était la confidente habituelle de ses pensées les plus secrètes. Seules, elles suffiraient pour témoigner de la facilité dont nous parlions tout à l'heure. Bien qu'écrites à la hâte, dans cent lieux divers, souvent dans des moments où la faim et le sommeil se faisaient vivement sentir, elles n'offrent aucune rature. À peine, de loin en loin, avons-nous été obligés de modifier quelques termes échappés à la rapidité de la composition. Ce sont les seuls changements que nous nous soyons permis, ainsi que la suppression de quelques détails trop intimes pour être livrés à la publicité[1].

Ce qui fait, à notre avis, le principal charme de ces lettres, c'est cette gaîté soutenue au milieu de privations de toute espèce, cette causerie sans prétention sur des choses que nous sommes accoutumés à voir traiter d'une manière plus ou moins solennelle par les voyageurs ordinaires. On dirait d'une correspondance entre deux amis séparés par quelques lieues de distance, et se communiquant dans les épanchements de l'intimité les petits événements de chaque jour. Nous espérons donc que les lecteurs de la *Revue* partageront l'intérêt que nous a fait éprouver la lecture de ces lettres, et les vifs regrets que nous inspire la perte d'un homme frappé au milieu de sa carrière, avant d'avoir pu ajouter son nom à la liste de ceux dont s'enorgueillit la France.

T. L.

1. Évidemment la réédition de ces lettres invite à un travail d'une autre ampleur : l'édition critique des lettres de Duvaucel à partir des manuscrits.

Lettres familières sur l'Inde : première partie[1]

Calcutta, 16 juillet 1821

Je ne quitterai pas la première ville de l'Inde sans t'en dire au moins deux mots que j'extrais d'un livre sur le poivre et le coton que tu n'as sans doute jamais lu. Tu sauras donc que Calcutta, si célèbre dans tes annales du commerce, était encore à la fin du dix-septième siècle un petit village hindou qui fut concédé à un chirurgien de Surate, nommé Bouthon[2], pour avoir guéri la fille d'un Grand-Mogol à Delhy[3], et la femme d'un soubab à Mourchédabad[4]. On lui permit d'abord d'avoir trente

1. *Revue des Deux Mondes*, deuxième quinzaine, juin 1833, p. 604-631.

2. Il s'agit de Gabriel Boughton, chirurgien britannique embarqué sur le *Hopewell* en rade à Surat, qui fut envoyé au Bengale pour soigner les brûlures d'une fille de l'empereur Shah Jahan en 1636. Surat est une cité portuaire du Gujarat et fut un important centre de commerce pendant la période prémoderne.

3. Le titre de « Grand Moghol », avec le « h » caractéristique de la branche indienne des Turco-Mongols descendant de Tamerlan, est donné aux six empereurs de la dynastie qui se sont succédé depuis Babur au début du XVe siècle jusqu'à Aurangzeb au début du XVIIIe siècle.

4. Murshidabad, située à 150 kilomètres au nord de Calcutta, était la capitale du Bengale avant que les Anglais s'emparent de la région. Le « soubab » (persan « *subahdâr* ») est un gouverneur nommé par l'empereur moghol pour administrer une région particulière (*subah*).

hommes armés pour protéger son commerce, moyennant une redevance annuelle de trois mille roupies au Grand-Mogol, qui était, je crois, Aureng-Zeb[1], mais à la condition qu'il n'empiéterait jamais sur ses voisins, et surtout qu'il n'élèverait aucunes fortifications. M. Bouthon savait aussi bien faire le commerce que la chirurgie, et en peu d'années les huttes en terre furent remplacées par des maisons en bois. On brûla des forêts, on dessécha des marais qui rendaient l'air infect ; on fit des briques, et de ces briques des murs qui remplacèrent les planches déjà pourries. La guerre se déclara ; Bouthon, qui était prudent, creusa des fossés ; on se battit, on s'égorgea, et ces marchands armés qui n'avaient alors que deux lieues de terrain, obtinrent quarante nouveaux villages voisins de Calcutta, par l'entremise d'un second chirurgien, nommé Hamilton[2], qui sut guérir l'empereur Hosan-Aly d'une maladie dont tous les empiriques de ses états n'avaient pu le délivrer. On prétend même que ce bon prince poussa la reconnaissance jusqu'à donner aux Anglais le droit de juridiction criminelle, et qu'ainsi ses sujets furent pendus selon la coutume de Londres.

C'est dans ce même temps qu'une province du Bengale se révolta contre son soubab. Le second Esculape, fondateur de Calcutta, avait lu Tacite aussi bien qu'Hippocrate, et connaissait ce grand principe : *Si tu veux la paix, prépare-toi à la guerre*. Les fossés furent donc agrandis, les canons se multiplièrent ; on fit des palissades, des parapets, des terre-pleins, et toutes les gentillesses du métier. On commença enfin, sous le règne

1. L'hésitation de Duvaucel est fondée puisqu'il s'agit de la fille de Shah Jahan, père et prédécesseur d'Aurangzeb.

2. Il s'agit de William Hamilton, chirurgien à la cour de Farrukhsiyar, fils de Jahandar Shah, vice-roi du Bengale en 1712. Il ne doit pas être confondu avec le capitaine Alexander Hamilton auteur d'un *New Account of the East Indies*, London, 1710.

de Charles II, un des plus jolis forts du monde, qui fut à peu près terminé sous Jacques Ier, et qui reçut le nom de fort William[1].

Telle fut, ma chère belle, l'origine de Calcutta[2], qui ne le cède pas à celle de Rome, dont le fondateur n'était qu'un brigand. À la vérité, il n'en sortira jamais des Camille, des Manlius, des Scipion ; mais ces hommes-là n'entendaient rien au commerce, et l'honorable compagnie fait plus de cas d'une caisse d'opium qui lui vaut deux cents guinées que de tous les héros de Rome qui ne lui rapportent rien. Adieu, je termine ici ma première lettre qui servira de préface à mon journal. Je suis venu ici pour faire mes emplettes, et je n'y veux rester que deux ou trois jours, ce qui est bien peu dans un pays où il faut réveiller les marchands pour leur acheter quelque chose, et tout faire par soi-même, quand on ne veut pas perdre cent pour cent sur tout ce qu'on achète.

Le 19 au soir

Ainsi que toutes les villes qui se sont élevées peu à peu et sans plan fixe, Calcutta, ma chère belle, Calcutta manque de régularité dans ses détails et d'harmonie dans son ensemble. On y trouve des rues nouvelles deux ou trois fois larges comme celle qui conduit au Luxembourg, bordées chacune par deux canaux qui servent à l'écoulement des eaux en temps de pluie,

1. Bâti sur la rive orientale de la rivière Hooghly, ce fort, achevé en 1712, a été nommé en hommage à William III d'Angleterre (1650-1702) sous le règne de qui la construction avait été commanditée (1696).

2. Sur l'histoire de Calcutta on pourra lire l'ouvrage de Geoffrey Moorhouse, *Calcutta*, London, Weidenfeld and Nicolson, 1971 (réédition, Faber, 2012), et Samaren Roy, *Calcutta : Society and Change 1690-1990*, Delhi, Rupa & Company, 1991.

et à rafraîchir la voie publique quand il fait chaud ; mais ces rues sont percées par une infinité de ruelles et d'impasses où les canaux mal entretenus répandent une odeur infecte et des miasmes qui déciment la population. On a formé depuis peu de belles places ornées de bassins où viennent se baigner avec les Hindous, des grues, des cigognes et des pélicans ; mais il n'y a pas un arbre pour se mettre à l'abri du soleil, et ce n'est qu'à la chute du jour qu'on peut s'y promener. Il existe à Calcutta des temples, des églises, des synagogues, des mosquées, des pagodes, enfin des logements pour toutes les communions. À côté d'une maison de commerce anglaise, qui ressemblera un hôtel, se trouve le palais d'un prince indien, qui ressemble à une écurie. Il y a plusieurs bazars aussi grands que la halle, et des boulevards aussi longs qu'à Paris ; mais le costume des habitants, leur langage, les boutiques, et une foule d'autres petites particularités établissent une différence infinie entre une ville du Bengale et une ville de France. Les voyageurs, qui abordent ici après cinq mois d'une navigation pénible, reposent avec délices leurs regards fatigués de la monotonie de la mer sur tous ces objets nouveaux pour eux. À leurs yeux une hutte est un palais, un buisson est une forêt ; mais si on résiste à l'illusion, rien n'étonne dans cette ville qu'on vante avec tant d'exagération, et dont peut-être on n'eût jamais parlé, si, au lieu d'être au bord de la mer, elle eût été située à trois cents mètres dans l'intérieur[1]. Je conviens que le premier aspect en est séduisant. Les

1. Calcutta n'est pourtant pas à proprement parler au bord de la mer puisqu'elle est érigée sur les rives de la rivière Hooghly à une cinquantaine de kilomètres du golfe du Bengale. Il faut précisément aux navires remonter l'Hooghly, sous des dangers multiples (les bancs de sable notamment), pour atteindre la ville.

maisons, d'une blancheur éblouissante, sont pour la plupart ornées de colonnes et de portiques ; au lieu de ces toits en pente qui menacent les passants, elles sont couronnées par une vaste terrasse entourée d'un balcon élégant ; on n'y voit pas de portes sales, de fenêtres brisées, de poutres à découvert, etc. La pluie, le soleil et les insectes auraient bientôt détruit le bois qu'on ne peindrait pas sans cesse. La propreté est aussi nécessaire pour les choses que pour les hommes, et les Anglais l'observent minutieusement. La plus belle maison en apparence est celle du gouverneur général qui n'est pas moins grande que la moitié du palais des Tuileries. C'est encore un monument qui frappe au premier aspect, mais qui déplaît quand on l'examine avec attention : il est ramassé et lourd ; ses colonnes sont mal distribuées et mal proportionnées ; on y reconnaît deux ou trois ordres d'architecture. Les portes sont beaucoup trop petites ; les escaliers rappellent ceux des onzième et douzième siècles. On s'y trouve gêné malgré son étendue, et tout décèle un architecte sans goût, ou peut-être l'insuffisance des matériaux qui ne sont que des briques.

Calcutta, qui n'était qu'un village, ne renferme aucune antiquité[1]. Le seul objet qui réveille un souvenir est une petite colonne, Trajane par sa forme, mais qui rappelle un crime atroce, au lieu d'un règne glorieux. Elle indique le lieu de la sépulture de cent vingt-trois pères de famille européens, qui moururent suffoqués par la chaleur dans un petit corps-de-garde, nommé depuis *black hole* (trou noir), où les fit entasser un prince indien, Souradja-

1. L'histoire de Calcutta est en effet celle de la réunion de trois villages de pêcheurs : Kolikata, Sutanuti et Govindapur. C'est Job Charnock (c. 1630-1692), agent de la Compagnie anglaise des Indes orientales, qui est le premier autorisé par l'empereur Arangzeb à y établir une antenne commerciale.

Doula, qui s'empara de Calcutta quelques années après sa fondation[1].

20 juillet

Je n'ai trouvé que peu de choses à te dire sur les maisons de Calcutta, et je n'en aurai guère plus sur les hommes, car les marchands se ressemblent tous, de quelque nation qu'ils soient, parce que le besoin impérieux de l'argent les soumet aux mêmes idées, aux mêmes habitudes et aux mêmes défauts. L'inconvénient de cet esprit de commerce pour ceux qui ne s'en occupent pas est de rendre Calcutta la ville la plus insipide du monde, comme aussi la plus riche et la plus vicieuse. Il n'y en a pas où le vol soit plus ouvertement toléré, où l'on s'inquiète moins de la moralité des individus, où l'on compte pour si peu la probité et le désintéressement. Comme le vrai talent trouve toujours à vivre dans son pays, il s'ensuit que la grande majorité des hommes d'ici est fort médiocre, et que les plus nobles professions y deviennent un métier plus ou moins mal exercé. Ainsi, je crois pouvoir avancer que les médecins du Bengale sont généralement des charlatans intéressés et paresseux, puisque, préférant l'argent a toute considération, il n'y en a pas trois sur deux cent qui étudient une foule de maladies peu connues en Europe, et encore moins qui les guérissent. Les avocats, à deux ou trois près, sont également dévorés de la soif du gain. Ce serait une sottise ici et non un honneur de

1. Le 20 juin 1756, Siraj ud-Daulah, gouverneur (*nawab*) du Bengale, attaqua Fort William pour protester contre la militarisation de sa région et la perte de ses revenus prélevés par la Compagnie des Indes. Il enferma 146 prisonniers dans un petit donjon du fort – la majorité des prisonniers périrent de suffocation.

défendre l'innocente pauvreté : celui qui paie le mieux est sûr d'avoir gain de cause. Le corps militaire n'est pas plus respectable ; car si quelque chose ennoblit cette profession, c'est le désintéressement, compagnon ordinaire du vrai courage : ne pouvant faire usage du leur, les officiers anglais cherchent à s'enrichir comme les marchands, et je connais des colonels qui s'entendent mieux à une opération de commerce qu'à faire manœuvrer un régiment[1]. Un autre inconvénient de cet esprit de trafic, c'est qu'en procurant de la fortune, il n'apprend pas à en jouir. Il y a trois cents négociants européens à Calcutta, qui pourraient avoir en Angleterre un bel hôtel, des terres, des chevaux, qui pourraient admirer de beaux tableaux, écouter de bonne musique, respirer un air pur, vivre avec des gens d'esprit et entendre tous les soirs ou Kemble ou madame Catalani[2]. Eh bien pour ajouter deux lacks[3] de roupies aux deux qu'il a déjà, un négociant passera trois années encore à humer un air infect, à combattre une chaleur dévorante et toutes les maladies qu'elle enfante ; il risquera de se ruiner, il s'imposera mille privations, et échangeant des années contre des roupies, il deviendra dix fois plus riche, et mourra dix ans plus tôt. Ce qu'il y a de plus révoltant dans tout ceci, c'est d'entendre des hommes riches de plusieurs millions se plaindre de la dureté des temps comme des malheureux qui meurent de faim. La paix,

1. C'est ici le Duvaucel homme de guerre qui prend la parole. Si Jacquemont est critique vis-à-vis de la communauté anglo-indienne de Calcutta, il sait aussi s'en servir et y prendre du plaisir.

2. John Philip Kemble (1757-1823) est un acteur britannique qui triompha dans *Hamlet*. Angelica Catalani (1779-1849) est une soprano italienne qui s'était établie à Londres en 1806 avant de se voir confier par Louis XVIII le privilège du Théâtre italien de Paris.

3. Un « *lakh* » est une unité du système indien de dénombrement égale à 100 000.

pour messieurs du Bengale, est le fléau des nations, et j'en ai vu qui poussaient l'impudence jusqu'à regretter ce bon temps où cent mille hommes s'égorgeaient régulièrement chaque année, parce qu'alors, disent-ils, on vendait mieux et on gagnait davantage.

D'après ce que je t'ai dit des hommes, tu dois croire que les femmes de Calcutta ne sont pas plus aimables, et en effet toutes celles que j'ai connues au Bengale, à l'exception de la marquise de Hastings[1] et quelques autres, m'ont donné une triste idée de l'éducation des demoiselles en Angleterre. Il arrive ici par trentaines de jeunes personnes qui n'ont souvent pour mentor que le capitaine du vaisseau pendant le voyage. On leur apprend tout juste ce qu'il faut pour séduire un homme qui veut se marier, et je sais qu'il ne faut pas grand'chose. Elles épousent un commis, un lieutenant, un procureur ou un chirurgien dont le moindre défaut est de préférer le vin à l'amour. Cet infernal climat et leur singulier régime de vie altèrent en deux ans leur éclat et leur santé. La chaleur les entretient dans une oisiveté complète. Leur seule distraction consiste à visiter dans la journée deux ou trois magasins de modes, et le soir à s'aller promener sur une route aussi plate que la main. Arrivent bientôt les enfants dont elles ne s'occupent pas plus que s'ils n'étaient pas au monde. Ceux-ci passent de la sorte cinq ou six ans avec les domestiques noirs, après quoi on les envoie à Londres perfectionner leur éducation. Une maman anglaise, grâce à ses principes stoïques, se console facilement d'une absence qui procure à son fils l'avantage d'épeler Horace, et à sa fille, celui d'écorcher Cramer. Tous deux reviennent dans leur pays pour faire connais-

1. Flora Campbell (1780-1840), épouse de Francis Rawdon-Hastings, 1er marquis de Hastings, gouverneur général de l'Inde britannique de 1813 à 1823.

sance avec leur père et leur mère qui sont déjà vieux. Tous deux se marient six mois après la reconnaissance, et gouverneront un jour leurs enfants de la manière dont ils ont été gouvernés eux-mêmes.

Bonsoir, ma chère belle, j'en aurais trop à te dire sur ce sujet. Je quitterai Calcutta demain. Je termine cette lettre en t'apprenant que nous avons deux mauvais théâtres d'amateurs où l'on paie dix-huit francs pour entrer, et dont le premier acteur est secrétaire de la Société Asiatique[1]. Pas de bibliothèques, pas de musée, pas de conversations, rien de ce qui charme notre triste et courte vie ; mais en revanche des maisons de banque et de jeu qui l'abrègent. Adieu ! J'espère n'avoir plus à revenir dans cette ville maudite où le moindre inconvénient est d'être étouffé par la chaleur ou la poussière des briques dans une espèce de litière romaine nommée palanquin, où l'on s'étend comme un mourant qu'on porte à l'hôpital.

21 au soir

Je t'écris à cette heure de la maison flottante qui va me promener pendant quelques mois sur les eaux sacrées du Gange, maison qu'on nomme *bazarra* ainsi qu'a dû te l'apprendre le récit de mon triste naufrage

1. Fondée en 1784 par William Jones (1746-1794), l'Asiatic Society est le lieu où ont débuté les études scientifiques sur les textes de l'Inde, sous l'impulsion de savants comme Henry Thomas Colebrooke (1765-1837), auteur notamment d'une grammaire du sanskrit, Charles Wilkins (1749-1836), traducteur de la *Bhagavad Gîtâ*, ou Alexandre Hamilton (1762-1824) auteur du *Catalogue des manuscrits samskrits de la Bibliothèque impériale* (Paris, 1807). Duvaucel était membre de cette société, comme il était membre de la Société asiatique de Paris dès sa fondation en 1822, un an après la rédaction de la présente lettre.

à Chandernagor, au moment où *la Seine* allait te porter des lettres que j'ai perdues. Les *bazarras* sont de grands bateaux plats qui ne servent qu'à voyager sur les rivières ; ils sont partagés en deux pièces, dont l'une sert de salon, l'autre de chambre à coucher, toutes deux percées de sept ou huit fenêtres sur chaque côté et assez hautes pour qu'un homme de la plus grande taille puisse s'y tenir debout à son aise. Les gens riches se servent d'une autre espèce de bateaux appelés *péniches*, qui vont à la voile, tandis que les bazarras sont presque toujours traînés par des hommes. L'intérieur en est meublé avec plus ou moins d'élégance. On en voit avec des lustres, des glaces, des bustes, des tapis, des sofas, etc., en un mot, tout ce qui ne sert à autre chose qu'à prouver qu'on a beaucoup d'argent, et qu'on n'en fait pas le meilleur usage possible. Une péniche tant soit peu élégante revient à trente mille francs, et celle du gouverneur général, qui lui sert quinze jours tous les trois ans, coûte autant qu'une belle terre aux environs de Paris. Ceux qui n'ont pas de prétention à la fortune, les pauvres diables comme moi, n'ont dans leurs *bazarras* que ce qui leur est indispensable ; aussi le mien est-il probablement le plus simple de tous ceux de l'Inde. J'ai pour tout mobilier des tabourets qui me tiennent lieu de canapés ; des malles pour me servir d'armoires, et deux bougeoirs à brûle-bouts pour m'éclairer. Ma suite est tout aussi modeste ; au lieu d'une vingtaine de grands fainéants à turbans et à moustaches qu'on voit plantés derrière un capitaine de la Compagnie, je n'ai que les fidèles serviteurs qui m'ont accompagné à Sumatra, savoir un Malabar[1] aussi

1. Aujourd'hui, le Malabar désigne une partie de l'État du Kerala, sur la côte occidentale de la pointe sud de l'Inde. À l'époque de Duvaucel, le terme désigne de façon générique les Indiens du Sud.

adroit que M. Lucas[1], qui sait aussi bien empailler que chasser ; un jeune Malais, que je nommais *Jumahat*, c'est-à-dire *Vendredi* ; un cuisinier qui fait parfaitement la soupe, les omelettes, les œufs durs, etc., et enfin un jeune peintre mulâtre qui deviendrait un homme de talent, si j'en avais moi-même. Tout mon monde est à bord, j'ai passé la revue de mon équipage, et je partirai demain. Bonsoir, ma chère belle !

22 juillet

Il est quatre heures du matin, et j'ai donné le signal du départ. Le port est déjà tout mouvement, tant l'intérêt est matinal, et tandis qu'à Paris vous dormez comme des souches, on fait à Calcutta un bruit à ne pas s'entendre. Près de moi, ce sont des coups redoublés sur un vaisseau qu'on répare ; un peu plus loin, des matelots s'égosillent en soulevant un fardeau ; à gauche on appelle, à droite on se dispute les cloches, les poulies, les porte-voix, les cabestans, sont en jeu, et les gros jurons volent de tous les côtés. Pendant ce beau vacarme, mon *bazarra* monte lentement la rivière, et je passe entre cent vaisseaux qui contiendraient chacun dix barques comme la mienne. Les bords de l'Hougly[2] sont pour le moins aussi fleuris que ceux de la Seine : on y voit de même des *troupeaux bondissants* et des *bergers heureux soupirant leur amour* ; mais il y a de plus des presses à coton, des greniers à sel et des magasins à vins qui varient agréablement le tableau. En outre, on voit flotter de

1. Note de la *Revue des Deux Mondes* : Directeur des galeries du Muséum d'histoire naturelle, mort depuis quelques années.

2. L'Hooghly est la rivière au bord de laquelle a été bâtie Calcutta. Il s'agit d'un défluent qui compose le delta du Gange.

temps en temps des cadavres humains à demi dévorés sur lesquels sont perchés des vautours, qui en arrachent les restes, et quand la mer sera basse, les deux rives du fleuve seront garnies de chiens et de cigognes, qui se disputeront le peu qu'auront laissé les vautours et les poissons. La manie du merveilleux fait dire ici que ces oiseaux de proie étendent leurs ailes comme des voiles pour conduire le cadavre à terre où ils le mangeront plus à leur aise. Les grand'mamans indiennes content cela aux enfants pour les réjouir, et les voyageurs anglais n'ont pas manqué de l'imprimer comme une preuve de l'intelligence des vautours et même de leur voracité ; car il y en a qui prétendent que c'est pour ne pas partager leur proie avec les poissons qu'ils font ce manège. Mais c'est tout simplement parce qu'ils tomberaient à l'eau, s'ils n'ouvraient leurs ailes pour se maintenir sur un corps que le moindre mouvement fait tourner[1]. On ne voit pas non plus sur la Seine des troupeaux de marsouins faisant la culbute, car je me rappelle qu'un jour tout Paris courut pour voir un poisson de mer long comme le bras, qui était remonté jusqu'au Pont-Neuf. Ce qu'on y verra encore moins, c'est une marée montante et descendante qui favorise les allants et venants, et qui fut inventée par Bramah[2] disent les Hindous, pour contenter tout le monde. Cette belle invention me fait monter l'Hougly comme on descend la Seine, et c'est pour la dernière fois que je t'ai parlé de Calcutta, dont on n'aperçoit plus que les dômes, les mâts et les paratonnerres, qui forment sur la ville comme une forêt de piques. Dans peu d'instants,

1. Duvaucel partage avec Jacquemont un même plaisir d'expliquer rationnellement des faits religieux.

2. Brahma est l'un des principaux dieux de l'hindouisme, avec Shiva et Vishnou. Il est vu comme la figure du créateur, quand les deux autres revêtent respectivement celles du destructeur et du conservateur.

je serai à Barrackpour[1], où réside le gouverneur général qui préfère une modeste maison de campagne à son palais de la ville. J'y passerai la journée, et je prendrai congé de son excellence le plus tôt possible.

Barrackpour, le 23 juillet

Les grands ont bien peu de frais à faire pour plaire aux petits, et sont deux fois coupables quand ils leur déplaisent. En garde contre toutes les illusions de l'amour-propre et persuadé qu'un grand seigneur, surtout un grand seigneur anglais, n'est guère poli que par intérêt, je devrais douter de la sincérité d'un gouverneur de cinquante millions d'hommes qui me reçoit avec prévenance. Cependant, ma belle, ses offres me semblèrent toujours si naturelles, que j'ai fini par croire qu'elles étaient dictées par une bienveillance sincère, et j'ai même poussé l'aveuglement ou la vanité jusqu'à m'attribuer le mérite des politesses que j'ai reçues. Voici en peu de mots ma journée d'hier.

En arrivant à Barrackpour, j'adressai un petit billet à la marquise de Hastings, et je fus introduit aussitôt près du lord gouverneur, qui n'est pas plus abordable pour le commun des martyrs qu'un ministre ou qu'un gentilhomme endetté. Tu n'eusses pas été plus étonnée que moi, ma belle, en voyant un marquis assis sur un trône à clous dorés, plus riche que celui d'aucun souverain d'Europe, entouré de cent gardes magnifiquement habillés ; un marquis enfin à qui il ne manque qu'un sceptre et une couronne pour avoir l'air du plus grand roi du

1. Barrackpore est une ville située à 25 kilomètres en aval de Calcutta. Le gouverneur général de la Compagnie anglaise des Indes orientales y avait en effet une résidence secondaire.

monde. Son excellence en frac vert, avec deux larges rubans moirés en travers de la poitrine, deux ou trois crachats sur le cœur, et une vilaine jarretière jaunâtre par-dessus sa culotte, son excellence recevait avec un sérieux inimitable l'hommage respectueux qu'adressait un prince mahrate[1] à une douzaine de marchands de Londres. Ce prince est le plus bel homme qu'on puisse voir, et sa suite, non moins remarquable par la noblesse des traits et du costume, me faisait trouver bien laides ces longues têtes anglaises, ces joues décolorées, ces chevelures blondes, et bien ridicules ces habits étroits, ces bottes et ces cravates qu'on devrait jeter à l'eau en entrant dans le Gange. Le prince portait une longue robe blanche serrée par une ceinture plus blanche encore ; son cou était nu, sa barbe plus noire que l'ébène. Sa tête était couverte d'un turban parsemé de diamants fins qui suffiraient pour parer vingt petites princesses d'Allemagne. Son cimeterre en or, garni de pierres précieuses, pouvait faire la fortune de cinquante naturalistes, et les perles de ses pantoufles orner cent cous des plus coquets. La cérémonie terminée et le prince parti, on vit s'avancer un petit Européen qui faisait alors triste figure ; il portait une culotte courte, des bas de soie, et un habit noir qui ne valait pas l'empeigne des babouches du Marahte ; aussi tu penses bien qu'on ne mit pas autant de dignité dans la réception du petit Européen. Il expliqua sans compliments, sans parler du soleil et des étoiles, le but de sa visite, en rappelant la permission qu'on lui avait donnée de parcourir toutes les possessions anglaises. Le gouverneur général, étant descendu de son trône, m'invita à dîner, et je me retirai

1. Les marathes (l'orthographe de Duvaucel est changeante au fil même de son texte, nous donnons ici l'orthographe moderne) forment une caste de guerriers (*kshatriya*) présents dans l'ouest de l'Inde, principalement au Maharashtra, la région entourant Mumbai.

déjà las d'une entrevue qui m'avait mis tout en nage pour m'être tenu pendant un quart d'heure le corps tendu et le cou raide. Je retournai vers la marquise près de laquelle je suis plus à mon aise, attendu qu'elle n'a point de prince mahrate à recevoir, que ses jarretières sont sous sa robe, et qu'elle parle aussi bien français que moi. Es-tu curieuse, ma belle, de savoir ce qu'un jeune homme de vingt-huit ans peut dire pendant deux heures à une marquise de quarante dont les yeux ne le font pas mourir d'amour ? Comme à l'ordinaire, nous avons parlé de l'Europe avec regrets, nous avons comparé les dames d'Angleterre avec celles de France…

L'article médisance ne dura que sept quarts d'heure ; le huitième fut employé à voir de beaux dessins et des curiosités que chaque petit résident s'empresse d'envoyer au gouverneur général, qui aurait bientôt le plus riche cabinet d'histoire naturelle, s'il était tant soit peu naturaliste. On est censé dîner à cinq heures à Barrackpour ; mais madame n'arrive ordinairement qu'à sept, retardée qu'elle est par sa toilette. L'entrée du gouverneur s'annonce par celle de vingt domestiques portant des massues d'argent, des éventails, des queues de vache et autres attributs de la souveraineté chez les Hindous[1]. On passe aussitôt dans sa salle à manger où chaque plat et chaque convive se trouvent répétés dans des glaces magnifiques. Les Anglais parlent peu à table, et d'ailleurs le gouverneur général est trop au-dessus de tout ce qui l'entoure par son âge et ses titres, pour qu'on ose causer librement, de sorte que chacun n'ouvre la bouche que pour manger. Je me suis bien gardé de rompre ce

1. C'est aussi le génie des Anglais que d'avoir adopté le cérémonial de cour à la mode indienne : les chasse-mouches en queue de yack et autres symboles de royautés sont décrits dans les textes brahmaniques et repris par l'iconographie depuis la plus haute Antiquité.

silence respectueux ; mais j'avais pour voisine une fort jolie dame pour laquelle il était d'autant plus pénible de se taire, qu'elle savait deux mots de français, et voulait m'en dire dix. Le dessert vint, puis on se leva ; je causai un instant avec le marquis, qui m'offrit non seulement un passeport, mais encore des lettres d'introduction sur toute ma route, ce que j'acceptai avec reconnaissance et empressement. Nous rentrâmes au salon ; on prit le café, qui fut servi par des domestiques aussi brillants que des princes de mélodrames. La conversation ne devient jamais générale par le motif que j'ai dit plus haut. On cause tête à tête et presque bas ; le marquis s'endort, on parle plus bas encore ; il ronfle, on se tait et la marquise se lève avec bruit pour le réveiller. Tous deux se retirent à dix heures, laissant ensemble une douzaine de personnes qui se connaissent peu, qui n'ont rien à se dire, et qu'en retournent aussitôt chez elles, enchantées d'avoir eu l'honneur de s'ennuyer chez *the most honourable governor*.

Dans la belle saison, on dîne à sept heures, et l'on fait une promenade à cinq en calèche ou sur des éléphants, qui sont toujours aux ordres des invités. La première fois que je grimpai sur ces grands animaux m'en a dégoûté pour toujours ; il y a cependant des dames qui préfèrent l'éléphant au cheval, mais il faut pour cela n'avoir ni cœur ni entrailles, et je n'ai jamais vu que des Anglaises douées de ce goût intrépide.

P.-S. Vis-à-vis de Barrackpour, sur la rive opposée de l'Hougly, se trouve un comptoir danois dont la célébrité n'est pas ce qui lui fait le plus d'honneur. Serampour, n'en déplaise à M. Jacobsen et à son cousin M. Wallich[1]

1. Nathaniel Wallich (1786-1854) est un naturaliste originaire de Copenhague qui fut envoyé en Inde en 1807 comme chirurgien du

qui y fut envoyé en qualité de médecin, Serampour est l'asile de tous les banqueroutiers du Bengale, de tous les gens poursuivis pour dettes ou pour délits plus ou moins graves, et fait ainsi du roi de Danemark le protecteur de tous les fripons de l'Inde. Il en résulte que des créanciers mourant de faim à Calcutta, peuvent voir tous les jours leurs débiteurs rouler carrosse à Serampour. Cette ville est fort jolie et la plus propre du pays ; on y rit, on s'y amuse beaucoup, pour peu qu'on aime la mauvaise compagnie. Les meilleures maisons sont celles qui doivent le plus d'argent, parce qu'il n'y a rien qui mette un homme plus à son aise que l'insolvabilité, et j'ai plusieurs fois été tenté de quitter Chandernagor où l'on meurt de faim, où l'on crève d'ennui, pour venir m'établir à Serampour, qui est un avant-goût du paradis.

Au reste, Serampour n'est pas seulement un repaire de mauvais sujets. Des missionnaires anabaptistes y ont fondé un collège pour l'éducation des enfants riches, et je crois que par la suite ils l'emporteront sur les fripons pour la célébrité de la ville danoise. Ces bons pères, ayant bien vite reconnu qu'ils ne feraient pas plus d'anabaptistes avec les Hindous que nous n'avons fait de catholiques romains avec les Chinois, se sont bornés à convertir des shillings en roupies[1]. Rien ne prouve

---

comptoir danois de Serampore et qui travailla ensuite pour la Compagnie anglaise des Indes orientales, notamment comme conservateur du Jardin botanique de Calcutta (*The Indian Museum, 1814-1914*, Calcutta, Baptist Mission Press, 1914, p. 104-107). Jacobsen n'a pas pu être identifié. Serampore est aussi connu pour sa très active mission protestante qui érigea une université, sous l'impulsion du missionnaire britannique William Carey, et une maison d'édition, la Serampore Mission Press, qui publia notamment une traduction bengalie de la Bible mais aussi des textes indiens célèbres, des revues et des livres dans plusieurs langues de l'Inde.

1. Ce jeu de mots sur la « conversion » est l'un des joyaux de l'humour de Duvaucel qui aime à évoquer de façon impertinente

mieux leurs succès dans cette espèce de conversion que l'augmentation rapide de leurs domaines, qui s'agrandissent de tous ceux des âmes charitables. La moitié de la ville est déjà en leur pouvoir ; ils viennent d'établir une belle imprimerie où l'on trouve Virgile et Goldsmith traduits en bengali ; depuis peu de jours, ils fabriquent du papier passable au moyen d'une machine à vapeur fort ingénieuse, et l'on assure qu'ils vont élever maintenant une manufacture de bougies, de sorte qu'on trouvera chez eux des indulgences, du papier, des dispenses, des chandelles et des bénédictions.

Chandernagor, 24 juillet

Je suis arrivé hier à Chandernagor, jadis la plus florissante ville du Bengale et maintenant la plus misérable. Si je te disais tout ce que je sais sur son origine, son ancienne prospérité, sa décadence, ses divers gouvernements, son administration passée et présente, etc., ma lettre aurait vingt pages, et mon petit journal deviendrait une longue histoire. Je réserverai mon savoir pour une autre occasion, et je me bornerai à quelques lignes qui te rendront plus savante que le vicomte Dubouchage[1], lequel plaçait dernièrement Chandernagor au-dessous de Calcutta et sur la rive gauche du Gange.

Tu sauras que Chandernagor et son territoire, d'environ deux milles, furent cédés à la compagnie française des Indes par Aureng-Zeb en 1688, pour la somme de

---

les situations cocasses et à relever l'absurdité du monde, un peu à la manière de certains poètes indiens, comme Kabîr au XVe siècle, qui dénonçaient en riant.

1. François Joseph de Gratet, vicomte du Bouchage (1749-1821), ministre de la Marine sous la Restauration.

100 000 francs[1]. Alors toutes les nations avaient la manie de s'établir au Bengale, et c'est, je crois, le besoin de l'imitation qui nous y conduisit, car pendant plusieurs années, le comptoir français ne servit à rien et fut sur le point d'être abandonné. C'est vers 1700 qu'y vint en qualité de résident un petit commis des nuances, dont le bureau n'avait pas éteint l'imagination, et qui devint par la suite un négociant habile, un administrateur éclairé, un bon général, et plus tard une malheureuse victime de l'envie et de la délation. Dupleix persuada facilement le conseil de Pondichéry qu'on pourrait tirer un grand parti de Chandernagor. Comme en ce temps nos comptoirs de l'Inde n'étaient pas tout à fait un bénéfice de la marine ; comme on n'avait pas besoin d'écrire à six mille lieues pour obtenir une réponse qui n'arrivait que quand elle était inutile ; comme nous avions des colonies tout simplement par utilité, et non pour se débarrasser de malheureux sans place, sans argent et parfois sans talents ; dans ce temps, dis-je, Dupleix eut bientôt ouvert une source de commerce dans tout l'Indoustan et jusqu'au Thibet, où il sut trouver quelque chose de mieux que les ordures du grand Lama. Après douze ans d'une administration active et sage, Chandernagor armait vingt vaisseaux ; Chandernagor honorait le commerce, la nation, et fut parfois utile aux sciences[2]. Il fit la fortune d'un grand nombre de Français, qui allaient en jouir dans leur patrie. Tel était Chandernagor il y a cent ans. Depuis nos pauvres comptoirs de l'Inde, le plus souvent administrés

1. Tous ces comptoirs, qu'ils soient hollandais, danois, français ou anglais, étaient en effet cédés par l'empereur moghol contre une somme d'argent et des cadeaux diplomatiques.

2. C'est de Chandernagor que le père Jean-François Pons envoya dans les années 1730 à la Bibliothèque du Roi plus de 170 manuscrits qui forment le cœur des collections indiennes du département des Manuscrits.

par les bureaux de la place Louis XV, n'ont été qu'en déclinant. Si deux ou trois hommes de mérite sont parvenus, à force d'adresse et de courage, à retarder leur décadence, aucun ne fut assez puissant pour en détruire le principe ; et, chose très remarquable, ils ne firent un peu de bien qu'en désobéissant aux ordres qu'ils recevaient de France. Je sais bien que quatre ou cinq petits villages, qu'on décore du nom de comptoirs, ne sont pas d'une grande importance pour un pays aussi riche, aussi puissant, enfin aussi agité que la France d'aujourd'hui mais encore, puisqu'on croit devoir les conserver, ne devrait-on pas se croire obligé de les entretenir, de n'en pas tirer tout le revenu aux dépens des colons ? Et n'est-ce pas une duperie indigne que d'envoyer ici, avant de leur dire ce qu'il en est, de pauvres diables, qui meurent de misère et de regrets, en maudissant leur gouvernement, quand ils ne sont pas venus pour le tromper ; ou se soustraire, en changeant de pays, au poids d'une mauvaise réputation ? J'ai connu, au moins indirectement, le plus grand nombre des Français nouvellement envoyés dans l'Inde, et je t'assure qu'à l'exception de deux ou trois, ils sont tous de l'une ou l'autre espèce. Quant aux anciens habitants, qui sont ou des indigotiers ruinés ou de vieux militaires, ils vivaient depuis la révolution par la générosité de la compagnie anglaise qui les employait au commerce du sel et de l'opium ; mais le traité de 1814, en vendant ce monopole aux Anglais[1], et en nous rendant nos comptoirs, prive ces malheureux de cette dernière ressource, et s'ils ne meurent pas tous de faim avec les employés

1. Le traité anglo-hollandais signé à Londres le 13 août 1814 avait tenté de régler les différends entre les deux Compagnies après les guerres napoléoniennes qui avaient redistribué les cartes coloniales. Il faudra un nouveau traité, signé dix ans plus tard, pour régler les différends nés de ce traité-ci. Avec Chandernagor, les Français gardent un pied dans un territoire largement occupé, puis gouverné, par les Anglais.

de la marine, c'est qu'un peu de riz et d'eau suffit pour soutenir leur chétive existence...

Croirais-tu, ma belle, que l'administration de Chandernagor, où l'on ne fait pas pour six sous de commerce, est beaucoup plus compliquée que celle de la compagnie qui régit soixante millions d'hommes ? Croirais-tu qu'il faut plus de paperasses pour solder *dix-huit* soldats indiens, que nous avons à notre service, que pour payer deux régiments anglais, et qu'il ne faut pas moins que l'inspection de quatre bureaux pour constater l'usure d'un balai ou la cassure d'une cruche ? Notre dernier intendant général des établissements français au Bengale, homme d'esprit et de cœur, qui sentait tout le ridicule de son titre et l'humiliation de sa place, notre dernier intendant, dis-je, m'assurait, peu de jours avant sa mort, qu'à l'arrivée d'une frégate française à Pondichéry, en 1819, il avait fallu la signature de M. de Bougainville, capitaine de la frégate, du comte Dupuy, pair de France, d'un inspecteur, d'un intendant, d'un contrôleur et de trois ou quatre commissaires de marine, pour autoriser le barbier du navire à faire repasser ses deux rasoirs aux frais de l'État, et que ce ne fut qu'après une nouvelle demande, sur un nouveau papier, avec de nouvelles signatures, qu'on lui permit d'acheter un chiffon pour essuyer ces mêmes rasoirs. À Chandernagor, nous avons des bureaux d'enregistrement, des bureaux d'armements, des bureaux de contrôle, et même un capitaine de port, quoiqu'il n'y puisse plus venir de vaisseaux. Nous parlons sur nos budgets d'hôpitaux, d'arsenaux, de chantiers, de magasins, quoiqu'en réalité il n'y ait rien de tout cela. Nous ressemblons à ces marquis dépouillés, qui n'ont que de vieux parchemins pour toute fortune et pour tout mérite ; et telle est la fausse idée qu'on se fait généralement de l'Inde, qu'il y a beaucoup de gens qui échangeraient leur place de 6 000 francs à

Paris, pour une de 12 000 au Bengale, qui les rendrait moitié moins riches.

Chandernagor est situé au bord de l'Hougly, dont il n'est séparé que par une large promenade, appelée *Ghaut*, où l'on vient voir l'eau couler, au clair de la lune, seul plaisir des heureux habitants. Derrière cette promenade se trouvent deux rues qui lui sont parallèles, chacune coupée par une demi-douzaine de ruelles en zigzag. Telle est la ville *blanche*, occupée par *vingt* pauvres Français, *dix* riches Anglais, et *trois cents* métis. Les maisons de Chandernagor, comme toutes celles de l'Inde, ont une terrasse au lieu de toit, et sur les derrières un petit jardin potager avec un petit étang qui se réduit à un trou dans celles des employés de la marine. Le plus grand inconvénient de ces maisons est l'humidité et la chaleur. Les habitants quelque peu aisés remédient à la première avec des *pankas* suspendus au plancher ; les naturalistes se font des éventails avec des plumes de cigogne ou des feuilles de palmier, et les employés de la marine s'éventent avec leurs mouchoirs. On ne voit ni auberges ni pensions bourgeoises à Chandernagor et à Calcutta. Chaque individu a sa maison, son ménage particulier, et il faut au dernier commis un cuisinier, un portier, un jardinier, un balayeur, et un autre individu pour mettre sa table et nettoyer ses souliers ; car un Hindou, pour rien au monde, ne ferait un autre ouvrage que le sien, et chez eux l'article de religion qui favorise le mieux leur paresse est le plus rigoureusement observé.

Les salaires de ces domestiques, le loyer de la maison et la nourriture nécessitent une dépense de 150 francs par mois, et c'est tout au plus ce qu'on donne à un pauvre jeune homme, qui en gagnait 100 en France, et qui se trouve maintenant à six mille lieues de sa patrie, de tout bonheur, et de plus obligé de lutter contre un climat insupportable, contre l'ennui, contre les regrets, contre les privations, le tout en buvant de l'eau. Comme le bonheur public est fondé sur le bonheur particulier, il s'ensuit que la pauvre ville de Chandernagor est la plus triste de l'Inde, et qu'on y voit des Anglais rire et des Français se pendre ; et comme la misère tend à aigrir les hommes, il n'y pas de ville où les habitants se détestent autant qu'à Chandernagor, où l'on porte plus loin la malveillance et l'inimitié. J'ai été assez heureux pour n'avoir contre moi que la moitié de la ville, parce que j'ai défendu l'autre. J'y laisse quelques regrets et j'emporte bon nombre de malédiction. [...]

25 juillet

Au-dessus de Chandernagor et du même côté se trouve un comptoir hollandais, nommé Chinsura. Avant que ses habitants fussent, comme nous, soumis au régime ministériel, dans le temps qu'ils avaient une compagnie intéressée à se choisir de bons agents, Chinsura était un comptoir fort riche, et qui plus est fort gai, fort agréable, du moins autant qu'un comptoir hollandais peut l'être ; aujourd'hui c'est le pendant de Chandernagor. Ces pauvres Bataves ont une administration qui ne le cède à la nôtre ni en formalités ni en complication. Il faut au gouverneur un ordre de Java, pour dépenser vingt rixdalers, et celui-ci ne le donne guère qu'avec l'autorisation d'un ministre qui n'est jamais sorti d'Amsterdam. Les plus riches Hollandais en sont réduits au fromage, au riz, au poisson fumé, et c'est tout au plus si le clergé peut boire un pot de bière par semaine. Il ne leur manque plus qu'un contrôleur et un comte D... pour être réduits à la mendicité. La maison la plus remarquable qu'on aperçoit en arrivant à Chinsura, est celle d'un Français, le général Martin, qui pouvait passer pour l'héritier du marquis de Carabas. Le général Martin était, je crois, un soldat de ce brave marquis de Bussy ou de ce lâche comte de Conway. Il se distingua dans les guerres du Décan, si sanglantes, si injustes, si honteuses pour notre misérable humanité, guerres dont le motif ne fut pas même coloré, guerres enfin dans lesquelles on ne voit rien de clair, à travers les milliers de traités qui les obscurcissent, que la plus constante duplicité et la cupidité la plus atroce. Les avis sont singulièrement partagés sur le compte du général Martin. II fut probe, fripon, avare, généreux, intrépide ou lâche, selon qu'on écoute les Anglais, les Français, les Mahrates ou les Malabars. Ce qu'il y a de certain, c'est qu'il amassa au service de divers sultans des richesses réellement fabuleuses. Nous avons ici de nombreux monuments qui les attestent. L'un des plus remarquables est aux environs de Patna où, depuis la mort de ce Crésus, ses exécuteurs testamentaires entretiennent une maison somptueuse dans laquelle les étrangers européens trouvent à toute heure un excellent dîner et le reste. Ses autres vœux ne furent pas moins singuliers, et il s'en est même trouvé de si extraordinaires, qu'on n'a pas pu les remplir. J'ai lu son testament, qui est déposé à Calcutta : il peint mieux le général que tout ce qu'on m'en a dit ; c'est celui d'un homme ignorant, superstitieux, bizarre et vaniteux. Voilà ce qui me paraît de plus évident dans l'histoire de cet heureux soldat, dont la carrière et la fortune sont encore une énigme pour ceux qui ne songent pas à tout ce qui peut résulter de la combinaison de beaucoup de défauts avec quelques bonnes qualités[1].

---

1. Claude Martin (1735-1800) arriva en Inde comme simple soldat de la Compagnie française des Indes orientales. Voyant le pouvoir politique et militaire aux mains des Anglais, il se mit à la solde de la Compagnie anglaise des Indes orientales avant d'entrer au service de Shuja-ud-Daula (1732-1775), nabab d'Oudh établi à Lucknow. Il finit sa carrière comme Major Général de l'East India Company en

Même jour

Nous passons à Hougly, qui a pris le nom de la rivière et ne lui a pas donné le sien, ainsi que le prétend un historien anglais, attendu, dit-il, que la rivière est plus ancienne que le village. C'est ici que se trouve un temple hindou non moins révéré que les pagodes de Jagrena[1], et que se célèbre la fameuse fête du *Rott*[2] ou chariot à trente-six roues sous lequel les pieux Hindous viennent se faire écraser avec empressement. C'est ici qu'on dresse le *tcharock*, espèce de potence à laquelle s'accrochent, au moyen d'un morceau de fer passé dans la peau du dos, les plus fidèles serviteurs de Wishnou, qu'on fait tourner ainsi jusqu'à ce qu'ils aient rendu l'âme ; c'est ici enfin qu'on voit de jeunes veuves se brûler sur le corps d'un vieil époux, et j'aurais même pu être témoin de ce révoltant spectacle, si je fusse arrivé deux jours plus tôt. Au-dessus d'Hougly se trouvent les ruines d'une forteresse maure dont la date et l'histoire ne me sont pas connues ; mais ce qui l'est de tout le monde, c'est un petit espace de terrain où l'on fait de la glace en hiver au moyen d'un procédé fort simple. Un peu plus loin se trouve un petit établissement où flotte le pavillon du roi de Portugal ; c'est, je crois, le plus ancien de ceux qui sont au Bengale : il date du second voyage de Vasco de Gama. On y faisait jadis un commerce considérable d'étoffes et d'opium ; aujourd'hui on

---

affrontant notamment Tipu Sultan, le « Tigre de Mysore », dans les guerres méridionales du Deccan auxquelles fait référence Duvaucel.

1. Référence au grand temple de Jagannath (« le maître de monde », l'une des formes de Vishnou) à Puri, dans l'Orissa, célèbre pour son festival annuel des chars sur lesquels sont installées les divinités du temple.

2. Sans doute « *râtha* », terme désignant le « char » en sanskrit.

n'y vend plus que des hosties, des prières et des billets de confession. Le Bandel est devenu une abbaye fort riche où quarante moines aussi ignorants que paresseux et débauchés passent leur vie entière à s'enivrer, à dire des messes et à faire des dupes. C'est de toute l'Inde l'endroit où l'on fait meilleure chère, et le receveur de la douane m'a assuré qu'il se consommait dans cette abbaye autant de viandes, de vins et de liqueurs qu'à Calcutta. Je n'ai pas jugé à propos de m'arrêter dans cet endroit[1].

Le 27 au soir

(…) Je suis auprès d'une indigoterie qui passe pour la plus productive du Bengale. Elle appartient à un vieux Portugais, qui est aujourd'hui l'homme le plus riche de l'Inde, y compris tous les princes que l'honorable compagnie a ruinés. Ce Portugais est venu ici avec dix piastres ; il a été commis à vingt piastres pendant plusieurs années. Quatre fois il a perdu le fruit de ses épargnes englouties avec le vaisseau qui les portait ; mais il ne s'est pas rebuté pour si peu de chose, et à force de patience et d'économie, il a fini par amasser *cinq cents* lacks de roupies, ce qui est un bel exemple à donner aux gens qui s'occupent de commerce. Mais voici pour ceux qui ont un autre esprit. Quoique son âge avancé ne lui laisse pas l'espoir de vivre longtemps, quoique son immense fortune le mette à même de faire

---

1. Comme le montre bien Duvaucel, ce bras de l'Hooghly est ponctué d'établissements étrangers : Calcutta aux Anglais, Serampore aux Danois, Chandernagor aux Français, Chinsurah aux Hollandais, Hooghly aux Portugais puis aux Anglais. Niché au cœur du Golfe du Bengale, c'est un point d'accès vers l'Inde par la vallée gangétique et vers l'Asie du Sud-Est qui s'ouvre de l'autre côté du Golfe.

le bonheur de mille malheureux, cet indigne harpagon se laisse mourir de faim, de soif, de chaud et de fatigue. Il s'est privé cinquante ans du nécessaire pour avoir du superflu, et il s'en prive encore tous les jours.

Non loin de cette indigoterie qui s'appelle Soukçagor, sur la rive droite de l'Hougly, se trouve un saint lieu, nommé Gouptipara. Il n'est habité que par des brames[1], et l'on voit dans une des pagodes la chevelure de la déesse Dourga[2]. Moi profane, moi paria, moi qu'un vrai fils de Brahma ne voudrait pas toucher du bout du doigt, je n'eusse jamais osé souiller ce saint lieu de ma présence indigne, si Gouptipara n'eût été célèbre aussi par le séjour d'une troupe de singes aussi nombreuse que celle des brames. Je suis donc entré à Gouptipara, à peu près comme Pythagore à Bénarès, lui pour chercher des hommes, moi pour trouver des bêtes, ce qui est généralement plus facile. J'ai vu les arbres couverts de houlmann à longues queues[3], qui se sont mis à fuir en poussant des cris et en faisant des sauts à effrayer un homme qui n'aurait pas parcouru les forêts de Sumatra. Les Hindous, en voyant mon fusil, ont deviné aussi bien que les singes le motif de ma visite, et dix ou douze d'entre eux sont venus au-devant de moi pour m'apprendre le danger que je courais en tirant sur des animaux qui ne sont pas moins que des princes métamorphosés, cousins germains ou peu s'en faut d'un de leurs dieux les plus révérés. J'avais bien envie de ne pas écouter ces avocats des macaques qui me récitaient avec emphase tout ce qu'il était possible de dire pour me toucher ou m'effrayer ; mais diverses considérations me retinrent, et je m'en allai. Malheureusement je n'avais pas assez d'horreur du sacrilège. Je

1. On ne disait pas encore « brahmanes ».
2. Parèdre du dieu Shiva.
3. Note de Duvaucel : *Simia Entellus* des auteurs.

rencontrai sur ma route une princesse si séduisante, que je ne pus résister au désir de la voir de plus près. Je lui lâchai un coup de fusil, et je fus alors témoin d'un trait aussi touchant que celui rapporté dans un des mémoires de M. Malouet[1]. La pauvre princesse, qui portait un petit prince sur son dos, fut atteinte près du cœur ; elle sentit qu'elle était mortellement blessée, et réunissant toutes ses forces, elle saisit son petit, l'accrocha à une branche, et tomba morte à mes pieds. Un trait si maternel m'a fait plus d'impression que tous les discours des brames, et le plaisir d'avoir un bel animal n'a pu remporter cette fois sur le regret d'avoir tué un être qui semblait tenir à la vie par ce qui la rend le plus respectable.

À côté de Gouptipara se trouve un village considérable où se réfugient tous les Hindous qui perdent leur caste pour une certaine faute qui ne nous paraîtrait rien moins que grave. Tu sauras que lorsqu'un Bengali est près de mourir, on lui fait prononcer certain mot : *orriboll*[2], qui signifie simplement : *J'appelle Dieu*, mais qu'on traduit ainsi : Portez-moi au bord de la rivière, et donnez l'extrême-onction à mes sens, en me mettant de la bourbe sacrée dans les yeux, le nez, la bouche et les oreilles, ce qu'on exécute à la lettre. Tu songes bien que le moribond survit rarement à cette cérémonie, quelques-uns néanmoins en réchappent. Cette résurrection, qu'un fanatisme bien entendu, s'il y en avait de tel, devrait attribuer à la grâce, est au contraire parmi les Hindous, un titre de réprobation. Le malheureux survivant est chassé à jamais de sa caste et même de sa famille comme un

1. Sans doute Pierre-Victor Malouet (1740-1814), ministre de la Marine de Louis XVIII.

2. Il s'agit de l'expression « *Hari bol* », à valeur de mantra, qui signifie « l'énonciation du nom de Hari », ce dernier étant le nom de Krishna, avatar de Vishnou.

homme repoussé par le ciel. J'aurais eu grande envie de voir cette assemblée de revenants qu'on dit tout honteux d'être au monde, après avoir prononcé *orriboll*, dit plus qu'il n'est gros ; mais il était tard, et la faim et le soleil me chassèrent dans mon bazarra.

En quittant Gouptipara, M. Duvaucel se détourna de sa route pour se rendre à Coulbarria, sur la rivière de Cassimbazar, où le rappelaient quelques affaires particulières. Il en partit le 10 août et arriva le 22 à Dacca. Le récit de ce voyage étant d'un moindre intérêt que ce qui précède, nous le passons sous silence.[1]

Dacca, 24 août

(...) Après déjeuner, je montai en calèche pour visiter tous les monuments publics, et surtout les temples qui sont toujours les archives les plus anciennes et les mieux conservées. J'avais pour guide un *mounchy* ou maître de langues qui parlait si bien la sienne, que je pouvais à peine le comprendre, parce que le peu que j'en sais est corrompu par le bengali, qui lui-même, est une corruption du sanskrit[2]. J'avais en outre deux cahiers de gravures intitulés *Antiquités de Dacca*, avec quelques mots de texte, ouvrage fait depuis peu par un M. Doily, alors collecteur à Dacca, et que j'ai beaucoup connu depuis comme directeur des douanes à Calcutta. M. Doily était

1. Note de la *Revue des Deux Mondes*.

2. Les *munshi* sont en effet des lettrés, des écrivains publics, des précepteurs, des scribes, utilisant principalement l'hindoustani et le persan. L'hindoustani de ce munshi du Bengale devait en effet contenir un certain nombre de mots bengalis et devait surtout être prononcé avec un accent bengali assez fort. Le bengali lui-même dérive (plus qu'il n'est une corruption) de la langue sanskrite.

sans doute plus exact dans son livre de bureau que dans son travail d'artiste, car avec ce travail à la main, j'ai eu peine à reconnaître les lieux qu'il a voulu peindre. Ses gravures représentent des monuments qui ne le céderaient pas à ceux de Rome, et je t'assure qu'il n'y a pas plus de rapport entre Rome et Dacca qu'entre Raphaël et M. Doily.

Dacca est construite sur un banc ou plutôt sur une île formée par les bras du Gange, nommé *Ganga* en bon hindoustani. Le plus grand de ces bras s'appelle Bora-Ganga (grand Gange), nom que la ville a porté longtemps avant celui de Dacca, dont la signification est douteuse[1]. Cette ville ne date dans l'histoire que de l'époque où les Européens s'établirent au Bengale, c'est-à-dire de trois siècles environ, et doit sa prospérité aux conquêtes du fameux Akbar, qui, comme Alexandre, construisait à mesure qu'il détruisait[2]. Au reste, pour la prospérité commerciale, la position d'un lieu vaut mieux que la faveur d'un héros. Dacca est proche de la mer, et voisine d'un pays dont elle est l'entrepôt ; elle serait depuis longtemps ce que Calcutta est depuis peu, si les vaisseaux pouvaient remonter le Gange aussi bien que l'Hougly.

L'histoire nous apprend que le sultan Jehanguir, grand-père d'Aureng-Zeb, après avoir conquis le Bengale, établit à Dacca la résidence du gouverneur de cette contrée. Ce Jehanguir savait mieux élever ses soldats que ses

1. Dacca (Dhaka) est actuellement la capitale du Bangladesh. L'étymologie est en effet incertaine, provenant sans doute de l'arbre Dhak (*Butea monosperma*) fort commun dans la région.

2. Akbar, qui a régné de 1556 à 1605, est le grand empereur de l'époque moghole. Guerrier, il étendit largement son territoire à la quasi-totalité du sous-continent indien. Protecteur des arts, il favorisa l'émergence du style indo-persan, en peinture, en architecture et dans les domaines textuels.

enfants : les siens furent d'assez mauvais sujets, et l'un d'eux, nommé Cha-Jehan, trouvant sans doute que son père ne lui donnait pas assez pour vivre, imagina en 1624 de voler le trésor de Dacca, évalué à douze millions. Jehanguir se fâcha, mais sa colère ne dura que trois ans, car il mourut en 1627, et son pendard de fils, qu'on soupçonnait d'avoir accéléré sa mort, fut néanmoins reconnu empereur par toute la noblesse maure, qui lui trouva des talents, de la probité et toutes les vertus inhérentes à la royauté. Mahomet-Soudja, encore enfant, prit la place de son père à Dacca, et mangeait légitimement le reste des douze millions, quand un général d'Aureng-Zeb, nommé Kan-Khanan, et depuis émir Jemla, le chassa de la ville, qui reconnut alors Aureng-Zeb pour souverain légitime. Un Anglais, nommé Stewart[1], qui a recueilli quelques faits de ce temps-là, rapporte que l'émir Jemla poursuivit l'armée vaincue jusque dans le royaume d'Assam, où se livra une grande bataille, et c'est à propos de la défaite du jeune Soudja, que Bernier[2], qui rapporte aussi ce fait, prétend que ce jour-là « le roi n'eut pas du bon ». Il aurait pu ajouter qu'il eut du mauvais, car le malheureux y perdit tous ses sujets et tous ses trésors. Quoi qu'il en soit, les missionnaires portugais qui infestaient déjà l'Inde, profitèrent de l'occasion pour aller prêcher au Sylhet, et ne pouvant venir à bout de convertir les musulmans, qui avaient plus de sens que de foi,

---

1. Sans doute Charles Stewart (1764-1837) qui venait de publier en 1813 à Londres *The History of Bengal, from the first Mohammedan Invasion until 1757* (réédition, Cambridge University Press, 2013).

2. François Bernier (1620-1688) est un médecin voyageur attaché à la cour de Shah Jahan – il était le médecin particulier de son fils, Dara Shikoh. Il assista et décrivit la lutte de pouvoir qui mena le frère de ce dernier au pouvoir pour devenir l'empereur Aurangzeb. Son *Voyage dans les États du Grand Mogol* (Paris, Claude Barbin, 1671) est une source importante pour les historiens de la période.

formèrent un bataillon sacré, nommé, je crois, *Banditti*, et accompagnèrent l'armée victorieuse, confessant, brûlant, baptisant, massacrant tous les Hindous de la secte de Wishnou, qui ne comprenaient pas ce que c'est que la transsubstantiation, la vierge immaculée, et une foule de mystères aussi saints et aussi clairs que ceux-là.

La défaite du roi Soudja et du roi d'Assam, qui mourut peu de temps après, causa une révolution dans les États de ce dernier. Alors vint un usurpateur, comme à l'ordinaire, puis des partis, puis des querelles, puis des massacres, et l'on ne sait ce que serait devenu le malheureux royaume, si les Anglais, entraînés par un sentiment irrésistible de générosité, n'eussent enfin consenti à devenir médiateurs. Ils chassèrent le roi légitime Deb, et prirent pour épices les trésors immenses de sa capitale, nommée Beyrar, au pied des montagnes du Boutan.

Je reviens à Dacca, et je te fais grâce des conquêtes du nouveau gouverneur, nommé Cha-Esther-Kan. Tu sauras seulement que la bonne ville de Dacca fut troublée pendant toute la vie d'Aureng-Zeb, qui dura cent cinq ans, et qu'enfin elle fut prise par un nommé Khossim-Kan, malgré ses canons de vingt-deux pieds de long, et ses boulets de quatre cents livres. Ce calibre étonnera peut-être un ingénieur qui ne connaît que Cohorn et Vauban. Dans ce cas, tu le renverras à l'histoire de l'Hindoustan par un voyageur, M. Dow[1], qui en a vu, je ne sais où, du poids de sept cents *maunds* ou environ 56 000 livres.

On a compté jusqu'à 200 000 âmes à Dacca dans le temps de sa prospérité ; mais le dernier recensement,

---

1. Alexander Dow (c. 1730-1779), auteur d'une *Dissertation sur les mœurs, les usages, le langage, la religion et la philosophie des Hindous, suivie d'une Exposition générale et succincte du gouvernement et de l'état actuel de l'Hindostan*, traduit de l'anglois par M. B*** [C.-F. Bergier], Paris, Pissot, 1769.

fait en 1801, réduit ce nombre à 29 000 hindous et musulmans, environ 200 Arméniens, je ne sais combien de Grecs, et 600 chrétiens romains, le tout commandé par une douzaine d'Anglais. Ces derniers n'ont qu'un temple fort modeste où chaque semaine l'un d'eux fait une leçon de morale que tout le monde comprend et que personne ne suit, surtout quand il prêche contre l'amour des richesses. Du reste ils ont orné la ville de plusieurs belles maisons, de rues spacieuses, et de marchés bien fournis.

Dacca renferme plusieurs monuments anciens, mais en partie ruinés, tels que la mosquée de Bora-Ganga, celle de Siouf-Kan, qui porte le nom de son fondateur, et une tour élevée qui servait à indiquer la crue annuelle des eaux de la rivière. Les ruines qui m'ont causé le plus de peine, sont celles de la factorerie française, qui serait encore dans toute sa prospérité, si les bureaux de Paris n'avaient pas voulu s'ingérer dans les détails de son administration ; si leur avidité, leur ignorance, leur despotisme, n'avaient pas sacrifié les Dupleix, les Lally, les Labourdonnaie, et tous ceux qui montrèrent quelques sentiments d'indépendance. En 1814, on nomma un chef de comptoir à Dacca, sans s'inquiéter si la chose était possible. C'était un gentillâtre gascon qui, comme tant d'autres, avait crié : vive le roi ! à tue-tête pour avoir du pain. Le malheureux vint ici pendant mon séjour à Sumatra, persuadé qu'il était au moins gouverneur, puisque sa commission de la marine lui donnait le droit de juridiction civile et criminelle. Le chef anglais lui représenta qu'il n'avait aucun ordre à donner ; mais le Gascon invoqua l'ordonnance de 1784, et prétendit qu'il avait le droit de faire pendre toutes les autorités, le grand-juge et la garnison, ainsi que le disait clairement son griffonnage de la place Louis XV. Cette scène ridicule dura un mois, au bout duquel le marquis de Hastings fit signifier au Gascon l'ordre de quitter la ville. La même chose est arrivée à Patna, où le gouverneur anglais, qui reçoit un traitement de 400 000 francs, ne voulait pas être le très humble serviteur d'un pauvre diable qui n'en gagne pas 6 000. Partout on nous a chassés, partout on s'est moqué de nous, et partout on a eu raison. Ah ! comme j'en dirais si je n'avais sans cesse présente à la pensée la recommandation de Fontenelle : « Eusses-tu la main pleine de vérités, il faudrait y regarder longtemps avant de l'ouvrir. »

Ma chère belle, tu n'en sauras donc pas davantage ; car il ne faut pas desserrer tous les doigts, même avec sa sœur.

Je terminerai ma lettre en t'apprenant qu'on fait à Dacca d'excellent fromage et du savon passable. Ce sont là ses deux principales richesses, car on n'y fabrique presque plus de ces étoffes si estimées autrefois avant que nous en fissions de meilleures, et le *Tandi-Bazar* ou marché des tisserands est le plus désert de tous.

1er septembre, sur le Barampouter

Je suis depuis trois jours sur l'un des plus grands fleuves du monde, et je vais le quitter pour entrer dans une rivière nommée Megna[1], sans avoir rien vu de ce que j'en avais lu, et surtout de ce qu'on m'en avait dit. Je devais être à ton instant sur des bancs mouvants à fleur d'eau ; mon bazarra devait faire cent pirouettes au milieu de tourbillons rapides ; j'avais à craindre la rencontre des arbres déracinés et entraînés par le courant, ensuite des coups de vent qui viennent comme la

1. La Meghna est l'un des fleuves, avec le Brahmapoutre, l'Hooghly et le Gange lui-même qui forment le delta du Gange.

foudre, puis des ondées si abondantes qu'elles obscurcissent complètement les airs, etc. Eh bien ! tout cela s'est trouvé faux. Nous avons eu du vent et de la pluie ; mais je n'ai couru aucun danger, et me voici sain et sauf en dépit des récits de mes confrères les voyageurs. Avant de quitter ce fleuve célèbre je t'en dirai le peu que je sais. Les sources du Barampouter ont été aussi longtemps inconnues que celles du Gange. Les révérends pères Tiefentaler, Philippe de La Trinité, du Halde, et une foule d'autres révérends, n'ont jamais été d'accord à ce sujet avec d'Anville, qui ne l'était pas avec Rennell[1]. Les uns plaçaient ces sources dans le royaume d'Assam, les autres dans les gorges du Boutan. Plus anciennement ce fleuve sortait du paradis comme le Tigre et l'Euphrate. C'est tout au plus si l'on s'accordait sur son nom, car les uns l'appelaient Tsampou, les autres Barampouter ; et quoiqu'on en parle depuis deux mille ans, quoique les chrétiens y fassent du commerce et des conversions depuis trois siècles, il y a peu de temps qu'on a découvert qu'il prend sa source au Thibet, ainsi que le Gange. De l'aveu des Anglais, le premier qui parla raisonnablement

1. Joseph Tieffenthaler (1710-1785), jésuite autrichien qui resta en Inde toute sa vie et qui publia une *Description historique et géographique de l'Inde* en trois volumes, le deuxième, publié par les soins de l'orientaliste Hyacinthe Anquetil-Duperron, porte sur *La description du cours du Gange et du Gagra* (Paris, Tilliard et fils, 1786-1791). Le père Philippe de la Trinité (1603-1671), carme déchaussé, était en Inde dans les années 1630. Son *Voyage d'Orient* fut traduit du latin et publié à Lyon, chez Antoine Jullieron, en 1652. Jean-Baptiste Du Halde (1674-1743), jésuite parisien, est connu pour sa *Description de l'empire de la Chine et de la Tartarie chinoise* (Paris, J.-B. Mercier, 1735). Jean-Baptiste Bourguignon d'Anville (1697-1782), nommé géographe du roi en 1719, dressa les cartes de la Chine pour l'ouvrage de Du Halde et la *Carte de l'Inde dressée pour la compagnie des Indes* en 1752. James Rennell (1742-1830), géographe britannique, dressa de nombreuses cartes de l'Inde, notamment du Bengale.

sur le Barampouter, est le père du Halde ; mais celui qui le remonta le plus haut fut sans contredit le père Barbier[1], qui eut l'heureuse idée de porter un confessionnal dans les montagnes du Thibet. M. Bogle[2], qui fut envoyé vers le grand Lama, pour rassurer son infaillibilité enrayée de l'avidité anglaise, M. Bogle, dis-je, donna enfin sur ce sujet des renseignements positifs que tu peux lire comme moi dans l'*Annual Register*, si le cœur t'en dit. Mais ce que tu ne verras pas là, c'est que les eaux du Barampouter sont aussi sacrées que celles de son frère le Gange. On est aussi bien purifié en se lavant les mains à Sourinampour d'où je t'écris, qu'à Bénarès ou Patna. Il y a même des théologiens hindous qui disputent sérieusement sur la prééminence des eaux des deux fleuves. Ceux qui vivent au bord du Gange le préfèrent au Barampouter, et réciproquement ; ceux qui demeurent à égale distance de l'un et de l'autre, se décident suivant leurs caprices. Les rois qui ne se dérangent pas, même pour se purifier, envoient tous les ans une cruche en ambassade, et j'ai vu le rajah de Tanjore en personne, qui quittait ses États pour venir ici se purger de trois ou quatre homicides. (...)

2 septembre

Je suis entré aujourd'hui dans une rivière à laquelle toutes les cartes s'accordent à ne donner qu'environ cent pieds de largeur ; mais au lieu d'un ruisseau, j'ai trouvé un lac. Depuis plusieurs jours, je suis consigné dans mon

1. Père jésuite français présent en Inde dans les années 1720.

2. George Bogle (1746-1781) était un agent de la Compagnie anglaise des Indes orientales, chef d'une mission politico-économique au Tibet de mai 1774 à juin 1775.

bateau, n'ayant sous les yeux que l'image de la plus affreuse désolation. Figure-toi des plaines de douze à quinze lieues d'étendue entièrement submergées et couvertes cependant d'une végétation magnifique. Figure-toi des bateaux courant à la voile au milieu de champs de riz et de joncs, et paraissant glisser sur l'herbe. Maintenant approche avec moi de ces amas de huttes élevées sur des monticules de quelques pieds de surface, et qui seraient elles-mêmes entraînées, si l'eau montait de quelques pouces. Tu verras des malheureux entassés comme dans une étroite prison, des troupeaux nombreux qui ne savent où se coucher, et par-dessus tout cela des nuées d'insectes, de punaises et de moustiques, assez épaisses pour obscurcir l'air, et dont on ne se garantit qu'en risquant de mettre le feu à la maison. Telle est l'existence des malheureux villageois de ce pays pendant la moitié de l'année, pour recueillir un peu de riz pendant l'autre. Ici, comme ailleurs, la nature nous fait payer cher ses bienfaits. Adieu.

3 septembre

Dans une lettre de Dacca[1], ma chère belle, je t'ai promis de t'apprendre la cause de l'absence du gouverneur : j'y manquerai d'autant moins que je n'ai pas autre chose à dire, et que d'ailleurs cette histoire est du ressort de mon journal. Tu sauras que depuis plusieurs années on s'apercevait de temps à autre de la disparition de plusieurs soldats de la compagnie sur les frontières du Sylhet. Jusqu'à présent on l'avait mise sur le compte des tigres ; mais dernièrement, tandis qu'on déplorait la perte de trois nouvelles victimes, une d'elles arriva au

1. Note de la *Revue des Deux Mondes* : Cette lettre a été omise.

Sylhet après cinq jours d'absence, et raconta que ses deux compagnons avaient été sacrifiés à la déesse Kaly[1], le Pluton, le Moloch, le génie du mal en un mot chez les bas Asiatiques, le tout pour guérir la belle-sœur du rajah de Gentiapour d'une maladie qui résistait à tout autre remède. Les détails de ce sacrifice sont révoltants : après avoir jeté des fleurs sur les victimes, après les avoir encensées et baignées, leur avoir coupé les cheveux et les ongles, fendu la lèvre jusqu'au menton, enfin après une foule d'absurdités barbares, on leur coupa la gorge au-dessus de l'auguste malade, de manière à faire tomber le sang chaud sur sa tête. Le soldat échappé avait été remis au lendemain, et s'était enfui pendant la nuit, aimant mieux devenir la proie d'un tigre que le sauveur d'une femme aussi atroce. Aussitôt que le marquis d'Hastings eut connaissance de cette affaire, il expédia un ambassadeur audit rajah pour le prévenir qu'il serait pendu sans miséricorde, si son auguste sœur prenait encore médecine de cette façon. Heureusement pour le rajah que ses États ne valaient pas la peine d'être pris, car il ne les eût pas conservés longtemps : comme il n'y a pas d'argent à gagner dans les montagnes de Gutya[2], on s'est contenté d'un avertissement sans frais, et madame en sera quitte pour prendre désormais des médicaments plus simples.

Voilà cependant ce peuple que tous les voyageurs nous donnent comme un modèle de douceur. À les entendre, un Hindou se ferait scrupule de tuer une puce : ce sont les hommes de l'âge d'or, et Pythagore est venu les

1. Kâlî, forme terrifiante de la déesse Pârvatî, parèdre de Shiva, est la déesse de la destruction, représentée souvent avec un collier de crânes autour du cou, brandissant une épée.

2. La chaîne de montagnes Garo-Khasi-Jaintia borde le nord de la région du Sylhet.

admirer. Mais qu'ils passent quatre ans avec eux, ce que Pythagore n'a pas fait, qu'ils étudient leurs mœurs, leur langage, leur religion, et ils reconnaîtront que les Hindous sont cruels comme tous les peuples ignorants et fanatiques. Il n'y a que les missionnaires chrétiens qui les aient bien jugés. Outre les bûchers où l'on traîne de jeunes femmes plutôt qu'elles ne s'y précipitent de bonne volonté, il se fait ici d'autres sacrifices humains à l'insu des Anglais, qui ne peuvent juger les coupables avec la sévérité de leurs lois. Il y a à Calcutta un brame qui a sacrifié trois cents enfants à la déesse Kaly pour en faire avoir un à sa femme. Quand un homme enfouit sa fortune, ce qui arrive assez souvent, il enterre à côté un enfant vivant pour servir de *jogue* ou gardien[1]. D'autres en font manger par des crocodiles, les noient pour satisfaire à des vœux, ou les immolent à des singes ou à des serpents, et ce qu'il y a de plus affreux, c'est qu'on trouve des malheureux qui vendent leurs enfants pour de pareilles horreurs, et que les sacrificateurs les immolent moins par superstition que par intérêt. Sois donc persuadée que les Hindous ne valent pas mieux que d'autres sauvages[2].

5 septembre

Je n'ai pu t'écrire hier, ma chère belle ; sais-tu bien que j'ai failli ne plus continuer mon journal ? Sais-tu que

1. Le terme hindoustani *jogava* signifie « garder », il est formé sur la racine *yuj-* « atteler, mettre sous le joug », qui donne le mot « yoga ».

2. Duvaucel recense tous les récits les plus horrifiants que l'on peut rapporter de l'Inde. Tous ces rites, exercés le plus souvent dans le contexte ésotérique du tantrisme, restent évidemment marginaux dans l'exercice d'une religion hindoue multiforme. Le commun des dévots offre des fleurs, du santal et des sucreries à la divinité de son clan en chantant une prière, mais on préfère bien sûr retenir le sensationnel…

j'ai vu la mort d'aussi près qu'on peut la voir, et que si je vis encore, c'est par un de ces coups du sort qui feraient croire à la prédestination. J'avais aperçu, en me levant, une montagne qu'on me disait être une carrière à chaux. Après m'en être approché autant que possible avec mon bazarra, je m'embarquai dans un canot qui me conduisit cinq milles plus loin ; j'en fis encore trois à pied, et je touchais à cette malheureuse montagne, quand un de mes gens, tirant sur un sanglier, fit sortir du bois deux paires de buffles sauvages qui fondirent sur nous avec la rapidité de l'éclair. Nous n'eûmes que le temps de nous précipiter dans un trou étroit et profond, sans savoir ce qu'il contenait et comment nous en sortirions ; mais le danger était pressant, et il n'y avait pas d'autre parti à prendre. Nous tombâmes six pêle-mêle dans un tas de bourbe où nous enfonçâmes jusqu'à la poitrine et nous attendîmes ainsi le choc des buffles qui chargèrent jusqu'au bord du trou. Nous employâmes le peu de jour et le peu de linge sec qui nous restait, à nettoyer nos fusils, et après avoir grimpé les uns sur les autres, nous firent feu sur l'ennemi. Deux des buffles furent blessés, mais il fallut encore nous cacher, et ce ne fut qu'au bout de quatre heures que nous pûmes regagner le bazarra. Je n'ai pas vu la montagne et je n'ai pas cherché à dépouiller les morts. J'en suis quitte pour un bras foulé, non le mien, mais celui d'un de mes domestiques. C'est au moins la quatrième fois qu'un pareil accident m'arrive ; j'ai perdu deux hommes à Sumatra, et pour te rassurer, je te fais le serment de ne plus tant risquer ma peau pour avoir celle des autres. Adieu, je tombe de faim et de sommeil.

Lettres familières sur l'Inde : seconde partie[1]

Sylhet, 7 septembre 1821

Enfin j'ai vu la capitale du Sylhet qui porte le nom de la province, selon l'usage du Bengale ; enfin j'ai vu des maisons, des arbres, des pierres, de la terre, et j'ai dit à mes vilains marais comme Voltaire aux Hollandais : « Adieu, canaux, canards, canaille ». Tu sauras, ma chère belle, qu'une petite ville de l'Inde ne serait pas même un village en France. On appelle ville ici la résidence d'une demi-douzaine d'employés européens, parce qu'elle offre autant de maisons, autant de *Buggy*[2] et le double de chevaux. Sylhet est au bord d'une petite rivière nommée *Sourma*, nom dû au hasard probablement, car ce mot, en hindoustani comme en persan, désigne une espèce de noir de fumée avec lequel les dames du Bengale se teignent les paupières, ce qui n'a pas grand rapport avec une rivière[3]. Sylhet, au pied d'une montagne, occupe une surface d'environ une lieue de

1. *Revue de Deux Mondes*, première quinzaine, juillet 1833, p. 59-80.

2. Calèche tirée par deux chevaux.

3. Le terme *surmâ*, issu du persan, désigne en effet une poudre d'antimoine ou de sulfure utilisée comme un cosmétique appliqué sur les paupières.

long, quoiqu'il n'y ait en tout que huit à dix maisons européennes nommées *Bangala* ; mais chacune est au milieu d'un vaste jardin, et chaque jardin est séparé par une centaine de huttes. Comme le terrain n'est pas à ménager, les maîtres ont un logement à part pour leurs domestiques qui sont toujours fort nombreux dans l'Inde. La cuisine forme aussi un bâtiment particulier. Les bestiaux ont une étable où chaque paire de vaches pourrait facilement danser la gavotte ; les volailles habitent un poulailler qui ressemble à une immense volière, et les éléphants sont logés dans un hôtel qui ne le cède pas à beaucoup d'autres. Quoique cette petite ville frontière soit des plus anciennes, on n'y voit rien que de très nouveau, par la raison qu'on aime mieux dans ce pays se construire une nouvelle maison que d'en réparer une vieille. L'unique antiquité de Sylhet n'a guère que quarante ans d'existence ; c'était un temple hindou, dont les musulmans firent une mosquée ; puis les Anglais, un magasin à poudre. Les revenus territoriaux de cette province s'élèvent à neuf lacks de roupies ou environ 2 500 000 francs. La population est de huit millions d'habitants, et il y a pour tout ce monde-là deux juges qui les pendent, un médecin qui les tue et un collecteur qui les vole. À Chandernagor, nous recevons quatre lacks des mains de la compagnie, sans faire autre chose que donner quatre reçus, et nous comptons cinq bureaux avec vingt-cinq employés. J'ai déjà eu l'idée de faire un petit tableau comparatif de notre mode d'administration avec celui des Anglais que j'ai un peu étudié ; mais j'ai pensé que ce serait montrer trop clairement combien ils ont droit de se moquer de nous, et que, d'ailleurs, il n'était pas généreux de plaisanter sur des malheureux qui meurent de faim. On a beau dire que les Anglais paient bien parce qu'ils ont beaucoup d'argent, on a tort, car ils y tiennent plus que d'autres, et d'ailleurs, pourquoi en ont-ils beaucoup ? César disait : « Avec de l'argent on a des soldats, et avec des soldats on a de l'argent. » Voilà leur principe ; ils font des avances pour augmenter leurs fonds ; ils sèment pour recueillir : ils font la fortune de ceux qui les enrichissent. D'ailleurs leurs salaires sont calculés d'après les besoins qu'impose le climat, et ils n'ont d'autre générosité, en payant bien, que de faire vivre un peu plus longtemps ceux qui les servent. Ils donnent un palanquin au dernier commis, afin que le soleil le tue un peu moins vite. Chez nous, les plus riches ont à peine un parasol ; il faut qu'ils se cotisent quatre pour boire une bouteille de vin, et chacun d'eux barbouille autant de paperasses que tout un bureau anglais. Je reviens au Sylhet. La ville ne mérite pas d'autres détails que ceux que je t'ai donnés ; mais les habitants m'ont comblé de prévenances et je leur dois quelques mots de remerciements. Le gouverneur de Dacca, à qui j'avais envoyé ma lettre du marquis de Hastings, vint me recevoir sur mon bazarra, et m'offrit, pour commencer, un dîner, une voiture, une maison et une paire d'éléphants. J'ai accepté le tout, et je l'ai accompagné chez lui où le couvert était mis. Je fis un profond salut à sa femme, je m'inclinai devant celle du premier juge, je fis un signe de tête à celle du second, je donnai une poignée de main à celle du collecteur, et j'accordai à peine un moment d'attention à celle du médecin, parce que, dans ce pays, la considération qu'on a pour les femmes qui ont toutes la même valeur intrinsèque est en raison du rang de leurs maris. On me demanda des nouvelles comme si j'arrivais de Paris ; j'en donnai avec toute l'effronterie d'un gazetier de Calcutta. Je ripostai aux questions politiques par des questions sur les bêtes, et je finis par arranger une belle partie de chasse, dont je te parlerai demain au retour.

8 septembre, au soir

On m'a dit qu'il ne faut jamais
Vendre la peau *du tigre* avant qu'il soit par terre.

Ma chère belle, pas de tigres, pas de cerfs, pas d'éléphants, pas de parties de chasse. Il pleuvait à verse au moment de partir, et le soleil était trop chaud après la pluie. Pour nous dédommager, nous avons été l'après-dînée faire une promenade au pied des montagnes, dans un village où l'on célébrait une fête religieuse. Nos dames étaient en calèche, car les Anglaises du Bengale se passeraient plutôt de chemise que de voiture, et j'en connais qui, en dix ans, n'ont pas fait un mille à pied : aussi, quand les premières arrivèrent au Bengale, les Hindous, qui les voyaient toujours assises, s'imaginèrent longtemps qu'elles n'avaient pas de pieds. Les jeunes gens montèrent à cheval ; nos gens, sur des éléphants ; et, après avoir trotté deux heures, nous arrivâmes au village, les dames se plaignant des cahots, comme c'est l'usage, parce que, sans cela, elles n'auraient pas l'air délicat, et moi, fort ennuyé de la conversation de M. le juge qui avait cru devoir m'instruire de l'origine et de l'âge de ses chevaux, de l'éducation de ses chiens, de la mort de César tué par un sanglier, et du nom qu'il donnerait à ses descendants quand sa chienne aurait mis bas. En voyant arriver des calèches, des chevaux, des chrétiens, des éléphants, des musulmans, les pauvres Hindous s'imaginèrent que nous venions troubler leur fête, et commencèrent par se sauver ; mais on rassura le chef du village qui rassura bientôt ses compagnons, et peu à peu les fidèles se mirent de nouveau à prier. Cette fête se nomme *l'épreuve du feu*. Elle consiste à marcher nu-pieds sur des charbons ardents, et a beaucoup de rapport avec une fête du même genre qui se célébrait parmi nous au Moyen Âge, dans ce bon temps où l'innocence d'un accusé se prouvait par un combat singulier, et où l'on devenait homicide pour prouver qu'on n'avait pas volé. Nous vîmes là des fakirs qui sont les plus grands fripons de l'Inde[1] se purifier et se faire même adorer et encenser, après avoir marché sur un bûcher. En Europe, les hommes soumis aux épreuves d'autrefois avaient sans doute les mains et les pieds plus durs que ceux des fakirs d'aujourd'hui, car ils devaient faire neuf pas en tenant une barre de fer rouge, ou marcher sur les socs brûlants de neuf charrues ; et Voltaire, de qui je tiens l'histoire[2], parle d'un Florentin qui traversa deux bûchers enflammés pour prouver, avec l'aide de Dieu, que son évêque était un coquin. Les fakirs que nous observâmes ce matin se bornent à faire quelques pas après avoir exécuté toutes les simagrées du métier en invoquant leurs dieux. Les uns font quatre pas, les autres six, et la plupart vont jusqu'à dix au troisième tour. Tu penses bien que les plus saints sont ceux dont les pieds sont les plus durs. Ce spectacle nous a retenus jusqu'à la nuit, et comme les dames craignaient la rencontre des tigres, nous avons armé chacun de nos domestiques d'une torche. Les éléphants marchaient en tête : le premier portait la musique qui faisait un tintamarre à faire peur au diable ; les cinq autres marchaient de front, chargés de flambeaux, et rendaient la nuit aussi claire que le jour ; c'est ainsi que nous sommes rentrés à Sylhet, il y a une heure.

1. Prêtres, lamas, brahmanes ou fakirs, les figures religieuses restent des cibles idéales pour les piques de Duvaucel, comme elles le seront pour celles de Jacquemont.

2. Voltaire s'était intéressé à l'Inde notamment par l'entremise de l'*Ezourvedam*, une fausse traduction française du Véda composée vraisemblablement par un missionnaire jésuite et transmis à Voltaire par le Chevalier de Maudave en 1760 (voir Ludo Rocher, *Ezourvedam : a French Veda of the 18th century*, Amsterdam : J. Benjamins, 1984).

On célébrait là une autre fête fort intéressante, celle *des vœux*. Toutes les femmes dont les maris ou les amants sont absents portent un lampion sur un petit autel flottant, et, après force prières, elles lancent l'autel sur l'eau. La rivière était couverte de lumières, et ses bords garnis de femmes amoureuses regardant avec inquiétude si leur offrande n'était pas renversée par le vent ou les flots, ce qui serait le présage du plus grand malheur. J'ai encore vu aujourd'hui une foule d'autres petites cérémonies fort divertissantes que je voudrais te raconter ; mais ce sera le sujet d'une autre lettre. J'ai trouvé sur mon chemin de belles plantes, de beaux insectes et des colimaçons superbes. Il faut maintenant que je change de plume et que j'endosse, comme maître Jacques, mon habit de circonstance. J'ai trouvé à Sylhet autant de lettres qu'à Dacca, une, entre autres, fort remarquable par sa platitude. Elle m'est adressée par un de ces missionnaires que j'ai fait renvoyer de Chandernagor. En bon frère apostolique, il veut se raccommoder avec moi, avant d'aller se faire empaler en Chine, et me prie par la même occasion de lui procurer une lettre d'introduction pour le consul anglais établi à Canton. Je lui rendrai ce petit service avec d'autant plus de plaisir qu'il ne lui servira à rien, et je le lui ferai payer par quelques réflexions sur le ridicule de sa mission. Est-il donc vrai que le gouvernement français envoie encore des missionnaires en Chine, pour convertir des gens aussi pieux et aussi vertueux que nous ? Ne sait-il pas depuis longtemps, ce dont je me suis assuré moi-même depuis peu, que les Indiens, les Chinois et les Malais convertis au christianisme sont la plus vile canaille qui soit en Asie ? Qu'on envoie quatre naturalistes de plus et trente missionnaires de moins, il en résultera du bien pour tout le monde, et personne ne se moquera de nous.

9 septembre

L'épreuve du feu n'est rien, ma chère belle, auprès de ce que j'ai vu aujourd'hui. J'ai sous les yeux une nouvelle preuve de l'absurdité des hommes et de la barbarie des religions humaines, Montesquieu prétend que les Scythes crevaient les yeux à leurs esclaves, pour qu'ils ne fussent pas distraits en battant le beurre ; mais, ma foi, les Hindous sont aussi cruels, et mon histoire est plus vraisemblable que celle de l'illustre président. En longeant les bords de la rivière qui passe à Sylhet, on aperçoit en certains endroits de larges et profondes excavations qui sont les tombeaux d'une caste hindoustanie, nommée *Bosthoun*, dont les femmes sont encore plus courageuses que celles du Malabar, puisqu'elles s'enterrent vivantes avec leurs maris, tandis que les autres se jettent tout simplement dans le feu. La caste des Bosthoun se compose de ce qu'il y a de plus pur dans toutes les autres, et l'on a pour ses membres encore plus de vénération que pour les fakirs. Le principe fondamental de cette secte est de regarder la vie comme un mauvais moment qui n'a de terme qu'à la mort, où commence la véritable existence. Cette idée porte ces tristes philosophes à mépriser tous les biens de ce monde, et l'on a vu des hommes puissants se dépouiller de tout pour se faire Bosthoun, ne recevant d'aumônes que ce qu'il en faut pour vivre ; car, malgré leur mépris pour la vie, ils doivent la supporter sans se plaindre. Ce même mépris les porte à ne faire aucun cas de leurs facultés morales et à se rendre les gens les plus stupides du monde, comme si la raison et les lumières jetaient quelque doute sur l'immortalité de l'âme. Un Bosthoun a la singulière prétention de ne jamais se rappeler le passé, et quand on lui demande quelle était sa profession avant d'entrer dans cette noble caste, il assure très sérieusement qu'il l'a oubliée. Il prétend même ne pas se souvenir de ce qu'il faisait la veille. Les Bosthoun n'ont pas de noms précis pour désigner les choses et les personnes. Leur langage silencieux ne consiste guère qu'en signes, et ces signes eux-mêmes sont variables, de sorte que je ne conçois pas comment ils peuvent s'entendre, à moins qu'ils n'agissent entre eux autrement qu'avec les étrangers, ce qui me paraît vraisemblable. Le désir qu'ils ont de mourir leur fait considérer la vieillesse comme l'état le plus heureux. Ils portent envie aux vieillards comme nous aux gens puissants. C'est la secte la plus singulière que je connaisse. Elle mérite bien d'être observée avec attention, et je m'en occuperai. De tous leurs usages également extraordinaires, je n'ai pu connaître assez exactement que ce qui concerne leurs enterrements. À la mort d'un homme, sa famille creuse un trou cylindrique d'environ huit pieds de profondeur. On place au fond un banc sur lequel on assied le défunt couvert de ses meilleurs habits. La veuve se place sur les genoux du mort, et quand la lampe dont elle est pourvue est allumée, quand elle a reçu des fruits, du riz et tout ce qui doit servir au voyage, chacun des assistants jette sur les époux une poignée de terre. La martyre crie : *Oriboll*[1] *!* et la famille laisse tomber sur cet affreux tombeau une large trappe qu'on recouvre aussitôt de terre et de pierres. J'ai eu la curiosité de pénétrer dans deux de ces puits mis à découvert par l'éboulement du sol, et j'ai en effet trouvé dans tous deux des ossements humains. En vérité, la folie des hommes n'a pas de bornes, et les plus fous ne sont pas aux petites maisons.

1. Cf. *supra* la note sur l'exclamation « *Hari bol* ».

11 septembre

J'étais resté quelques jours à Sylhet, pour attendre la réponse du roi des montagnes, qui ne se gêne pas plus que les autres rois. Enfin il a écrit au gouverneur des marécages qu'il ne pouvait me recevoir que dans douze jours, à cause du carême qui se prolongera jusque-là. Tu t'étonneras sans doute que des Tartares fassent maigre pendant quarante jours ; mais ce qui te surprendra moins, c'est que ce prince si pieux est en même temps le plus grand scélérat du pays, qu'il vous fait écorcher un chrétien tout comme un chien, et qu'il a épousé deux de ses filles. Quant au carême dont il parle, je présume que c'est pour son peuple seulement ; car il dit sans doute, comme une certaine grande dame dont j'ai oublié le nom : « Que ferons-nous pour édifier le public ? Faisons jeûner nos gens. » Quoi qu'il en soit, il me faut attendre ; et, pour ne pas perdre mon temps, j'ai quitté la ville pour voir une autre place, nommée Chattak, d'où proviennent toutes les oranges qui se mangent au Bengale, et qui n'est pas moins célèbre sous ce rapport dans l'Inde, que le Portugal en Europe. On assure que les orangers du pays ont jusqu'à cinquante pieds de haut, que leur tronc est gros comme quatre hommes, et que plusieurs portent jusqu'à douze mille oranges. Il y a sans doute un peu d'exagération là-dedans, et c'est ce dont je vais m'informer en recueillant quelques renseignements sur la culture de ces excellents fruits. Je ne t'en parlerai que demain, parce que je n'écris que sur les lieux, afin d'être plus exact.

La petite rivière sur laquelle je me trouve sert de frontière au territoire anglais et baigne le pied des montagnes de Côsiah et de Gentya[1]. Quand je dis qu'elle baigne,

1. Chaîne des montagnes Khasi et Jaintia, frontière nord de la région du Sylhet, dans l'actuel Meghalaya.

c'est une figure ou plutôt une licence de voyageur, car elle en est à quinze milles ; mais ces montagnes sont si hautes, qu'elles paraissent à la portée de la main. On les prendrait pour un mur immense, tant leur pente est rapide, et c'est sans doute pour cela que la végétation y est fort rare. Le peu d'arbres qu'on y rencontre sont réunis par petites masses dans des crevasses d'où sortent des cascades qu'on entendrait mugir d'ici, si nous avions pour aider nos oreilles des instruments aussi parfaits que ceux qui servent à nos yeux.

Même jour, au soir

Ainsi que je l'avais prévu en partant, nous n'arriverons à Chattak que demain. Je laisse tomber deux ancres pour n'être pas jeté la nuit contre terre. Les ténèbres sont d'une épaisseur effrayante. Il n'y a que le pied des montagnes qui soit éclairé par les exhalaisons émanées des marais ; on dirait des feux de bivouac d'une armée immense, campée le long de cette chaîne. Comme j'ai quitté le territoire anglais, je suis obligé de me garder moi-même, et je fais tirer de temps en temps un coup de fusil, pour prévenir messieurs les voleurs que j'ai de la poudre et du plomb. Voilà ce que les Anglais appellent a *french politeness*.

Le 12 septembre

À sept heures, j'étais à Chattak, et, à huit, assis près d'une table bien servie, ayant deux hommes à mes côtés pour m'éventer, un troisième pour chasser les mouches, et un quatrième pour me servir. Il n'y a ici qu'un Anglais pour lequel j'avais une lettre d'introduction. On fait vite connaissance au Bengale, et surtout au Sylhet, où il ne paraît pas un étranger tous les deux ans. Au bout d'un quart d'heure, j'étais chez lui aussi à mon aise que chez moi. Mon hôte est un de ces hommes qui n'ont guère à la bouche d'autres mots que primes, actions ou dividendes. En outre, il est propriétaire de la plus belle manufacture de chaux du Bengale. Depuis vingt ans qu'il brûle des pierres pour construire des maisons, il aurait pu s'acheter dix palais ; mais il préfère ses carrières, sa cabane et la vie paisible qu'on y mène, aux jouissances agitées de l'Europe. Tu devines bien, ma chère belle, le sujet de nos conversations. Il n'était question ni de Shakespeare, ni de Locke, ni de Pope ; mon riche manufacturier s'en inquiète aussi peu que de ce qui se passe dans la lune. Nous avons parlé de *lime stone*, de *quarry* et de *marble*, depuis la première tasse de thé jusqu'à la dernière. Peu importe à ce philosophe pratique qu'on place sa poudre blanche dans les terres ordinaires ou dans les terres alcalines ; il ne lui importe guère davantage qu'elle verdisse la couleur des violettes ou des mauves : l'important pour lui est de savoir choisir les pierres qui produisent le plus de chaux, et c'est à quoi il s'entend aussi bien que le premier chimiste. Il ne s'était jamais aperçu que ses pierres renfermassent des coquilles, et encore moins que ces coquilles fussent des ammonites ou des nummulites. Il fut donc fort étonné de l'observation que je lui en fis faire, et il admira sans doute ma profondeur, puisqu'il me fit présent d'une douzaine de beaux échantillons, en se rappelant qu'en effet un certain M. Deluc, venu au Sylhet longtemps avant moi, en avait également recueilli pour les envoyer à son père à Genève. Après déjeuner, nous allâmes voir ses chantiers, ses fours et ses magasins qui n'occupent pas moins de trois mille hommes. Je ne pus me défendre, à l'aspect de tant de richesses, d'un petit sentiment d'envie et surtout de mépris pour cette sotte déesse qu'on nomme la Fortune, qui distribue ses faveurs si aveuglément, si injustement, si grossièrement.

Ces trois adverbes joints font admirablement.

Figure-toi que ce brave homme, qui pourrait avoir depuis vingt ans une bonne femme et dix beaux enfants, ne s'est pas marié dans la crainte que les soins du ménage ne nuisissent à sa fortune. Il a aujourd'hui cinquante-six ans. Sa maîtresse est une fille noire qui lui sert aussi de servante, toujours par principe d'économie. Il a deux enfants naturels que leur couleur et leur naissance repoussent de la société ; mais c'est égal : il a beaucoup d'argent, par conséquent il est heureux ; c'est ainsi que beaucoup d'Anglais s'expliquent le bonheur.

Après dîner, nous montâmes sur des éléphants, malgré mon peu de goût pour ce rude exercice ; mais dans ce pays marécageux on ne peut se servir des chevaux, qui ne seraient pas assez forts pour sortir des marais ou se dégager des broussailles. D'ailleurs le pied des montagnes est infesté de tigres, de buffles et de sangliers dont la rencontre serait fort dangereuse sur un cheval embourbé. *Marguerite* me fit salam avec sa trompe, attendu que les éléphants de l'Inde sont fort bien élevés : ensuite elle plia les jambes de devant, puis celles de derrière, et, au moyen d'une échelle, je juchai mon petit individu sur ce puissant et docile animal, qui se releva aussitôt et se mit à trotter, comme si de rien n'était. Nul pays, ma belle, n'est plus affreux que celui d'où je t'écris. La plus grande partie est sillonnée d'une multitude de petites rivières rapides et profondes ; le reste est hérissé de monticules et de buissons où ne peuvent pénétrer que des serpents, des hôtes féroces ou des naturalistes. Mais nos éléphants marchaient au travers de ces fourrés, comme Micromégas au milieu des planètes. Mon compagnon de voyage me disait à chaque pas : « C'est ici que j'ai tué un tigre, là deux perdrix, plus loin un buffle, etc. » Tout à coup nos deux montures s'arrêtèrent en dressant l'oreille et levant la trompe au-dessus de leur tête. « Qu'est cela ? » s'écria aussitôt mon riche Anglais, en changeant de couleur et en se cramponnant fortement à la selle. « Parbleu, monsieur, lui dis-je, ennuyé de ses histoires et surtout d'une promenade aussi dangereuse, ce seront encore des tigres, et vous pouvez faire un nouveau coup. » En effet, nous aperçûmes deux de ces vilains animaux qui se mirent à fuir en nous voyant. Nos deux éléphants continuèrent leur marche à la grande satisfaction du manufacturier qui ne prit pas le plus long, pour retourner à sa carrière.

Quelques éloges qu'on ait donnés à l'éléphant, je crois, en vérité, que c'est le seul animal encore au-dessus de sa réputation. M. Toscan a fort bien remarqué que ceux du Jardin des Plantes éprouvaient une douce agitation en entendant un air d'Iphigénie en Tauride en si mineur ; mais, s'il était monté sur ceux du Bengale et qu'il eût rencontré des tigres, il aurait vanté autre chose que leurs oreilles[1]. Croirais-tu bien, par exemple, que ce colosse, que ce géant du règne animal l'emporte en légèreté comme en sûreté sur les coguats du Don et les mulets de l'Espagne ? Croirais-tu qu'un éléphant ne bute et ne s'abat jamais, qu'à dix et même vingt pas de distance il semble deviner un trou, un piège ou une terre trop molle pour le soutenir ? Croirais-tu enfin que ces énormes pieds, chargés de porter une si lourde masse, sont doués d'une délicatesse de tact que n'ont pas ceux de toutes les bêtes qui marchent ou devraient marcher à quatre

1. Georges Toscan (1756-1826), bibliothécaire au Muséum national d'histoire naturelle, fit le récit d'un concert donné aux éléphants de la ménagerie du Muséum le 10 prairial an VI (29 mai 1798), récit qu'il publia sous le titre « De la musique et de son pouvoir sur les animaux », dans son recueil d'articles : *L'Ami de la nature ou Choix d'Observations sur divers objets de la nature et de l'art*, Paris, 1800, p. 173-200.

pattes ? Mais ce qu'il y a surtout de merveilleux, c'est cette trompe d'une sensibilité si exquise, qu'elle semble être le siège de quelque sens qui nous est inconnu. Des sauvages, qui les voient en liberté, m'ont assuré que l'éléphant assommait un buffle d'un coup de trompe. J'en ai vu deux chez le sultan d'Achem qui déracinaient de très gros arbres en deux ou trois efforts ; et tout le monde ajoute qu'à cette force extraordinaire, cet animal joint un odorat si délicat, qu'il sent sa femelle à quatre lieues de distance, ce qui le place encore au-dessus d'un révérend prêtre, dont parle le *Journal des Savants*, qui jugeait par olfaction du plus ou moins de vertu des femmes.

13 septembre

À cinq heures du matin, j'étais en route pour l'orangerie du Bengale, située au pied des montagnes de Côsiah, hors du territoire de la Compagnie. La rivière n'était pas assez profonde pour porter mon bazarra ; je le laissai à moitié chemin sous la garde de vingt soldats, et je partis, suivi de quarante autres, au milieu d'une flottille de petits canots parés de fleurs, avec un beau pavillon blanc sur celui qui servait d'amiral, et un bruyant orchestre sur ceux qui voguaient en tête. Nous atteignîmes les premiers orangers à l'heure où le soleil devient insupportable, et ce passage subit d'une chaleur excessive à une douce fraîcheur me disposa bien favorablement, pour les jardins de Côsiah, sans m'aveugler néanmoins sur ce que je voyais ; car, tout en mangeant d'excellents fruits, je trouvai beaucoup d'exagération dans ce qu'on m'en avait dit. Les plus grands orangers ont environ quarante pieds de hauteur ; mais ils manquent de ce touffu, de cette verdure, de ce vernis qu'on remarque chez ceux de nos serres. Leurs troncs, aussi gros que le corps, leurs branches aussi fortes que la jambe, sont armés de longues épines et rongés par ce qu'on appelle de l'échenillure. Il est difficile d'accorder la douceur et l'abondance de leurs fruits, qui supposent un terrain convenable, avec leurs cimes roussies, leurs feuilles roulées, jaunies et clairsemées. Cette orangerie, d'environ quatre lieues carrées, n'est pas disposée régulièrement comme tu pourrais le croire, et comme elle le serait chez un peuple moins indolent. Les arbres sont entassés sans ordre, sans symétrie, comme ceux d'un bois épais, et la terre est couverte de plantes aussi nuisibles pour eux que pour les hommes. Les propriétaires de l'orangerie sont des montagnards qui ne descendent que pour cueillir les fruits ; aussi ne voit-on que quelques huttes dispersées çà et là, et qu'ils abandonnent quand la récolte est faite, sans aider en rien la nature qui fait pour eux, comme pour tant d'autres, beaucoup plus qu'ils ne méritent. Mes idées philanthropiques m'ont inspiré le désir d'être utile à ces sauvages, et après avoir pris des renseignements suffisants sur la cause de leur misère qui tient à ce que, n'étant pas sur le territoire de la Compagnie, on les soumet à des droits qui absorbent leurs bénéfices, j'ai adressé au conseil de Calcutta une pétition en leur faveur, pour demander que l'on perçoive les droits d'une autre manière, ce qui nous ferait manger au Bengale des oranges cultivées beaucoup meilleures que celles qu'on y apporte ordinairement. Nous sommes à l'époque de l'année où ces bons fruits commencent à mûrir. Cette multitude infinie de petits points rouges, au milieu de la verdure, produit un spectacle très agréable, qu'anime une foule d'oiseaux brillants, tels que des perruches, des argus et autres espèces de faisans sauvages. Du reste, pas de bosquets amoureux, pas de sentiers glissants, pas de ruisseaux limpides ; on ne voit ici ni naïades, ni hamadryades, ni épiméliades, mais bien des jardiniers aussi laids que des satyres, des bergers aussi stupides que des singes et d'affreux sangliers. Il faudrait une imagination bien montée pour y trouver le sujet d'un vers passable. Dans un pays où les femmes n'ont pas de maux de nerfs, les orangers perdent les trois quarts de leur mérite. Cependant les médecins hindous font un visage heureux de leurs feuilles desséchées pour couper les fièvres pernicieuses, nommées ici *fièvres de jongles*[1], et les emploient en outre avec succès dans beaucoup de maladies indigènes. En fumigation, elles guérissent les douleurs rhumatismales et m'ont soulagé moi-même, quoique j'eusse oublié l'essentiel, c'est-à-dire certains mots sacrés plus puissants que tous les remèdes du monde. Nos pieux Hindous en font des amulettes qu'ils portent au cou avec des pierres à serpent. On trouve au milieu du jardin un temple en paille, consacré au dieu des orangers, dont je n'ai pu savoir le nom, parce que le fakir qui desservait l'autel ne le connaissait pas lui-même. Ce saint homme m'offrit une douzaine de talismans, et j'assurai mon bonheur pour une roupie. Mais j'ai grande confiance en un autre talisman que le dictionnaire de l'Académie nomme gourdin, et je fis couper une douzaine de branches épineuses pour l'usage de mes amis et de mes ennemis. Le fakir leur donna sa bénédiction pour une roupie de plus, et je me retirai saintement armé. Ma belle, je ne te dirai pas tout ce qu'il y avait dans le temple, attendu que je n'étais pas assez pur pour y pénétrer, quoique je me défendisse du meilleur de mon cœur de partager les erreurs de mes frères les chrétiens. Tout ce qu'on me permit fut de regarder au travers d'une fente, et je vis le dieu des orangers,

1. Cette « *jungle fever* » ou « fièvre des bois » est le mal qui finira par emporter Duvaucel.

en bois d'oranger lui-même, avec les attributs de l'agriculture et de la fécondité. Il était entouré d'une foule de sous-dieux fort considérés à Chandernagor, mais qui perdent beaucoup de leur crédit au Sylhet. Le même bois avait servi à fabriquer toute cette divine assemblée, et je comptai au moins soixante dieux de ma connaissance. Au reste, si l'on fait ici des dieux avec des orangers, on en fabrique en Chine avec du teck ; les Malais en font avec de la terre et de la bouse de vache ; les anciens en faisaient avec certains chênes ; les modernes en font avec du buis : ce qui prouve que nous avons tous été idolâtres, que tous les hommes sont sujets aux mêmes sottises, et qu'Arlequin avait raison de dire : *Tutto il mundo è fatto como la nostra famiglia.*

15 septembre

Je t'écris d'un petit village situé tout auprès des montagnes, et qui serait pulvérisé en entier s'il se détachait des hauteurs un des rochers que j'ai sous les yeux. Ces montagnes donnent naissance à une infinité de petites rivières fort agréables, mais très dangereuses à cause de leur rapidité, qui ne permet de les remonter qu'à force de bras. J'ai passé une grande partie de la journée à lutter contre leur courant, qui roule avec fracas les cailloux détachés par les eaux, et que grossissent une infinité de ruisseaux également bruyants dont le seul mérite est de rompre le silence effrayant de ces déserts. De distance en distance se trouvent des bancs de cailloux assez élevés pour former des chutes d'eau. On ne les remonte qu'avec beaucoup de peine, et on les descend avec la vitesse d'un char aux montagnes russes ; mais il faut pour ce dangereux plaisir des canots faits exprès, et surtout des hommes éprouvés, car la descente est hérissée de roches à fleur d'eau, et le moindre choc mettrait l'équipage en mille pièces. Les malheureux que leur profession oblige à naviguer sur ces rivières, ont soin de faire une prière et de jeter une offrande à l'eau, avant de se lancer dans les cascades. Au reste, ce n'est pas le seul danger qui menace les bûcherons et ceux qui charrient les pierres à chaux. Le plus grand de tous est la rencontre de ces terribles buffles plus nombreux et bien plus redoutables que les tigres. Aussi les maisons du pays ressemblent-elles à des forteresses, et les champs à des villes assiégées. Ce ne sont pas les hommes qui mettent les bêtes en cage, mais les bêtes qui renferment les hommes. Les tigres et les éléphants viennent nous regarder à travers les barreaux, comme à Paris, on va voir Martin ou Marguerite[1].

Pour en revenir à ma navigation, nous arrivâmes à un énorme rocher où je fus fort étonné de voir tous mes gens tomber à genoux, frapper dans leurs mains avec fureur et crier comme des possédés. Mon interprète m'apprit que ce rocher était un dieu, et me répétait la même explication chaque fois que le vacarme recommençait. Ici c'était un éléphant changé en pierre, là un tigre, plus loin encore un rhinocéros, et l'on me montra même les douze apôtres d'un dieu côsiah, qui furent métamorphosés en statues de basalte, un jour qu'ils s'entretenaient trop gaîment des miracles de leur maître. J'étais las de me prosterner, quand nous arrivâmes près d'une masse de pierres cent fois plus élevée que les précédentes. Elle était percée vers le bas d'un trou semblable à une cheminée, et j'appris que ce trou était l'ouvrage du même dieu un jour qu'il cherchait à se soustraire aux poursuites du diable, qui se mêle des affaires des Côsiah comme

1. Les deux éléphants du Muséum pour qui fut joué le concert se nommaient Hanz et Marguerite.

des nôtres. Pour m'en convaincre, on me fit remarquer des traces noirâtres ayant la forme d'empreintes de pieds. Nous fîmes en ce lieu une longue prière qui se termina par un grand battement de mains et des cris affreux, puis nous continuâmes notre route, mes bateliers en chantant des psaumes, moi en tuant des bêtes, en ramassant des pierres et en cueillant des fleurs. Notre dernière halte eut lieu dans un endroit où la rivière, profondément encaissée entre deux hautes montagnes de rochers, est ombragée par leurs masses, qui entretiennent une fraîcheur délicieuse. Quoique ces montagnes soient taillées à pic, la terre a pu s'y fixer çà et là, et ces murs de rocs sont garnis d'arbres touffus dont les racines rampent en tout sens, comme pour chercher un appui. Quelques-unes enveloppent la pierre si étroitement, qu'elles semblent faire corps avec elle, et qu'on les prendrait pour d'énormes serpents. Nos petits canots, passant le long de ces masses gigantesques, avaient l'air de fétus de paille entraînés par les eaux. La moindre pierre, le plus petit arbre, en se détachant, nous eussent écrasés, et je songeais, non sans effroi, que ce malheur pouvait fort bien nous arriver. J'avais fait une ample récolte de productions des trois règnes. J'avais écrit huit pages dans le voyage. J'étais fatigué. Il était tard, et je retournai joindre mon bazarra. Ce qui me parut le plus remarquable à mon retour fut la vitesse avec laquelle je l'effectuai. J'avais mis huit heures pour me rendre à la cheminée du dieu côsiah, et je m'en revins chez moi en moins de trois. Adieu, ma belle, bonsoir.

16 septembre, au soir

Il y a aux environs de Pundua une grotte souterraine qui passe dans le pays pour servir de résidence au diable.

On la nomme *Boubonne*, mot dont j'ignore la signification[1], ou encore *Sourong-Setane*, c'est-à-dire trou du diable en langue tartaro-chinoise, qui n'a aucun rapport avec celles qu'on parle au Bengale[2]. Peu de personnes ont vu cette caverne qui se trouve hors du territoire de la Compagnie et chez un peuple que la crainte des Européens rend féroce envers eux. Curieux de visiter les enfers dont je n'ai vu la description que dans les poètes, j'ai pris toutes les instructions nécessaires pour aller à Boubonne sans danger. C'est demain que je me mets en route, et si mon journal en reste là, il faudra t'en prendre au diable. J'avais expédié hier un ambassadeur au roi côsiah, pour lui demander la permission d'entrer dans ses États, et, comme un homme qui sait son monde, j'avais appuyé ma demande de deux aunes de drap rouge propre à faire un manteau à sa majesté. Il est à croire qu'elle fut très sensible à cette attention, car elle m'envoya aussitôt quatre de ses officiers pour me porter son auguste autorisation. Le premier tenait en main la royale boîte au bétel, et m'invita à y prendre une chique, ce qui passe ici, comme à Sumatra, pour une insigne faveur ; le second couvrit ma table de six paquets d'oranges de choix, renfermées dans des sacs en filet ; le troisième me présenta une flèche dont la pointe brisée indiquait qu'on ne me ferait pas de mal, et le quatrième, enfin, m'offrit un collier en œufs de tortue garnis d'or, avec un bel oiseau rouge, qui prévient les maris, me dit-il, quand leurs femmes les trompent. Je le réserve pour quelques personnes de ma connaissance.

1. Issu sans doute du terme sanskrit *bhuvana*, le mot signifie à la fois la terre, le monde, et les êtres vivants.

2. Les langues des États montagneux du nord-est de l'Inde sont des langues austro-asiatiques (et non pas indo-européennes comme le sanskrit ou le bengali) de la famille appelée Môn-Khmer.

Je reçus l'ambassade dans mon bazarra, et, comme depuis longtemps je m'occupais de recherches sur ces peuples, je profitai de la présence des quatre envoyés pour leur faire des questions qui devaient fortifier ou changer mes idées. La conversation dura deux heures. J'en passai deux autres à écrire ce que j'avais vu et entendu, et je termine la journée, comme à l'ordinaire, en t'en faisant le rapport. Tu voudras bien m'excuser, ma chère belle, si je ne lui donne pas plus d'étendue, quand j'aurais tant de moyens de le rendre intéressant. Mais c'est précisément cet intérêt-là qui me rend le temps rare et précieux. Plus je vois, moins je puis t'écrire, et je serai peut-être obligé de terminer mon récit, quand j'aurais dû le commencer. J'ai peu d'instants à moi ; après avoir recueilli, il ne me reste plus assez de temps pour travailler, et, à plus forte raison, pour m'amuser. Dans ce maudit pays, le travail finit avec le jour. Quand vient la nuit, on est tellement persécuté par les moustiques et les punaises, qu'il n'est pas même possible de lire avec fruit. – Adieu.

18 septembre

J'ai fait hier une des courses les plus pénibles de ma vie, et je t'écris encore tout malade de mon voyage à la caverne du diable. J'ai beau m'attendre, comme Scapin, à tout ce qui peut m'arriver de pire, j'étais loin de prévoir tant de fatigues et de contrariétés. À cinq heures du matin, tous mes gens étaient prêts et je quittai mon bazarra par le plus beau temps du monde. J'avais pour m'accompagner quarante soldats hindous, un interprète, mes domestiques, la moitié de mon petit équipage, les quatre chefs côsiah qui m'avaient rendu visite et une foule d'Indiens qui profitaient de l'occasion pour faire un pèlerinage à la caverne. La pluie qui tombe journellement dans cette saison avait rendu les chemins affreux, et je n'avais pas fait cent pas, que déjà ma belle veste blanche et ma chemise à jabot étaient crottées jusqu'au collet. Je songeais avec embarras à ma présentation au roi des montagnes, lorsqu'au beau milieu d'une plaine nous fûmes surpris par un orage comme on n'en voit qu'ici. Il pleuvait à verse, et l'on voyait s'échapper des montagnes une infinité de filets d'eau qui devinrent bientôt des torrents. Il eût été sage de revenir, mais j'étais pressé et trempé et surtout las d'atttendre. Je m'armai donc d'un beau courage, ou plutôt d'un solide entêtement, et je poursuivis ma route malgré les murmures de ma suite, qui n'était pas aussi curieuse que moi. J'avais ouï dire que les rois s'amusent quelquefois à faire morfondre leurs courtisans. Je voulus goûter de la royauté, et je trouvai, en effet, fort divertissant de faire enrager cent personnes qui ne m'en faisaient pas moins des révérences et des compliments. Plus nous avancions, plus le sol devenait marécageux. Les champs étaient submergés ; on ne distinguait plus aucun sentier, et, malgré mes guides, nous étions souvent dans la bourbe jusqu'à la ceinture. Ce ne fut qu'après quatre heures de marche, après avoir perdu mes souliers et une partie de mon pantalon, que j'arrivai au pied des montagnes, où je fus obligé d'attendre ma suite dont plus de la moitié était encore embourbée au milieu des champs. Cette maudite pluie ne cessait pas, et, pour cette fois, je croyais avoir raison de continuer, puisque nous avions fait les deux tiers du chemin ; le reste devait se faire à travers bois, et j'espérais qu'il serait moins pénible ; mais, au contraire, il le devint davantage, et j'eus souvent occasion de maudire mon entêtement. Ce bois était une forêt de ronces si épaisses, qu'à peine y voyait-on clair. L'humidité était si grande, qu'elle eût fait grelotter un

Lapon, et les végétaux pourris répandaient une odeur si infecte, si malfaisante, que je sentais la fièvre pénétrer par tous mes pores. Les chefs côsiah avaient rassemblé les habitants de plusieurs villages pour me tracer une route au milieu des broussailles, et j'étais précédé par une centaine de sauvages qui m'ouvraient un passage étroit à grands coups de hache. Mais tantôt il fallait traverser un torrent, tantôt passer sous une cascade, et le plus souvent grimper sur des rochers glissants. L'orage continuait, et nous étions de plus attaqués par une multitude de sangsues qui s'attachaient avec force à nos pieds, à nos mains, à nos visages, et nous suçaient le peu de sang et de forces qui nous restaient. De vingt personnes qui m'avaient accompagné jusqu'à l'entrée des bois, il n'en restait plus que huit, et j'avais encore deux montagnes à gravir. Les soldats de l'honorable Compagnie n'avaient jamais fait un si rude exercice, et ne concevaient pas qu'un *civilian* en veste blanche et sans épée les fît mieux marcher qu'un officier en habit rouge avec des plumes de coq. Il n'était pas prudent d'aller seul chez ces sauvages qui jouissent d'une fort mauvaise réputation ; d'ailleurs mon interprète était tombé dans un trou et j'étais épuisé de fatigue. Il était à propos de se reposer. Je m'étendis donc pendant une heure sur un rocher, en attendant que les traînards rejoignissent ma troupe. Il était onze heures quand je me remis en route, et, après avoir glissé dans deux ou trois nouveaux ravins, grimpé sur une douzaine de roches, après deux nouvelles chutes, deux ou trois accrocs, cinq ou six piqûres et autant de morsures, j'arrivai au pied d'une montagne où m'attendaient un orchestre nombreux et le roi en personne, escorté de toute sa cour, de ses prêtres et de ses soldats.

Sa majesté était un grand vieillard à figure tartaro-chinoise, vêtu d'une longue robe de drap bleu de ciel, avec le cou et les jambes nus, un beau poignard au côté, puis des bracelets, des jarretières et un large collier en gros grains d'or brut. Derrière elle se tenaient des esclaves portant le sac au bétel, l'arc et le carquois royaux et des présents d'oranges, de bananes et de noix d'Areck. La famille royale était sur les côtés ; mais, au lieu de ces princesses adorables dont parlent mes confrères les voyageurs, je n'aperçus que cinq ou six grands diables, tout débraillés, aussi malpropres que moi, du reste armés jusqu'aux dents, et ressemblant à s'y méprendre aux brigands de la Porte Saint-Martin. Après m'avoir fait un compliment que je ne compris pas, le roi des montagnes me présenta la main avec toute la grâce d'un petit maître parisien, et me conduisit ainsi jusqu'à l'entrée de la caverne de Boubonne à travers la pluie, les sangsues et les roches, et au bruit d'une musique infernale qui me privait du plaisir d'entendre sa majesté, et m'ôtait l'embarras de lui répondre. Ce qui surprenait le plus le roi sauvage, ce n'était ni mes bas déchirés, ni mes habits en lambeaux, ni mon corps tout en sang, mais de me voir lui lâcher respectueusement la main de temps en temps, pour ramasser des colimaçons que je glissais dans ma poche ; et j'ai lieu de croire que toute sa cour n'était pas moins surprise, puisqu'à chaque fois que je me baissais, c'étaient des éclats de rire à couvrir la musique.

Enfin nous arrivâmes à la caverne dont l'entrée est un trou étroit, bordé de rochers énormes. La suite du roi grossissait sensiblement, et, comme mes instructions me recommandaient une extrême défiance, j'imaginai de saluer sa majesté avec une décharge de soixante coups de fusil au travers d'un bois serré, pour lui bien faire concevoir l'effet de la poudre. Ce petit apologue réussit à merveille. Mes hôtes parurent effrayés, et se montraient avec crainte les traces de ma fusillade. On me rendit mon salut par un roulement redoublé de tambours, et, après une invocation à Satan, nous descendîmes dans le trou, précédés d'une douzaine de torches, et du gros de la musique pour effrayer les esprits. La caverne de Boubonne n'est pas à beaucoup près aussi affreuse que celle d'Antiparos à laquelle on donne, je crois, quinze cents à deux mille pieds de profondeur. Elle n'en a guère que quinze ou vingt, et l'on y descend sans échelle et sans danger au moyen de quelques pierres disposées comme des marches. Quoique formée sans doute par les eaux pluviales, elle présente, au premier aspect, tout le désordre d'un éboulement subit, et les premiers pas se font au travers de blocs mal joints qui laissent entre eux des sentiers étroits et profonds ; mais les inégalités du terrain disparaissent à mesure qu'on avance, et la route, d'abord rompue, irrégulière et pénible, finit par devenir praticable dans presque toute sa largeur. La voûte est sensiblement inclinée de droite à gauche, et les eaux s'accumulent vers ce dernier côté et y déposent une infinité de stalactites qui ressemblent à de larges planches très serrées et disposées verticalement. D'autres stalactites, aussi variées dans leurs formes que dans leur grandeur, pendent du sommet de la voûte, et à ce travail immense que la nature a produit avec lenteur, on reconnaît dans Boubonne une des plus anciennes cavernes qui se soit formée depuis la consolidation du globe. Sa hauteur est constamment d'environ quinze pieds et sa largeur de vingt à vingt-cinq. Elle est rétrécie de distance en distance par des rochers qu'a défigurés le liquide lapidifique, et qui, simulant plus ou moins parfaitement des corps d'hommes ou d'animaux, passent chez les Côsiah pour des êtres métamorphosés en pierre. Ce peuple superstitieux considère cette caverne comme l'ouvrage de Satan. Plusieurs divinités malfaisantes y ont établi leur séjour ; aussi, en passant devant chaque œuvre diabolique, ont-ils soin de crier, de battre du tambour et de frapper dans leurs mains pour effrayer les démons. Après avoir marché pendant trois heures, et fait environ quatre milles sans trouver aucun changement sur ma route, mes guides, effrayés, refusèrent d'aller plus loin. Ayant remarqué que la flamme des torches vacillait toujours dans le même sens, comme poussée par un courant d'air, j'en conclus que la caverne avait une seconde issue, et, à force d'instances, je déterminai les Côsiah à s'avancer encore un peu ; mais ma présomption ne fut pas justifiée, et, après avoir cherché inutilement cette seconde issue, je restai sans preuve certaine de son existence. Enfin, accablé de fatigue, transi de froid, mourant de faim, je retournai vers ma suite, que je trouvai très inquiète de ma longue absence, et m'attendant avec impatience pour retourner au bazarra.

La route que nous suivions dans ce ténébreux labyrinthe était entrecoupée de sentiers étroits, conduisant rapidement à de profonds précipices. J'eus la curiosité d'examiner l'un de ceux dont l'entrée paraissait le plus praticable, et après avoir attaché deux lanternes à l'extrémité d'une échelle de cordes, j'en laissai filer vingt brasses dans l'intérieur du trou. L'entrée jusqu'à la quatrième brasse était assez étroite pour me permettre de toucher les parois des rochers, soit avec les pieds, soit avec les mains ; mais vers la cinquième elle me parut s'élargir sensiblement. À cinquante pieds de profondeur, je ne sentais plus rien, malgré l'oscillation que j'imprimais à mon échelle par des secousses violentes, et parvenu à la dix-huitième brasse, c'est-à-dire à quatre-vingt-dix pieds, je me trouvai suspendu au sommet d'une voûte immense, qui me parut avoir la forme d'un cône renversé. La lueur insuffisante de mes fanaux ne m'en laissait pas voir le fond ; mais je dois croire qu'il était à une distance considérable, puisque je n'entendis qu'au bout de douze secondes le bruit produit par la chute d'une pierre que j'y laissai tomber. Remonté vers la caverne supérieure, j'en fis frapper le sol avec force dans divers endroits éloignés les uns des autres. J'entendis partout un bruit sonore qui me fit présumer que toute la caverne, peut-être même toute la montagne, reposaient sur un vaste souterrain ; et, si je ne me trompe, la caverne de Boubonne, déjà si remarquable par son étendue, le serait encore davantage, en ce qu'elle devrait son origine à la double action du feu primitif et des eaux pluviales. Ma lettre est déjà si longue, ma chère belle, que je te ferai grâce de mes observations sur les diverses températures de l'eau et de l'air dans ces deux gouffres. Tu sauras seulement qu'il était nuit quand je rejoignis ma suite. La pluie tombait encore, et il eût fallu passer la moitié de la nuit dans des bois infestés de tigres et de buffles, si j'eusse voulu retourner de suite sur mes pas. Cette idée m'effraya, attendu que j'avais une centaine de personnes sous ma responsabilité, et je pensai qu'il était plus prudent de rester jusqu'au lendemain dans la caverne du diable. J'y fis descendre tout mon monde et allumer plusieurs feux. Les Côsiah nous apportèrent des oranges, des poules, des œufs, et, après avoir fait un bon repas, je m'endormis sur le sable humide, plus profondément que bien des gens ne le font sur le duvet. Je m'étais couché en remarquant que mon bivouac souterrain ne ressemblait pas mal à l'antre de Lucifer, et quand j'ouvris les yeux, l'aspect des brasiers, des rochers, des broches et des chaudières, me fit d'autant mieux croire que j'étais en enfer, que je souffrais comme un damné. Je réveillai mes diables à coups de baguette, et nous sortîmes de ce sépulcre, pour retourner clopin-clopant au logis où il n'était question que de notre enlèvement par les génies de la caverne de Boubonne. Il était midi quand je retrouvai mon bazarra tant désiré. J'ai passé vingt-quatre heures dans mon lit, sans pouvoir retrouver la moitié de mes forces. Je t'écris encore tout saignant de la morsure de ces cruelles sangsues, trop heureux si j'en suis quitte pour la perte de mon sang et quelques meurtrissures. Ce pénible voyage ne m'a rien procuré en minéralogie, quoique ce fût son principal objet ; mais si la caverne du diable est peu digne d'attirer l'attention des géologues, elle intéressera les zoologistes comme m'ayant offert diverses espèces d'animaux nouveaux. Elle m'aura aussi fourni le sujet d'une longue lettre pour ma sœur, mon aimable correspondant. La marquise de Hastings aura également son petit récit ; et, tout considéré, je me consolerai de ma peine, si je n'en meurs pas.

Alfred Duvaucel

Sur une nouvelle espèce de Sorex – Sorex Glis[1]

Au secrétaire de la Société Asiatique [de Calcutta]

Monsieur,

J'ai l'honneur de présenter à la Société un dessin et une description d'un petit quadrupède, originaire de Penang et des autres îles des mers de l'Inde. Ils sont offerts sous l'autorité du naturaliste français M. Diard et présentés par le très honorable Sir Stamford Raffles pour être mis à la disposition de la Société.

J'ai vu ce petit animal et le dessin qui en a été fait. Je pense qu'il est tout à fait exact : un individu vivant avait été ramené du Bengale par un médecin quelques mois auparavant : il court vers la maison, apprivoisé, mais ne se laisse pas attraper pour une meilleure inspection : bien qu'il ait la liberté de s'échapper par les portes à n'importe quel moment il ne montre aucune intention de quitter ses quartiers et manifeste un certain attachement pour la famille ; et lorsque des étrangers rentrent dans la maison il montre de l'inquiétude par une sorte de bavardage sonore.

Il ne présente pas de trouble quant à la nourriture, d'ailleurs il est toujours à la recherche d'insectes. Ses plats préférés

1. *Asiatick Researches, or Transactions of the Society, instituted in Bengal*, vol. XIV, 1822, p. 471-475. Note liminaire de Thomas Hardwicke traduite de l'anglais par Jérôme Petit. L'article de Diard et Duvaucel est rédigé en français.

semblent être les mouches, les crickets, les sauterelles et les cafards.

Il ressemble beaucoup, selon moi, au Genus Viverra[1], particulièrement au Viverra Ichneumon[2] : M. Diard lui attribue les habitudes d'un écureuil, à partir duquel, je suppose, il l'a placé dans le quatrième ordre de la classe des mammifères, mais sa description des dents ne s'accorde en rien avec le nombre qui caractérise les animaux de cet ordre : ils ont deux incisives dans la mâchoire supérieure et de deux à quatre dans la mâchoire inférieure.

Le résultat d'un examen futur devra écarter ce doute ; pour le moment, il doit reposer sur l'autorité offerte ici.

J'ai l'honneur d'être, Monsieur, votre obéissant et humble serviteur,

Thomas Hardwicke

Major Général, Fort William, 25 février 1820.

Notice. – Sur une nouvelle espèce de Sorex – Sorex Glis

Lorsque les recherches d'histoire naturelle n'avaient, pour ainsi dire, d'autre but que l'accumulation des espèces et la distinction des formes extérieures la découverte d'un petit animal qui n'eût été remarquable, ni par sa forme, ni par sa couleur, ni par ses habitudes, n'eurent pas été d'un bien grand intérêt pour les Naturalistes : mais aujourd'hui que la science veut surtout agrandir son domaine d'observations anatomiques, et assurer ainsi sa marche sur des caractères invariables, l'Être qui lui paraît le plus précieux n'est plus celui qui se distingue le plus

---

1. Le Viverra est un genre de mammifères carnivores décrit par Linné en 1758 auquel appartiennent les civettes et les mangoustes.

2. Aussi appelée « mangouste d'Égypte » ou « Grande mangouste », décrite par Linné et par Buffon, *Histoire naturelle des quadrupèdes*, édition de Sonnini, Paris, 1798-1801, tome 32, p. 275 et 367, pl. 22.

des autres, par la richesse de sa parure, ou la singularité de ses proportions, mais bien celui qui peut lui fournir le plus de faits pour la confirmation ou la modification des lois organiques qu'elle a reconnu. Aujourd'hui enfin que le scalpel scrutateur a prouvé que la nature a souvent enfoui ses mystères les plus admirables, sous les formes les plus viles et les plus communes, nous avons droit d'espérer que les naturalistes verront avec joie leur catalogue s'augmenter de l'histoire d'une nouvelle espèce, qui n'a non seulement rien de désagréable ou de répugnant, mais qui au contraire nous fournit pour la première fois, l'exemple d'un petit animal, des plus gracieux, possédant tous les caractères génériques, qui semblaient être réservés exclusivement à quelques êtres ou difformes, ou révoltants.

Pendant la durée de nos séjours à Pulo Penang et Sincapore, nous avons plusieurs fois tué dans les bois un petit quadrupède, que nous prîmes d'abord pour un Écureuil ; mais que nous reconnûmes bientôt en l'examinant, appartenir à la famille des Insectivores : la forme allongée de son museau, avait pu seule nous faire soupçonner qu'il n'était pas un rongeur : car ainsi que nous venons de le dire, par toutes les autres proportions de son corps, par sa taille, par ses oreilles rases, couvertes de poils très courts, tout à fait formées comme celles de l'homme, et surtout par la disposition empennée des poils de sa queue, il ressemblait parfaitement à une petite espèce d'Écureuil, qu'on rencontre à chaque pas dans les bois de Sincapore : du reste sa couleur n'a rien de remarquable ; elle est en dessus d'un brun rouge mélangé de fauve et de noir, et en dessous un gris blanchâtre uniforme ; mais ce qui doit être noté, ce nous semble, c'est la teinte rosée de la peau de ce joli animal, qui paraît telle principalement autour des yeux et des lèvres.

Si le museau allongé et les pieds pentadactyles de cet animal, devait faire aisément reconnaître qu'il appartenait à la famille des Sorex, la singularité de sa forme pouvait aussi faire présumer naturellement qu'il n'appartenait à aucun des genres qu'elle renferme ; et c'est en effet ce qui a été confirmé par le nombre et la disposition de ses dents.

La mâchoire supérieure est armée de quatre incisives, à peu près cylindriques, peu longues, légèrement usées en biseau, et très écartées : entre elles et les molaires au nombre de cinq et hérissées de pointes coniques, est une lanière isolée, à peu près de la même longueur. À la mâchoire inférieure on compte au contraire six incisives serrées, couchées en avant, dont les quatre intermédiaires sont très longues. La canine est aussi plus allongée que celle d'en haut, elle a derrière elle une petite fausse molaire, puis une rangée de quatre *molaires tricuspides*.

À ces particularités dans la forme, et dans la dentition de notre animal, si l'on ajoute la présence d'un petit cæcum[1] à l'origine des intestins, cæcum qu'aucun des Sorex n'a encore présenté, on aura certainement tout le droit possible de le prendre pour type d'une nouvelle sous-division : nous lui assignerons le nom de Sorex Glis qui donne à la fois, l'idée de sa forme extérieure et de sa véritable nature[2].

Enfin, pour terminer l'histoire de ce véritable Sorex, déguisé sous des habits d'Écureuil, il a de grands yeux, quatre mamelles ventrales, une langue longue, un estomac simple, et un tube intestinal replié sept fois sur lui-même, et suivi comme nous l'avons déjà dit, d'un petit cæcum.

---

1. Le cæcum est la première partie du côlon, un organe appartenant au système digestif des mammifères.

2. Glis est un genre auquel appartient le Loir.

Ce petit animal se nourrit d'insectes et principalement de larves qu'il cherche sur le tronc des vieux arbres, et même à terre sous les débris des feuilles ; nous l'avons trouvé rarement, et toujours dans des lieux écartés ; il paraît cependant qu'il n'est pas d'une nature très sauvage, car lorsque nous étions à Penang, une personne de cet endroit en possédait un très apprivoisé, qu'il nourrissait dans une cage comme un Écureuil.

Diard et Duvaucel

Remarques sur le Cerf noir du Bengale[1]

Au Secrétaire de la Société Asiatique [de Calcutta],

Monsieur,
J'ai l'honneur de vous adresser un court traité sur l'*Hippelaphus* d'Aristote, dans lequel je pense avoir reconnu une grande espèce, qui porte le nom de Cerf noir au Bengale. Je serais extrêmement flatté si mon hypothèse peut se révéler bien fondée auprès des membres la Société Asiatique, et s'ils jugent ces observations dignes de leur attention.
J'ai l'honneur d'être, Monsieur, votre humble et obéissant serviteur,
A. Duvaucel.

Chandernagor, 1er mars 1822.

Remarques sur l'Hippelaphus d'Aristote

De tous les animaux décrits par les Anciens, aucun n'a suscité de plus importants traités parmi les Modernes

1. « On the Black Deer of Bengal. [Hippelaphus] », *Asiatic Researches*, vol. XV, 1825, p. 157-162. Traduction inédite de Jérôme Petit. Un résumé de cet article a été donné en français par René Primevère Lesson dans le *Bulletin des sciences naturelles et de géologie*, tome 10, 1827, p. 394-396. Lesson traduit « *deer* » par « daim ». Nous avons choisi de traduire le terme par « cerf » car Duvaucel compare l'animal au *Cervus elaphus*, le cerf élaphe, du genre *Cervus* et non du genre *Dama*.

que le *ἱππελαφος* d'Aristote, et si, en ce qui concerne ce cerf, je me risque à exprimer une opinion contraire à celle de ces savants naturalistes qui ont écrit sur le sujet, c'est parce que j'ai sur eux l'avantage d'avoir voyagé dans les régions et d'avoir rencontré les espèces qu'ils n'ont pas eu l'opportunité d'observer.

« Quin etiam Hippelaphus satis jubæ summis continet armis, qui a formâ equi et cervi, quam habet compositam, nomen accepit, quasi equicervus dici meruisset – tenuissimo jubæ ordine a capite ad summos armos crinescit. Proprium equicervo villus qui ejus gutturi modo barbæ dependet. Gerit cornua utrumque, exceptà fœminà – et pedes habet bisulcos. Magnitudo equicervi non dissidet a cervo. Gignitur apud Arachotas, ubi etiam boves sylvestres sunt, qui differunt ab urbanis, quantum inter sui urbanos et sylvestres interest. Sunt colore atro, corpore robusto, rictu leviter adunco : cornua gerunt resupinatiora. Equicervo cornua sunt Capreoe proxima. » – *Historia Animalium, libri* xi, *cap.* i. Traduction de Théodore Gaza[1].

« De plus le cerf-cheval porte au sommet des épaules une crinière abondante ; lui qui a reçu son nom de la silhouette du cheval et du cerf, qu'il possède de façon composite,

1. Théodore Gaza (c. 1400-1475) donna le premier une traduction latine du texte grec d'Aristote. L'avis de Georges Cuvier sur cette traduction, et le fait que son beau-fils l'utilise, sont intéressants à noter : « Nous possédons un grand nombre de traductions de l'*Histoire des animaux*. La première, celle que l'on cite à tort le plus souvent, est de Théodore Gaza, Grec qui passa en Italie après la prise de Constantinople par les Turcs, et qui n'était versé suffisamment, ni dans la connaissance du latin, ni dans celle de l'histoire naturelle. Cette double ignorance lui fit insérer littéralement dans sa traduction divers passages de Pline, que celui-ci avait emprunté à Aristote et qui étaient inexactement rendus. Il paraît d'ailleurs que Gaza n'avait qu'une mauvaise copie du texte grec. » (*Histoire des sciences naturelles*, Paris, Béchet, 1831, volume I, p. 167).

comme s'il avait mérité d'être appelé cheval-cerf, porte une crinière d'un type extrêmement fin, allant de la tête au sommet des épaules. Le poil qui pend sous sa gorge à la manière d'une barbe est le propre du cheval-cerf. Il porte deux cornes, sauf la femelle – et il a les pieds fourchus. La taille du cheval-cerf ne diffère pas de celle du cerf. Ils naissent chez les Arachotas, où même les bœufs sont sauvages, et diffèrent des bœufs ordinaires autant que les cochons diffèrent des sangliers. Ils sont de couleur noire, de corps robuste, le mufle légèrement relevé, et portent des bois penchés en arrière. Les bois du cheval-cerf sont proches de ceux des chevreuils[1]. »

La plupart des mammifères décrits par Aristote ayant été observés dans toutes les régions d'Europe, il était naturel de croire qu'il en fut de même pour l'*Hippelaphus* ; considérant aussi que les animaux de ce type se propagent généralement sur tout le continent et que, de surcroît, la description donnée par le naturaliste Macédonien est en accord à bien des égards avec celle des espèces les plus communes rencontrées chez nous (*Cervus Elaphus*[2], *Linn.*).

En plus de cela, il a été remarqué que les espèces de cerf sont singulièrement modifiées par la nature du sol sur lequel ils vivent, et que le même animal, après avoir quitté les montagnes arides pour habiter les vallées fertiles, changea bientôt sa robuste apparence, perdit son pelage plus ou moins sombre, et changea même sa silhouette, parfois épaisse et lourde, pour adopter des formes plus élégantes, des couleurs aux nuances plus lumineuses et des facultés plus raffinées.

---

1. Je remercie vivement Mathieu Lescuyer pour sa traduction inédite du latin.

2. Le cerf élaphe, espèce la plus commune en Europe, classé par Linné en 1758.

Il avait aussi été observé que l'âge opérait une métamorphose à ce point complète qu'il n'était pas possible de reconnaître un même individu à un âge avancé.

Le Cerf commun était aussi connu pour revêtir une robe courte, douce, fine et clairsemée, et, après cela, il a été vu couvert d'un pelage long, rêche et sombre, avec même sur son cou et son menton des poils si longs qu'il semblait porter une crinière et une barbe.

Il était aussi bien connu que plusieurs causes locales ou accidentelles aient pu altérer les cornes, aussi bien quant à leur taille que leur direction, et même le nombre de leurs branches ; et, toujours convaincu que le cerf ne se réclamait d'aucun pays indigène mais vivait partout d'égale manière, on a pensé que la description d'Aristote pouvait être fausse ou incomplète plutôt que d'imaginer ce grand observateur décrivant avec exactitude un animal qui n'existerait plus.

Gesner[1], Caius[2] et d'autres parmi les savants ont prétendu que l'Hippelaphus n'était autre que l'élan (*Cervus Alces, Linn.*) qui, il est vrai, porte certaines marques caractéristiques signalées par Aristote. Buffon, tout en s'opposant à cette erreur de triomphante manière, tombe dans une autre en considérant l'Hippelaphus comme une variété du cerf européen. Erxleben[3] et Linné[4], l'ont

---

1. Conrad Gessner (1516-1565), naturaliste suisse, auteur d'une *Historia animalium* qui fera date, surnommé le « Pline suisse ».

2. Gaius Plinius Secundus, c'est-à-dire Pline l'Ancien (23-79), naturaliste, philosophe, encyclopédiste romain, auteur de l'*Histoire naturelle* en 37 livres.

3. Johann Christian Polycarp Erxleben (1744-1777) est un naturaliste allemand considéré comme l'un des pères de la médecine vétérinaire moderne.

4. Carl von Linné (1707-1778), célèbre naturaliste suédois qui a fondé le système de classification des espèces vivantes en mettant en place une nomenclature binominale de type « *Cervus elaphus* ».

reconnu dans le cerf des forêts d'Allemagne, et, en se basant sur ce fait, le nommèrent *Cervus Hippelaphus*, en le considérant toujours comme une variété de l'*Elaphus* (cerf élaphe). Monsieur Cuvier[1] lui-même crut bon d'adopter l'opinion de ses prédécesseurs, si bien que cette idée, une fois confirmée par tant de respectables autorités en la matière, est généralement admise aujourd'hui, au point qu'il faudra autant d'années pour la détruire qu'il en aura fallu pour l'établir.

Et pourtant, il a paru naturel de croire en l'existence de l'Hippelaphus en tant qu'espèce particulière, puisque le cerf européen, très commun au Bengale, a dû exister pareillement dans les contrées voisines, visitées par Aristote, et que la comparaison de ce genre d'animaux ayant souvent été en son pouvoir, il a paru naturel de croire que le grand naturaliste n'avait pas pu s'être trompé sur eux. Si, pour autant, les particularités de la barbe et de la crinière, de la taille et de la couleur, pouvaient se rencontrer, jusqu'à un certain point, chez le cerf européen, il existait aussi un autre caractère très spécifique, qui est celui des cornes, qu'Aristote compare à celles d'un chevreuil, une différence trop marquée pour être considérée comme une modification, et puis aussi une distinction trop agréable à faire pour qui n'est pas bien versé dans l'histoire naturelle.

Mais ces réflexions n'auraient pas pu trouver place parmi les préjugés concernant l'Hippelaphus, et si nous les suggérons ici, c'est parce que nous avons récemment appris que Monsieur Cuvier l'a reconnu dans un animal empaillé en Angleterre, et parce que la chance a placé sur notre route un nouveau cerf, à ce point similaire à celui décrit par Aristote qu'aucun doute ne peut subsister

1. « Monsieur » en français dans le texte ! On lit presque « Monsieur Beau-père ».

qu'il s'agit du même animal puisque cette espèce, très nombreuse au Bengale et également commune sur les rives de l'Indus, se rencontre aussi facilement dans la province des Arachotas, située de ce côté du Mont Caucase, entre la Perse et l'Inde, où Aristote fit ses observations et où, en effet, il existe une variété de grand cerf que les Persans appellent *Syah-Ahu.*

Cet animal, que nous avons souvent observé dans les montagnes du Sylhet ainsi qu'à Sumatra, et dont deux individus sont aujourd'hui présents dans la ménagerie de Barrackpore, ont une croissance plus importante que celle du cerf commun, devenant donc plus grand et s'en différenciant aussi par sa robe d'une teinte plus sombre, d'où provient dans tous les pays son appellation de cerf noir, – *Rousso Itam* chez les Malais, *Kála Harin* au Bengale.

À l'âge de deux ans, sa mâchoire inférieure et son cou sont couverts de poils, longs et durs, pareils à une crinière et une barbe, même si ce n'est précisément ni l'un ni l'autre puisqu'ils ne sont pas implantés seulement sur le menton mais descendent sur les côtés et sous le cou. Par conséquent, l'appellation de *crinière* est aussi incorrecte que celle de *barbe*, et peut-être qu'Aristote peut être accusé ici d'une légère négligence, si ce n'est que nous pouvons penser qu'il a vu l'animal seulement à distance, ou qu'à défaut de mots appropriés il ait pu choisir ceux qui renvoyaient l'idée la plus juste d'une mâchoire inférieure et d'un cou couverts de long poils.

La physionomie (si je puis utiliser cette expression) du cerf noir diffère radicalement de celle de tout autre cerf, et lui donne même quelque chose de l'apparence d'un cheval, ce qui, ajouté à sa taille et à sa crinière, a probablement contribué à l'appeler Hippelaphus. Ses grandes oreilles et sa queue beaucoup plus fournie que celle du cerf en général sont d'autres caractères spécifiques qui le distinguent des autres cerfs, et ses cornes fourchues aux extrémités et avec une seule ramure à la base sont précisément les mêmes que celles indiquées par Aristote, c'est-à-dire celles d'un chevreuil[1].

La femelle diffère du mâle par l'absence totale de cornes, ainsi que l'observe Aristote, et par un pelage un peu plus court sur le cou et la mâchoire inférieure, mais même en l'absence de cette dernière particularité, qui est sans aucun doute à peine perceptible chez les jeunes individus, elle se distingue facilement par la couleur de sa robe qui est toujours plus foncée que celle de la biche commune.

L'Hippelaphus est rompu aux mêmes habitudes que les autres cerfs, il vit en troupeau ou en couple isolé suivant son âge ou les saisons de l'année. Ces deux époques, ainsi que les lieux qu'ils fréquentent, ont une grande influence sur leur taille et leur couleur, comme on l'a remarqué à propos du cerf élaphe. Dans les régions où la nourriture n'est pas abondante et où de surcroît ils doivent fuir devant des ennemis puissants, on ne trouve que des individus de taille moyenne. Au contraire, ceux qui vivent dans des régions où la végétation est riche et où les tigres ne sont pas communs atteignent des dimensions considérables, et nous en avons vu sur l'île de Sumatra qui n'étaient pas inférieurs aux plus grands chevaux.

On rencontre également l'Hippelaphus sur l'île de Java, et il s'agit probablement du même animal indiqué par Pennant et Shaw, sous le nom de grand cerf Axis, comme un habitant des forêts marécageuses de Bornéo.

---

1. Note de Duvaucel : Nous devons nous rappeler une observation très importante de Buffon à propos de la traduction latine de Théodore de Gaza, laquelle indique qu'il a traduit le mot *δοχος* par *Capra* au lieu de *Caprea*, et par conséquent le mot *Capreæ* doit être substitué par *Capræ*, c'est-à-dire les cornes du *chevreuil* par celles d'une *chèvre*.

Si les remarques précédentes et les conjectures sont bien fondées, il résultera d'elles que :

1. l'Hippelaphus d'Aristote est vraiment une espèce particulière très différente du cerf européen, *Cervus Elaphus*, avec lequel il a été confondu jusqu'ici.
2. le nom d'Hippelaphus ne doit pas être donné au cerf qui est ainsi nommé dans le *Systema Naturœ* de Linné et Gmelin.
3. l'Hippelaphus n'est autre que le grand cerf Axis de Pennant qui lui seul devrait désormais porter le nom de *Cervus Hippelaphus*.

LA POSTÉRITÉ
D'ALFRED DUVAUCEL

Notice sur les voyages de MM. Diard et Duvaucel, par Georges Cuvier[1]

Notice sur les voyages de MM. Diard et Duvaucel, naturalistes français, dans les Indes orientales et dans les îles de la Sonde ; extraite de leur correspondance, et lue à l'Académie des sciences, le 14 mai dernier [1821], par M. le baron Georges Cuvier, membre de l'Institut.

M. Alfred Duvaucel, parti, au mois de décembre 1817, sur le navire *la Seine*, capitaine Houssard, arriva à Calcutta au mois de mai 1818, et y trouva M. Diard, qui l'y avait précédé de quelques mois. Désirant tous deux se livrer sans distraction à l'étude de l'histoire naturelle et aux recherches qu'ils avaient projeté de faire pour le cabinet du roi, ils quittèrent Calcutta où ils n'auraient pu vivre dans la retraite, et allèrent s'établir à Chandernagor, comptoir français. Ils y trouvèrent une petite maison qu'ils transformèrent bientôt en muséum, se réservant seulement un cabinet pour coucher ; toutes les autres pièces de la maison reçurent une destination particulière, et devinrent des galeries pour les animaux empaillés,

1. « Notice sur les voyages de MM. Diard et Duvaucel, naturalistes français, dans les Indes orientales et dans les îles de la Sonde ; extraite de leur correspondance, et lue à l'Académie des sciences, le 14 mai dernier [1821], par M. le baron Georges Cuvier, membre de l'Institut », *Revue encyclopédique*, tome X, juin 1821, p. 473-482.

ou des loges pour les animaux vivants. Les chasseurs qu'ils employaient, leur rapportaient chaque jour un grand nombre d'objets pour leur collection ; ils étaient aussitôt empaillés, décrits, dessinés et classés. Cette collection s'augmentait encore de leur propre chasse et de ce qui leur était envoyé par des rajahs dont ils avaient fait la connaissance ; enfin, leur maison devint, en peu de temps, une ménagerie que l'on venait voir de Calcutta et des environs. Ces messieurs cultivaient, en outre, dans leur jardin, les plantes du pays, afin d'en recueillir les graines, et ils avaient profité d'un bassin enclos dans leur petite demeure pour élever des oiseaux d'eau et de rivages. Tous ces objets n'étaient pas recueillis cependant sans de grands efforts, et ils se plaignent, dans toutes leurs lettres, des difficultés qu'ils éprouvaient alors par la répugnance que les Indous qu'ils avaient pris à leur service mettaient à s'employer aux différentes tâches auxquelles nos naturalistes jugeaient nécessaire de les astreindre ; ce peuple ayant pour habitude et pour principe religieux de se borner à la seule espèce de travail permise à la caste à laquelle chacun appartient. Ce ne fut donc pas sans contrainte, et surtout sans de fortes récompenses, qu'ils parvinrent à faire soigner le jardin par le portier, à envoyer quelquefois l'échanson à la pêche et le cuisinier à la chasse. Enfin, ils engagèrent le petit nombre de domestiques qu'ils avaient à cumuler leurs fonctions, victoire d'autant moins aisée que les préjugés religieux sont parfaitement secondés par l'indolence naturelle à ce peuple. Au bout de quelques mois, MM. Duvaucel et Diard étaient parvenus à se procurer toutes les espèces d'animaux qui se trouvaient à vingt ou trente lieues à la ronde, et ils commencèrent à faire des envois au Jardin des Plantes, à Paris. Ils y adressèrent, au mois de juin 1818, un squelette du dauphin du Gange, une tête de bœuf du Thibet, dont ils avaient disputé les os aux chacals et aux chiens marron ; plusieurs espèces d'oiseaux peu connus, un dessin et une description du tapir de Sumatra, pris sur un individu vivant, alors dans la ménagerie du gouverneur général, marquis d'Hastings, et quelques échantillons minéralogiques recueillis dans les petites courses qu'ils avaient faites dans l'intérieur. Un autre envoi, plus considérable, enrichit le muséum du faisan cornu. Deux individus de cette espèce se trouvaient dans ce nouvel envoi avec plusieurs oiseaux curieux. Le même vaisseau fut aussi chargé de rapporter pour la ménagerie un jeune bouc de Cachemire, cédé à nos voyageurs par lord Hastings, et né dans sa ménagerie, d'un bouc et d'une chèvre que ce lord avait fait venir du Thibet, et qui existent encore à Calcutta. Le jeune bouc, envoyé par MM. Diard et Duvaucel, arriva en France quelque temps avant le troupeau que M. Ternaux a fait venir[1] ; il a même été fort utile à la propagation de l'espèce en France. M. Ternaux, qui n'avait conservé que très peu de boucs de son grand troupeau, a demandé d'employer celui-ci et l'a envoyé à Marseille d'où il est revenu bien portant, après avoir rempli l'objet qu'on avait en vue. On s'en est servi de la même manière à Saint-Ouen. Après six mois de travaux et de petites courses, qui toutes avaient pour but des recherches scientifiques, MM. Diard et Duvaucel se préparaient à faire un long voyage dans l'intérieur du Bengale, et se

1. Louis-Guillaume Ternaux (1765-1833), baron, manufacturier et homme politique, venait d'introduire en France la chèvre tibétaine à duvet de Cachemire. Il avait fait passer une circulaire (du 31 juillet 1820) avec des échantillons de cette laine via les préfectures pour faire connaître cette chèvre auprès des agriculteurs. Voir « Introduction en France des chèvres à laine de Cachemire, originaires du Thibet, par MM. Joubert et Ternaux », *Annales de la Société d'agriculture, sciences, arts et belles-lettres du département d'Indre et Loire*, tome 1, janvier 1821, p. 6-9 (publication de la circulaire).

proposaient d'aller jusqu'à Patna, où M. Duvaucel était invité à se rendre par un jeune Français de ses amis, établi dans ce lieu et placé à la tête d'une indigoterie considérable, lorsqu'au moment de partir ils reçurent des propositions de sir Stamford Raffles, gouverneur de Bencoulen, et chargé de quelques missions politiques pour les îles du détroit de Malacca. Ce gouverneur, zélé pour la science et ayant peu de temps pour s'en occuper, proposa aux naturalistes français de l'accompagner dans son voyage, et de continuer leurs recherches dans les contrées qu'il aurait à visiter, pendant qu'il remplirait les différentes missions dont le gouvernement anglais et la Compagnie des Indes l'avaient chargé. Ces propositions furent d'autant plus volontiers acceptées par les deux jeunes Français, qu'ils avaient déjà presque exploré le Bengale, et qu'ils voyaient bien plus d'aliments pour leur curiosité dans les îles de la Sonde, jusque-là si peu connues. D'ailleurs, le gouverneur leur offrait de faire dans son gouvernement de Bencoulen un établissement à peu près semblable à celui que lord Hastings avait formé à Calcutta, et ce plan, exécuté aux frais de la compagnie, devait leur procurer tous les moyens imaginables de réunir à Bencoulen les animaux de Sumatra, et de les observer en grand. Enfin, renonçant au voyage de Patna, ils s'embarquèrent avec sir Stamford Raffles à la fin de décembre 1818, sous la condition que le résultat de leurs recherches serait partagé également entre eux et le gouverneur ; celui-ci s'engagea à faire rembourser les dépenses par la compagnie des Indes, et ces messieurs promirent leur travail, leur temps et leur coopération à la description scientifique que M. Raffles désirait publier des pays qu'il aurait visités et de celui qu'il était appelé à gouverner. Le premier lieu d'où nos voyageurs purent écrire fut l'île de Pulo-pinang, où ils passèrent quelques jours, mais où ils ne purent recueillir qu'un très petit nombre d'animaux, parmi lesquels se trouvent cependant deux espèces nouvelles de poissons et quelques oiseaux remarquables. Ils s'arrêtèrent ensuite devant Carimore ; mais cette île est tellement couverte de forêts, et la végétation y est si épaisse, qu'ils ne purent y pénétrer. Ils reconnurent seulement sur ses bords les traces d'un cerf et d'un sanglier. Après quelques heures passées dans cette rade, ils firent voile pour Singapour, où sir Stamford Raffles avait quelques affaires à régler. Il s'agissait d'affermir sur son trône un prince malais, attaché aux intérêts de la compagnie. En arrivant dans la rade, le gouverneur reçut la visite de trois aides de camp du roi : ici, il faut laisser parler M. Duvaucel lui-même. « Ces officiers ne sont pas, comme chez nous, des jeunes gens élégants et richement habillés ; leur tête noire et rasée est couverte d'un turban de couleur obscure ; un large gilet à manches cache leur dos huilé, brûlé, pelé et voûté ; au côté gauche est attaché un large *cric* (ou poignard), et leurs jambes sont nues. Ces trois Malais paraissent enchantés de nous voir, comme si nous venions pour leur bien. Les Anglais cherchent à savoir quels avantages il y aurait à devenir maîtres dans leur île ; nous autres, moins intéressés, nous les interrogeons sur les animaux qui s'y trouvent. Qui croyez-vous que ces pauvres gens écoutent le plus volontiers ? Ils répondent avec empressement aux demandes de leurs alliés, et lèvent les épaules en écoutant les nôtres. En quittant Singapour, nous allons à Achem, pour mettre d'accord deux souverains en en plaçant un troisième, qui paiera son trône avec l'argent de ses sujets. »

Ils arrivèrent en effet quelques jours après à Achem ; et, au moment d'en repartir, M. Duvaucel écrit : « Nous sommes restés plus d'un mois dans cet affreux pays, sans pouvoir pénétrer dans l'intérieur, sans pouvoir nous procurer la millième partie des objets que nous avions compté y recueillir. La mauvaise réputation qu'ont ces peuples est justifiée chaque jour par leur conduite envers les Européens ; et Diard, persuadé, comme M. de Lamanon, que les sauvages ne sont médians que lorsqu'on les maltraite, a failli devenir victime d'une confiance que je combattais depuis longtemps. Entouré par deux cents Malais, avec trois de nos domestiques, il a pu, il est vrai, s'échapper sans blessure ; mais il a perdu le fruit de sa chasse, ses armes et nos bagages. Notre séjour à Achem, à Padie, à Tulosimawe n'a que fort peu enrichi nos collections ; quelques plantes, quelques insectes, quelques oiseaux, deux ou trois serpents, quatre ou cinq poissons et deux cerfs sont les seuls résultats de ce pénible voyage. »

En quittant Achem, nos voyageurs se rendirent à Malacca. Voici ce que M. Duvaucel écrit en y arrivant : « À peine sommes-nous à Malacca, que toute la ville est chez nous. On n'a jamais fait ici que le commerce de l'opium et du poivre, et l'on ne devine pas ce que nous voulons faire des singes et des oiseaux que nous achetons. En deux heures, nous avons pu nous procurer un ours, un argus et quelques autres oiseaux. Le gouverneur hollandais possède un jeune orang-outan, et je vous quitte pour lui faire une visite intéressée. »

Après un assez court séjour à Malacca, nos voyageurs retournèrent pour la seconde fois à Singapour, et c'est dans cette dernière visite qu'ils purent se procurer le dugong, dont ils ont fait passer un dessin et une description au Muséum. Cette même description fut lue dans une séance de la société royale ; depuis, elle a été insérée par sir Everard-Home dans le 2e volume des *Transactions philosophiques* de 1820, et elle va paraître chez nous, dans l'histoire naturelle des mammifères de MM. Geoffroy Saint-Hilaire et Frédéric Cuvier.

Enfin, après quelques jours passés à Singapour, nos voyageurs partirent pour Bencoulen et y arrivèrent en août 1819. Jusque-là, ils n'avaient eu d'autres obstacles à surmonter que la chaleur du climat et les petites difficultés occasionnées par le caractère paresseux des Malais ; mais de véritables chagrins les attendaient à Bencoulen, où l'accord dans lequel ils avaient vécu jusqu'alors avec le gouverneur cessa d'exister. Après quelques discussions, dont les détails ne nous sont point parvenus, cette collection, faite avec tant de soins, de fatigues et de dangers, au lieu d'être partagée avec l'égalité dont il parait que l'on avait donné la promesse, fut envoyée presque en entier en Angleterre, avec une copie des dessins, des descriptions et des notes réunis par nos jeunes naturalistes. Cependant, loin d'être découragés par un événement si peu attendu, MM. Diard et Duvaucel recommencèrent leurs travaux avec un nouveau zèle ; et, après avoir pris congé du gouverneur et avoir envoyé en dépôt à Calcutta la portion de la collection qui leur était laissée, ils se décidèrent à se porter sur différents points, afin de diversifier davantage les objets qu'ils pourraient recueillir. M. Diard se rendit à Batavia, où le riche résultat de ses recherches lui fit oublier les vives contrariétés qu'il avait éprouvées à Bencoulen. M. Duvaucel partit à la même époque pour Padang, et ses dernières lettres annoncent que ses travaux n'ont pas été infructueux. Il écrit, en quittant Padang, qu'il porte à Calcutta quatorze grandes caisses d'animaux empaillés et de squelettes, parmi lesquels se trouvent un squelette et une peau du tapir de Sumatra ; les squelettes et les peaux de quatre rhinocéros, où l'on reconnaît deux espèces distinctes ; un grand nombre de singes, dont quelques-uns vivants ; des reptiles, des cerfs, des axis, etc. Il compte attendre au Bengale la collection de M. Diard, et se dispose à rapporter au muséum, dans le courant de cette année, le fruit de trois ans d'un travail assidu et de recherches aussi pénibles que dangereuses. M. Diard prolongera son séjour aux Indes ; ses dernières lettres nous apprennent qu'il est au moment de partir pour

Bornéo, où il compte faire encore de riches récoltes pour l'histoire naturelle. Le muséum a reçu depuis quelques jours (vers le milieu du mois de mai) les doubles des objets qu'il avait déjà recueillis à Java. Cet envoi consiste en vingt-quatre espèces de mammifères empaillées, six conservées dans l'alcool et neuf squelettes ; en cent vingt-six espèces d'oiseaux et en près de cent espèces de serpents. Chaque espèce offre plusieurs individus, et ils sont tous très bien conservés. Le nombre des espèces nouvelles pour la science, ou au moins pour le muséum, est très considérable à proportion. Tels sont, par exemple, le tapir des Indes, cette découverte si remarquable, due à nos naturalistes, et dont il a déjà été question dans l'ouvrage de MM. Geoffroy et Frédéric Cuvier, une nouvelle espèce de rhinocéros unicorne de Java, dont l'existence était seulement soupçonnée d'après son crâne que l'on avait dans quelques collections. Les squelettes de ces grands quadrupèdes accompagnent leurs peaux ; il en est de même de plusieurs nouveaux singes. Parmi les oiseaux, l'on doit surtout remarquer le beau paon à aigrette en forme d'épi, qui, pendant bien longtemps, n'avait été décrit que d'après des peintures envoyées du Japon, et vues par Aldrovande, au seizième siècle, et dont nos naturalistes ont envoyé des individus de tous les âges. Parmi les serpents se trouvent, outre la plupart de ceux qu'a décrits Russel, des espèces remarquables, parce qu'avec toutes les formes de couleurs et les mêmes écailles sur la tête, elles ont des dents venimeuses aussi grandes qu'aucune vipère et que les trigonocéphales. Cet envoi, joint aux trois autres qu'ont déjà faits MM. Duvaucel et Diard, ne peut que donner l'idée la plus avantageuse de la grande collection qu'ils promettent, et dont ils n'ont encore adressé, en quelque sorte, que de légers échantillons.

Notice sur les voyages de M. Duvaucel, par Frédéric Cuvier[1]

Note : Dans une première notice sur le même sujet (insérée dans la *Revue encyclopédique*, tome X, juin 1821, p. 473-482), nous avons fait connaître l'arrivée de MM. Diard et Duvaucel au Bengale, le séjour qu'ils y ont fait, et leur départ pour l'île de Sumatra, avec le gouverneur de Bencoulen, sir Stamford Raffles, qui se les était associés pour explorer cette contrée peu connue et en recueillir les productions naturelles de tous les genres.

Les collections d'histoire naturelle faites dans l'île de Sumatra par MM. Duvaucel et Diard, et que nous avions annoncées dans un premier article, ont été reçues au Muséum d'histoire naturelle, et plusieurs des objets les plus remarquables qui en faisaient partie se voient maintenant dans les galeries de cet établissement.

Depuis cet envoi considérable, le zèle de ces deux Voyageurs ne s'est point ralenti. Nous ne pouvons cependant parler en ce moment que des recherches de M. Duvaucel ; son compagnon s'étant depuis longtemps rendu en Cochinchine, d'où l'on ne reçoit que rarement de ses nouvelles, et avec trop peu de suite pour être à

1. « Notice sur les voyages de M. Duvaucel », signée F. C., *Revue encyclopédique*, tome XXI, février 1824, p. 257-267.

portée d'apprécier ses travaux. La correspondance régulière de M. Duvaucel nous permet, au contraire, de le suivre dans ses excursions, et l'intérêt qu'elles ont pour la science nous fait un devoir d'en rendre compte.

À son retour de Padang, M. Duvaucel s'occupa pendant quelques mois à mettre en ordre les notes nombreuses que lui avait fournies son voyage dans l'intérieur de Sumatra, et se prépara à quitter de nouveau sa retraite de Chandernagor pour aller explorer le Sylhet, pays peu connu des naturalistes et digne de leur curiosité[1].

Muni des lettres du gouverneur général des Indes (le marquis de Hastings), lettres sans lesquelles un voyage de cette nature eût été impossible, M. Duvaucel s'embarqua sur l'*Hougly*, le 22 juillet 1821, dans un bazarra, grand bateau plat, divisé ordinairement en deux chambres, percée chacune de 7 à 8 fenêtres. La suite de notre voyageur se composait d'un Malabar, bon chasseur et empailleur adroit, d'un jeune Malais ramené de Sumatra par M. Duvaucel, et qu'à l'imitation de Robinson, il a nommé *Jumahat* (Vendredi), d'un peintre mulâtre fort habile, et enfin d'un cuisinier qui, suivant l'expression de son maître, savait encore mieux disséquer les animaux que les accommoder.

Le premier lieu remarquable que M. Duvaucel visita en quittant Chandernagor, fut la ville d'Hougly, dans laquelle on voit un temple indou non moins révéré que les pagodes de Jagrenat, et où l'on célèbre la fête du Rott, chariot à 36 roues, sous lesquelles les pieux Indous viennent se faire écraser avec joie. C'est aussi dans ce lieu que se dresse « le *tcharock* ou grande potence à laquelle s'accrochent, au moyen d'un morceau de fer

1. Cette partie du voyage de Duvaucel est celle relatée dans les Lettres publiées dans la *Revue des Deux Mondes* et rééditées ci-dessus.

passé dans la peau du dos, les plus fidèles serviteurs de Wishnou, qu'on fait tourner ainsi jusqu'à ce qu'ils aient rendu l'âme » ; enfin, c'est encore là que viennent se brûler, sur le corps de leurs maris, de jeunes veuves qui perdraient leur caste si elles restaient dans ce monde, lorsque leurs époux en sont sortis.

Toujours en remontant l'Hougly et sur la rive droite, M. Duvaucel aperçut Gouptipara, lieu saint habité par des brames et couvert de pagodes, dans l'une desquelles on conserve précieusement la chevelure de la déesse Dourga. Ce lieu, célèbre aussi par les nombreuses troupes de singes qui en font leur séjour, excita la curiosité du voyageur, et voici comment il raconte son expédition : « Je suis donc entré à Gouptipara à peu près comme Pythagore à Bénarès, lui pour chercher des hommes, moi pour trouver des bêtes, ce qui est généralement plus facile. J'ai vu les arbres couverts de houlmann (*simia entellus*) à longues queues, qui se sont mis à fuir en poussant des cris affreux. Les Indous, en voyant mon fusil ont deviné, aussi bien que les singes, le sujet de ma visite, et douze d'entre eux sont venus au-devant de moi pour m'apprendre les dangers que je courrais en tirant sur des animaux qui ne sont rien moins que des princes métamorphosés. J'avais bien envie de ne pas écouter les avocats des macaques, cependant, à moitié convaincu, j'allais passer outre, lorsque je rencontrai sur ma route une princesse si séduisante que je ne pus résister au désir de la considérer de plus près ; je lui lâchai un coup de fusil, et je fus alors témoin d'un trait vraiment touchant : la pauvre bête, qui portait un jeune singe sur son dos, fut atteinte près du cœur ; elle sentit qu'elle était mortellement blessée ; et, réunissant toutes ses forces, elle saisit son petit, l'accrocha à une branche et tomba morte à mes pieds. Un trait si maternel me fit plus d'impression que tous les discours du brames, et le plaisir d'avoir ce bel animal ne put l'emporter cette fois sur le regret d'avoir tué un être qui semblait tenir à la vie par ce qui la rend le plus respectable. »

À côté de Gouptipara se trouve un village considérable où se réfugient tous les Indous qui perdent leur caste par une faute, que M. Duvaucel nous explique ainsi : « Lorsqu'un Bengali est prêt à mourir, on lui fait prononcer un certain mot : *Oriboll*, qui signifie simplement *j'appelle Dieu*, mais qu'on traduit ordinairement de cette manière : portez-moi auprès de la rivière et donnez l'extrême-onction à mes sens, en me mettant de la bourbe sacrée dans la bouche, dans le nez, les yeux et les oreilles ; ce qu'on exécute à la lettre. Le moribond survit rarement à cette cérémonie ; cependant, il en est qui résistent à la bourbe sacrée. Cette résurrection est considérée comme une marque de réprobation ; et les malheureux qui n'ont pas pu mourir sont chassés pour toujours de leur caste et même de leur famille, comme des êtres repoussés par le ciel. Tels sont les réprouvés du village voisin de Gouptipara. J'aurais eu grande envie de voir cette assemblée de revenants qui sont tout honteux d'être au monde, après avoir prononcé *Oriboll*, qui dit plus qu'il n'est gros ; mais il était 9 heures et la chaleur me chassait dans mon bazarra. » Après avoir visité Patoly et Coulbarria sur la rivière de Cossymbazar, et enfin la plaine de Plassey, célèbre par la victoire qu'y remportèrent les Anglais sur un émir du Grand-Mogol, et devenue maintenant une vaste plantation d'indigo ; après avoir recueilli dans tous ces lieux des notes historiques et un grand nombre d'animaux peu ou point connus, M. Duvaucel reprit enfin la route directe du Sylhet, dont il s'était un peu détourné pour voir les endroits que nous venons de nommer.

La rivière de Jellinghy, où il entra en quittant celle

de Cossymbazar, paraît lui avoir fourni une pêche abondante et une grande variété d'oiseaux, de rivages. Enfin, le 16 août, il entra dans le Gange ; et le 18, il était à Commercally, ville dont l'industrie principale consiste à recueillir et à préparer les plumes de Marabout.

Dans sept ou huit villages que M. Duvaucel visita sur sa route, il retrouva ces usages bizarres et ces pratiques superstitieuses et cruelles, qui font moins d'honneur à la raison des Indous qu'à leur courageuse résignation.

Nous le suivrons à Dacca, où il comptait se procurer une escorte pour visiter les montagnes du Sylhet ; mais, quand il y arriva, le gouverneur venait d'en partir pour les frontières de son gouvernement. Heureusement, il suffit à M. Duvaucel de montrer le sceau de la lettre du marquis de Hastings au sous-gouverneur pour que Son Excellence s'empressât de procurer au voyageur tout ce qui devait lui être nécessaire pour son expédition, et de plus un *parouanna* ou passeport, au moyen duquel il pourrait réclamer des secours de toute nature sur sa route. Nous mentionnons cette circonstance pour donner une idée de la vaste puissance de l'homme dont le cachet seul peut procurer un tel crédit à celui qui s'en trouve porteur.

M. Duvaucel quitta la ville de Dacca, le 27 août, après y avoir fait ses récoltes ordinaires en zoologie et s'être muni d'un guide pour l'accompagner au Sylhet. Il remonta le Burampouter, l'un des plus grands fleuves du monde, dans lequel les Indous se purifient comme dans les eaux du Gange. « J'y ai vu, dit M. Duvaucel, le raja du Tanjaour en personne, qui quittait ses États lointains pour venir s'y purger de trois ou quatre homicides ; et les rois qui ne veulent pas faire le voyage y envoient tous les ans une cruche en ambassade. »

Arrivé à la ville de Sylhet, capitale de la province, M. Duvaucel envoya au gouverneur de Dacca, qui s'y trouvait en ce moment, la lettre du marquis de Hastings. Le gouverneur vint le voir sur son bazarra et lui offrit une maison, une voiture, une paire d'éléphants et une chasse aux tigres pour le lendemain.

Les chasseurs, en traversant un village à leur retour, furent témoins d'une fête appelée *l'épreuve du feu*. « Des fakirs un peu charlatans, dit M. Duvaucel, faisaient quelques pas sur des charbons ardents, en invoquant toutes leurs divinités, et ce spectacle peu divertissant nous retint jusqu'à la nuit. Nous nous remîmes en route alors, et nos dames craignant la rencontre des tigres, nous fîmes porter des torches à tous nos domestiques, et nous plaçâmes à la tête de la troupe nos éléphants, dont l'un portait la musique qui faisait un bruit épouvantable, et les cinq autres, placés de front, un grand nombre de lumières. C'est ainsi que, sans mauvaises rencontres, nous rentrâmes à Sylhet ; on y célébrait en ce moment une autre fête fort intéressante, qu'on nomme *la fête des vœux* : toutes les femmes dont les maris sont absents posent un lampion sur un petit autel flottant ; et, après de longues prières, elles lancent l'autel au milieu des eaux. La rivière était chargée de lumières et ses bords couverts de femmes regardant avec inquiétude si leur offrande n'était pas renversée par le vent ou les flots. »

Nous transcrirons encore ici un passage du journal de M. Duvaucel, qui nous paraît devoir intéresser le lecteur : « En longeant les bords de la rivière qui passe à Sylhet, on aperçoit, en certains endroits, de larges et profondes excavations qui sont les tombeaux d'une caste indoustanie nommée *Boshtoun*, dont les femmes sont encore plus courageuses que celles du Malabar. À la mort du mari, la famille creuse un trou cylindrique d'environ huit pieds de profondeur. On place au fond de ce trou un banc sur lequel on assied le défunt, couvert de ses meilleurs habits ; la veuve s'assied sur les genoux du mort ; et, quand la lampe est allumée, quand elle a reçu des fruits, du riz et tout ce qui doit servir au voyage, chacun des assistants jette sur les époux une poignée de terre ; le martyre crie "*Oriboll*", et la famille laisse tomber sur cet affreux tombeau une large trappe qu'on recouvre aussitôt de terre et de pierres. J'ai eu la curiosité de pénétrer dans deux de ces puits découverts par l'éboulement du sol, et j'y ai trouvé en effet des ossements humains. »

M. Duvaucel, désirant visiter les montagnes de Cossya et de Gentya qui se trouvent au-delà du territoire anglais, fut obligé d'en faire demander la permission au roi des montagnes : et pour employer les jours d'attente, il résolut d'aller voir un lieu nommé Chatthack, d'où viennent toutes les oranges qui se mangent au Bengale. « Dès cinq heures du matin, dit-il, j'étais en route pour l'orangerie du Bengale, située au pied des montagnes de Cossya ; la rivière n'étant pas assez profonde pour soutenir mon grand bazarra, je le laissai à moitié chemin, sous la garde de vingt soldats, et, suivi de quarante autres, je m'embarquai sur une flotte de petits canots ornés de fleurs, avec un beau pavillon blanc sur celui de l'amiral et un bruyant orchestre sur ceux qui précédaient. Nous gagnâmes les premiers orangers, à l'heure où le soleil devient supportable, et ce passage subit d'une chaleur excessive à une douce fraîcheur me disposa favorablement pour les jardins de Cossya. Les plus grands orangers ont environ 40 pieds de hauteur ; mais ils manquent de ce touffu, de cette verdure, de ce vernis qu'on remarque à ceux de nos serres ; leurs troncs aussi gros que le corps, leurs branches aussi fortes que les jambes, sont armés de longues épines et rongés par ce qu'on appelle de *l'échenillure*. Cette orangerie, d'environ 4 lieues carrées, n'est pas disposée régulièrement, comme elle le serait chez un peuple moins indolent. Les arbres y sont entassés sans ordre, sans symétrie, et la terre est couverte de plantes aussi nuisibles aux orangers qu'aux hommes. Les propriétaires de ce jardin sont des montagnards qui n'y descendent que pour cueillir les fruits qu'ils vendent aux Indous ; mais ce commerce ne les enrichit point, à cause des droits excessifs auxquels ils sont soumis et qui absorbent leurs bénéfices. On trouve, au milieu du jardin, un temple en paille, consacré au dieu des orangers, dont je ne pus savoir le nom, parce que le fakir qui desservait l'autel ne le savait pas lui-même. » L'ambassade que M. Duvaucel avait envoyée au roi Cossya pour obtenir la permission d'entrer sur son territoire eut un très heureux succès par la précaution qu'il avait prise d'appuyer sa demande de deux aunes de drap rouge pour faire un manteau à Sa Majesté. « Il est à croire, dit-il, qu'elle fut très sensible à cette attention ; car elle m'envoya aussitôt quatre de ses officiers pour m'apporter son auguste autorisation. Le premier portait la royale boîte au bétel et m'invita à y prendre une *chique*, ce qui passe ici, comme à Sumatra, pour une insigne faveur. Le second couvrit ma table de six paquets d'oranges choisies renfermées dans des sacs en filet ; le troisième me présenta une flèche dont la pointe brisée m'indiquait qu'on me recevrait en ami ; et le quatrième m'offrit un collier en œufs de tortue garni d'or, avec très bel oiseau rouge qui prévient les maris, me dit-il, quand leurs femmes sont infidèles. Je reçus l'ambassade dans mon bazarra ; et comme depuis longtemps je m'occupais de recherches sur ces peuples, je profitai de ces quatre lettrés pour leur faire des questions qui devaient fortifier ou changer mes idées. »

Notre voyageur partit enfin, suivi de 40 soldats indous, de ses domestiques, d'un interprète, des quatre chefs cossya qui lui avaient rendu visite, et d'une foule d'Indiens qui profitaient de l'occasion pour faire un pèlerinage à la caverne de Boubonne, appelée par les Indous *Caverne du Diable*, et située dans les États du roi de Cossya. Après une journée de marche fatigante, à travers un pays inondé par des rivières débordées et par une pluie continuelle, après une nuit passée au milieu de bois si touffus, qu'il fallait y marcher la hache à la main pour se frayer un passage, M. Duvaucel, suivi de sa troupe, arriva au pied d'une montagne, où l'attendaient un orchestre nombreux et le roi en personne, escorté de toute sa cour, de ses prêtres et de ses soldats. Voici la relation qu'il nous donne de cette entrevue : « Sa Majesté était un grand vieillard à figure tartaro-chinoise, vêtue d'une longue robe en drap bleu-de-ciel, avec le cou et les jambes nues, un beau poignard au côté, puis des bracelets, des jarretières, et un large collier en gros grains d'or brut. Derrière elle se trouvaient des esclaves portant le sac au bétel, l'arc et le carquois royaux, et des présents d'oranges, de bananes et de noix d'arec. La famille royale était sur les côtés, et se composait de cinq ou six grands diables tout débraillés, aussi sales que je l'étais moi-même en ce moment, armés jusqu'aux dents et ressemblant à de véritables brigands.

Après m'avoir fait un compliment que je ne compris pas, le roi des montagnes me présenta la main avec grâce et me conduisit ainsi jusqu'à l'entrée de la caverne de Boubonne, au travers d'une pluie battante, de rochers glissants et d'une immense quantité de sangsues qui s'attachaient à nos jambes ; pendant notre marche, nous étions étourdis par une musique infernale qui me privait du plaisir d'entendre Sa Majesté et m'était l'embarras de lui répondre. Ce qui surprenait le plus le roi sauvage, ce n'était ni mes bas déchirés, ni mes habits en lambeaux, ni mon corps tout en sang, c'était de me voir lui lâcher respectueusement la main, de temps en temps, pour ramasser des colimaçons que je glissais dans ma poche, et j'ai lieu de croire que la cour n'était pas moins surprise, puisque chaque fois que je me baissais, c'était des éclats de rire à couvrir la musique. Enfin, nous arrivâmes à la caverne, dont l'entrée est un trou bordé par des rochers énormes. La suite du roi se grossissait sensiblement ; et comme mes instructions me recommandaient une extrême défiance, j'imaginai de saluer Sa Majesté avec une décharge de soixante balles au travers d'un bois serré, pour lui faire concevoir l'effet de la poudre. Ce petit apologue réussit à merveille ; mes hôtes se montraient avec crainte les traces de ma fusillade et me rendirent mon salut par un redoublement de tambours. Enfin, après une courte invocation à Satan, nous descendîmes dans la caverne, précédés par une douzaine de torches et le plus gros de la musique pour *effrayer les esprits*. »

Il serait trop long de donner ici la description détaillée de cette caverne que M. Duvaucel a parcourue dans tous les sens. Nous terminerons seulement par un trait qui prouve jusqu'où peut aller la curiosité du naturaliste. « La route que nous suivions dans ce ténébreux labyrinthe était entrecoupée par des sentiers étroits conduisant à de profonds précipices ; j'eus la curiosité d'examiner l'un de ceux dont l'entrée paraissait le plus praticable ; et après avoir attaché ma personne et deux lanternes à l'extrémité d'une échelle de corde, j'en laissai filer vingt brasses dans l'intérieur du trou. L'entrée jusqu'à la quatrième était assez étroite pour me permettre de toucher les rochers, soit des pieds, soit des mains ; mais, vers la cinquième, le puits me parut s'élargir sensiblement. À cinquante pieds de profondeur, je ne sentais plus rien, malgré l'oscillation que j'imprimais à mon échelle par des secousses violentes, et, parvenu à la profondeur de quatre-vingt-dix pieds, je me trouvai suspendu au sommet d'une voûte immense qui me parut avoir la forme d'un cône renversé. La lueur insuffisante de mes fanaux ne m'en laissait pas voir le fond ; mais je dois croire qu'il était à une distance considérable, puisque je n'entendis qu'au bout de douze secondes la chute d'une pierre que j'y laissai tomber. Remonté vers la caverne supérieure, j'en fis frapper le sol avec force en divers endroits éloignés, et j'entendis partout un bruit sonore et prolongé qui me fit présumer que toute la caverne, peut-être même toute la montagne, reposaient sur un vaste souterrain. » Cette expédition ne procura pas à M. Duvaucel toutes les richesses minéralogiques qu'il s'était flatté de rencontrer ; mais il paraît satisfait de sa récolte zoologique. Après sa course des montagnes, il revint à Sylhet, où il trouva l'occasion d'envoyer en Europe ses lettres et le journal dont nous avons tiré les différents passages cités dans cet article.

Son séjour au Sylhet se prolongea jusqu'au mois de décembre, et il y poursuivit ses recherches avec tant de zèle et si peu de ménagement pour sa santé, qu'il revint à Calcutta avec une fièvre dangereuse, appelée fièvre des bois, parce qu'on la prend ordinairement en parcourant ces immenses forêts où les hommes ne pénètrent que rarement. Depuis cette époque, on a reçu de bonnes nouvelles de M. Duvaucel qui se préparait, en septembre 1822 (date de ses dernières lettres), à faire le voyage du Thibet : il se flattait que les recommandations et les passeports qu'il avait obtenus du marquis d'Hastings aplaniraient pour lui les difficultés que font naître les précautions politiques, les jalousies nationales et surtout les différences de religions.

N. B. L'étendue et la nature de cet extrait, ainsi que du précédent, ne nous ont pas permis de parler des objets curieux d'histoire naturelle recueillis par M. Duvaucel pendant ses voyages au Bengale, à Sumatra et au Sylhet. Nous ferons de ces objets le principal sujet d'une troisième notice[1].

1. [Cette notice paraîtra dans le *Journal asiatique* en novembre 1824. Elle est inédite ci-dessous.] Le dernier article sur Duvaucel qui paraîtra dans la *Revue encyclopédique* sera sa nécrologie… (tome XXVI, avril 1825, p. 274) : « Madras. Nécrologie – M. Alfred Duvaucel, naturaliste français, envoyé dans l'Inde par l'Institut, comme correspondant de la division d'histoire naturelle, membre de la Société Asiatique de Calcutta, dont nous avons fait connaître les utiles travaux, par des extraits de sa correspondance (voyez *Revue encyclopédique,* t. XXI, p. 257), est mort à Madras, vers la fin d'août, dans la maison de M. Herbert-Compton, écuyer, avocat-général. Ce naturaliste, qui possédait des connaissances très étendues, était venu dans l'Inde, en 1817, accompagné de M. Diard, qui s'occupe actuellement de recherches sur l'histoire naturelle de la Cochinchine et du royaume de Siam. Les travaux de M. Duvaucel s'étaient principalement dirigés sur l'île de Sumatra, la totalité du Bengale, Sylah, Goudelour, et une grande partie de l'Inde. On croit que les collections qu'il a faites dans toutes les branches de l'histoire naturelle, sont très nombreuses et d'une grande valeur. Ce savant qui jouissait de l'estime de toutes les personnes qui l'ont connu, a succombé à l'influence du climat. Il était âgé de trente-deux ans. »

Notice sur le Voyage de M. Alfred Duvaucel dans l'Inde : première partie[1]

M. Alfred Duvaucel, parti au mois de décembre 1817 sur le navire *la Seine* (capitaine Houssard), arriva à Calcutta au mois de mai 1818, et il y trouva M. Diard qui l'avait précédé de quelques mois. Désirant tous deux se livrer sans distraction à l'étude de l'histoire naturelle, et aux recherches qu'ils étaient engagés à faire pour le Muséum, ils quittèrent Calcutta où ils n'auraient pu vivre dans la retraite, et allèrent s'établir à Chandernagor, comptoir français. Ils y louèrent une petite maison qu'ils transformèrent en muséum, se réservant seulement un cabinet pour coucher. Toutes les autres pièces de la maison reçurent une destination particulière, et devinrent des galeries pour les animaux empaillés, ou des loges pour les animaux vivants. Les chasseurs qu'ils employèrent leur rapportaient tous les jours un grand nombre d'objets pour leur collection ; ils étaient aussitôt empaillés, décrits et dessinés ; cette collection s'augmentait encore de leur propre chasse, et de ce qui leur était envoyé par leurs correspondants, aussi leur maison devint bientôt une ménagerie, et l'on venait de Calcutta et des envions voir la *chambre aux serpents, la chambre aux singes* ; etc., etc.

Ces Messieurs cultivaient en outre dans leur jardin

1. *Journal asiatique*, tome 4, mars 1824, p. 137-145.

les plantes du pays afin d'en recueillir les graines, et ils avaient profité d'un bassin enclos dans leur petite propriété, pour élever des oiseaux d'eau et des échassiers. Mais toutes ces richesses n'étaient pas recueillies et entretenues sans de grands efforts, et ils se plaignaient dans toutes leurs lettres des difficultés qu'ils éprouvaient alors, par la résistance de leurs gens de service à s'employer aux différentes heures de travaux auxquels ces Messieurs, pour diminuer leur dépense, jugeaient nécessaire de les astreindre, chaque Indien ayant pour principe et pour habitude de se borner à une seule espèce de travail ; cependant à force de menaces et de récompenses, on parvint à faire soigner le jardin par le portier, à envoyer quelques fois l'échanson à la pêche et le cuisinier à la chasse ; enfin ces Messieurs obligeaient le petit nombre de domestiques qu'ils avaient à cumuler leurs fonctions, et ce ne fut pas une victoire aisée, puisqu'il leur fallut vaincre des préjugés religieux, si bien d'accord avec la paresse naturelle de ce peuple. Ils parvinrent cependant par leur travail et leurs efforts à se procurer, au bout de quelques mois, toutes les espèces d'animaux qui se trouvaient à 20 ou 30 lieues à la ronde, et ils commencèrent à faire des envois au Jardin des Plantes. Ils y adressèrent, au mois de juin 1818, un squelette du dauphin du Gange, une tête de bœuf du Thibet, dont ils avaient disputé les os aux chiens marins, plusieurs espèces d'oiseaux peu connus, un dessin et une description du tapir de Sumatra, pris sur un individu vivant, alors dans la ménagerie de lord Moïra[1], et quelques échantillons minéralogiques recueillis dans les petites courses qu'ils avaient faites dans l'intérieur.

1. Francis Rawdon-Hastings, Lord of Moira, Marquis de Hastings (1754-1826) fut le gouverneur général des Indes britanniques d'octobre 1813 à janvier 1823.

Un autre envoi plus considérable enrichit le muséum du faisan cornu, qui jusque-là n'avait été possédé que par M. Bullock à Londres[1] ; deux individus de cette espèce se trouvaient dans le nouvel envoi, avec plusieurs autres oiseaux, et le même vaisseau fut aussi chargé de rapporter pour la Ménagerie du Jardin des Plantes, un jeune bouc de Cachemire, cédé à ces Messieurs par lord Moïra, et né dans sa ménagerie d'un bouc et d'une chèvre que ce lord avait fait venir de Cachemire, et qui existent encore à Calcutta. Le jeune bouc envoyé par ces Messieurs arriva en France quelque temps avant le troupeau que M. Ternaux a fait venir de Cachemire[2], et a même été depuis envoyé plusieurs fois chez lui. Après six mois de travaux et de petites courses, qui toutes avaient pour but des recherches scientifiques, ces Messieurs se préparaient à faire un long voyage dans l'intérieur du Bengale, et se proposaient d'aller jusqu'à Patna, où M. Duvaucel était invité à se rendre par un jeune français de ses amis, établi dans ce lieu et placé à la tête d'une indigoterie considérable, lorsqu'au moment de partir ils reçurent des propositions de sir Stamford Raffles, gouverneur de Bencowlen et chargé de quelques missions politiques dans les îles du détroit de Malacca. Ce gouverneur, zélé pour la science, et ayant peu de temps pour s'en occuper, proposa à MM. Diard et Duvaucel de l'accompagner dans son voyage, et de

1. William Bullock, membre de la Société linnéenne de Londres et de la Société d'histoire naturelle d'Édimbourg, publia *A Companion to the London Museum and Pantherion, containing a brief description of upwards of fifteen thousand natural and foreign curiosities*, Londres, 1813, dans lequel il mentionne les différents faisans de sa collection (p. 68-70).

2. Louis-Guillaume Ternaux (1765-1833), baron, manufacturier et homme politique, venait d'introduire en France la chèvre tibétaine à duvet de Cachemire. Voir note ci-dessus.

continuer leurs recherches pendant qu'il remplirait les différentes missions dont le gouvernement anglais et la Compagnie des Indes l'avaient chargé. Ces propositions honorables furent d'autant plus volontiers acceptés par les deux jeunes Français, qu'ils avaient déjà presque exploré le Bengale, et voyaient bien plus d'aliments pour leur curiosité dans les îles du détroit, jusque-là si peu connues ; d'ailleurs le gouverneur leur offrait de faire, dans son gouvernement de Bencowlen, un établissement à peu près semblable à celui que lord Moïra avait formé à Calcutta, et ce plan, exécuté aux frais du gouverneur, devait leur procurer tous les moyens imaginables de réunir à Bencowlen les animaux de Sumatra, et de les observer en grand ; enfin renonçant au voyage de Patna, ils s'embarquèrent avec sir Stamford Raffles à la fin de décembre 1818, sous la condition que le résultat de ces recherches serait partagé également entre eux et le gouverneur, celui-ci s'engageant à faire rembourser les dépenses par la Compagnie des Indes, et ces Messieurs promettant leur travail, leur temps et leur coopération aux mémoires scientifiques que M. Raffles désirait publier sur son voyage.

Le premier lieu d'où ces Messieurs purent écrire, fut l'île de Poulo-pinang, où ils passèrent quelques jours seulement, mais où ils ne purent recueillir qu'un très petit nombre d'animaux parmi lesquels se trouvaient cependant deux espèces de poissons et quelques oiseaux remarquables ; ils s'arrêtèrent ensuite devant Carimou, mais cette île est tellement couverte de forêts et la végétation y est si épaisse qu'ils ne purent y pénétrer ; ils reconnurent seulement sur ses bords les traces du cerf et du sanglier. Après quelques heures passées dans cette rade, ils firent voile pour Singapour (place du Lion) où le général sir Stamford Raffles avait quelques affaires politiques à régler : il s'agissait d'affermir sur son trône un prince malais que ses sujets trouvaient trop *anglomane.* En arrivant dans la rade, le gouverneur reçut la visite de trois aides-de-camp du roi, et ici il faut laisser parler M. Duvaucel lui-même, dont la relation est assez piquante.

« Ces officiers ne sont pas comme chez nous des jeunes gens pincés, musqués et richement habillés, leur tête noire et rasée est couverte d'un turban de couleur obscure ; un large gilet à manches cache leur dos huilé, brûlé, pelé et voûté. Au côté gauche est attaché un large *cric* ou poignard, et leurs jambes sont nues. Ces trois Malais paraissent enchantés de nous voir, comme si nous venions pour leur bien. Les Anglais cherchent à savoir quel avantage il y aurait à s'emparer de leur île, nous autres moins intéressés nous les interrogeons sur les animaux qui s'y trouvent... Qu'y croyez-vous que ces pauvres gens écoutent le plus volontiers ? Ils répondent avec empressement aux demandes de leurs alliés, et lèvent les épaules en écoutant les nôtres. »

« En quittant Singapour, nous allons à Achem pour mettre d'accord deux souverains intraitables, en en plaçant un troisième qui paiera son trône avec l'argent de ses sujets. »

Ils arrivèrent en effet, quelques jours après à Achem, et au moment d'en repartir, M. Duvaucel écrit : « Nous sommes restés plus d'un mois dans cet affreux pays, sans pouvoir pénétrer dans l'intérieur, sans pouvoir nous procurer la millième partie des objets que nous avions compté y recueillir. La mauvaise réputation qu'ont ces peuples est justifiée chaque jour par leur conduite envers les Européens, et M. Diard, persuadé comme M. de Lamanon que des sauvages ne sont méchants que lorsqu'on les maltraite, a failli devenir victime d'une confiance que je combattais depuis longtemps : entouré par deux cents Malais avec trois de nos domestiques, il a pu, il est vrai, s'échapper sans blessure, mais il a perdu le fruit de sa chasse, ses armes et nos bagages. Notre séjour à Achem, à *Padis*, à *Tulosimawé*, n'a que fort peu enrichi nos collections ; quelques plantes, quelques insectes, quelques oiseaux, deux ou trois serpents, quatre ou cinq poissons et deux cerfs sont les seuls résultats d'un pénible voyage. »

En quittant Achem, nos voyageurs se rendirent à Malacca, et M. Duvaucel écrit en y arrivant : « À peine sommes-nous à Malacca que toute la ville est chez nous ; on n'a jamais fait ici que le commerce de l'opium et du poivre, et l'on ne devine pas ce que nous voulons faire des singes et des oiseaux que nous achetons ; en deux heures nous avons pu nous procurer un ours, un *argus* et quelques autres oiseaux. Le gouverneur hollandais possède un jeune orang-outang, et je vous quitte pour lui faire une visite intéressée. »

Après un assez court séjour à Malacca, ces messieurs retournèrent pour la seconde fois à Singapour, et c'est dans cette dernière visite qu'ils parvinrent à se procurer le Dugong, dont ils ont envoyé un dessin et une description au Muséum. Cette même description fut envoyée par sir Stamford en Angleterre, et fut lue dans une séance de la Société royale ; depuis elle a été insérée par sir Everard-Hume dans le 2e vol. des *Transactions philosophiques* pour l'année 1820 (voyez pages 315-323, et planche XXV-31).

Enfin, après quelques jours passés à Singapour, nos voyageurs partirent pour Bencowlen, et y arrivèrent en août 1819. Jusque-là ils n'avaient eu d'autres inconvénients à surmonter que la chaleur du climat et les petites difficultés présentées par le caractère paresseux des Malais ; mais de véritables chagrins les attendaient à Bencowlen, où les bontés du gouverneur, dont jusqu'à présent ils n'avaient eu qu'à se louer et dont ils parlaient avec reconnaissance dans toutes leurs lettres, commencèrent à se démentir. Après quelques démêlés dont les détails ne nous sont pas parvenus, cette collection, faite avec tant de soins, de fatigues et de dangers, loin d'être partagée avec l'égalité promise, fut envoyée presqu'en entier en Angleterre, avec une copie des dessins, des descriptions et des notes réunis par ces messieurs.

Cependant loin d'être découragés par un événement si peu attendu, MM. Diard et Duvaucel recommencèrent leurs travaux avec un nouveau zèle, et après avoir pris congé du gouverneur et envoyé à Calcutta chez M. Palmer la petite part de la collection qui leur était laissée, ils se décidèrent à se rendre sur différents points, afin de diversifier davantage les objets qu'ils pourraient recueillir. M. Diard se rendit à Batavia où le riche résultat de ses recherches lui fit oublier les vives contrariétés qu'il avait éprouvées à Bencowlen ; M. Duvaucel partit à la même époque pour Padang, et ses dernières lettres annoncent que ses travaux n'ont pas été infructueux. Il porte au Bengale une riche collection : quatorze grandes caisses d'animaux empaillés et de squelettes, parmi lesquels se trouvent un squelette et une peau de tapir. Les squelettes et les peaux de rhinocéros où l'on reconnaît deux espèces distinctes ; un grand nombre de singes dont quelques-uns sont vivants ; des reptiles, des cerfs, des axis, etc., etc. Il compte attendre au Bengale la collection de M. Diard, et se dispose à rapporter au Muséum, dans le courant de cette année, le fruit d'un travail assidu et de recherches aussi pénibles que dangereuses. M. Diard prolongera son séjour aux Indes ; ses dernières lettres nous apprennent qu'il est au moment de partir pour Bornéo, où il compte faire une riche récolte pour l'histoire naturelle et le Muséum vient de recevoir les doubles objets qu'il avait déjà recueillis à Java.

Notice sur le Voyage de M. Alfred Duvaucel dans l'Inde : deuxième partie[1]

Les collections d'histoire naturelle, faites dans l'île de Sumatra par MM. Diard et Duvaucel, et que nous avions annoncées dans notre premier article, ont été reçues au Muséum, et plusieurs des objets les plus remarquables qui en faisaient partie, se voient dans les galeries de cet établissement.

Depuis cet envoi considérable, le zèle de ces deux voyageurs ne s'est point ralenti ; nous ne pourrons cependant parler en ce moment que des recherches de M. Duvaucel, son compagnon s'étant depuis longtemps rendu en Cochinchine, d'où l'on ne reçoit que rarement de ses nouvelles, et avec trop peu de suite pour être portée d'apprécier ses travaux. La correspondance de M. Duvaucel nous permet, au contraire, de le suivre dans ses excursions, et l'intérêt qu'elles ont pour la science, nous fait un devoir d'en rendre un compte aussi détaillé que les bornes de cet article le comporteront.

À son retour de Padang, M. Duvaucel s'occupa pendant quelques mois à mettre en ordre les notes nombreuses

1. *Journal asiatique*, tome 4, avril 1824, p. 200-213. Cette partie de la notice recoupe et cite, avec quelques variantes, les lettres publiées dans la *Revue des Deux Mondes* et rééditées ci-dessus. Cette notice est sensiblement la même que celle publiée par F. Cuvier dans la *Revue encyclopédique* en février 1824, éditée *supra*.

que lui avait fournies son voyage dans l'intérieur de Sumatra, et il se prépara à quitter de nouveau sa petite retraite de Chandernagor pour aller explorer le Sylhet, pays peu connu des naturalistes et digne de leur curiosité.

Muni des lettres du gouverneur général des Indes (le marquis de Hastings), lettres sans lesquelles un voyage de cette nature eût été impossible, M. Duvaucel s'embarqua sur l'Hougly, le 22 juillet 1821, dans un *bazarra*, grand bateau plat divisé ordinairement en deux chambres percées chacune de sept à huit fenêtres. La suite de notre voyageur était composée d'un Malabar, bon chasseur et empailleur adroit, d'un jeune Malais ramené de Sumatra par M. Duvaucel, et qu'à l'imitation de Robinson il a nommé *Jumahat* (Vendredi), d'un peintre mulâtre fort habile, et enfin d'un cuisinier qui, suivant l'expression de notre voyageur, savait encore mieux disséquer les animaux que les accommoder. Le premier lieu remarquable que M. Duvaucel visita en quittant Chandernagor fut la ville d'Hougly, dans laquelle on voit un temple hindou non moins révéré que les pagodes de Jagrenat, et où l'on célèbre la fête du *Rott*, chariot à trente-six roues, sous lesquelles les pieux hindous viennent se faire écraser avec joie. C'est aussi dans ce lieu que se dresse « le *tcharok* ou grande potence à laquelle s'accrochent, au moyen d'un morceau de fer passé dans la peau du dos, les plus fidèles serviteurs de Wishnou, qu'on fait tourner ainsi jusqu'à ce qu'ils aient rendu l'âme ». Enfin, c'est encore là que viennent se brûler sur le corps de leurs maris, de jeunes veuves qui perdraient leur caste si elles restaient dans ce monde lorsque leurs époux en sont sortis.

Toujours en remontant l'Hougly, et sur la rive droite, M. Duvaucel aperçut Gouptipara, lieu saint habité par des brames et couvert de pagodes, dans l'une desquelles on conserve précieusement la chevelure de la déesse Dourga. Ce lieu célèbre aussi par les nombreuses troupes de singes qui en font leur séjour, excita la curiosité du voyageur, et voici comme il raconte son expédition : « Je suis donc entré à Gouptipara, à peu près comme Pythagore à Bénarès, lui pour chercher des hommes, moi pour trouver des bêtes, ce qui est généralement plus facile. J'ai vu les arbres couverts de *houlmann* (*simia entellus*) à longue queue qui se sont mis à fuir en poussant des cris affreux. Les hindous, en voyant mon fusil, ont deviné aussi bien que les singes le sujet de ma visite, et douze d'entre eux sont venus au-devant de moi pour m'apprendre le danger que je courrais en tirant sur des animaux qui n'étaient rien moins que des princes métamorphosés ; j'avais bien envie de ne pas écouter les avocats des macaques ; cependant, à moitié convaincu, j'allais passer outre, lorsque je rencontrai sur ma route une princesse si séduisante, que je ne pus résister au désir de la considérer de plus près ; je lui lâchai un coup de fusil, et je fus alors témoin d'un trait vraiment touchant : la pauvre bête, qui portait un jeune singe sur son dos, fut attente près du cœur ; elle sentit qu'elle était mortellement blessée, et, réunissant toutes ses forces, elle saisit son petit, l'accrocha à une branche, et tomba morte à mes pieds. Un trait si maternel m'a fait plus d'impression que tous les discours des brames, et le plaisir d'avoir un bel animal n'a pu l'emporter cette fois sur le regret d'avoir tué un être qui semblait tenir à la vie par ce qui la rend le plus respectable. » À côté de Gouptipara se trouve un village considérable où se réfugient tous les Hindous qui perdent leur caste pour une faute que M. Duvaucel nous explique ainsi : « Lorsqu'un Bengali est près de mourir, on lui fait prononcer certain mot : *Oriboll*, qui signifie simplement *j'appelle Dieu*, mais qu'on traduit ainsi : Portez-moi au bord de la rivière, et donnez l'extrême-onction à mes sens, en me mettant de la bourbe sacrée dans les yeux, le nez, la bouche et les oreilles, ce qu'on exécute à la lettre ; le moribond survit rarement à cette cérémonie ; cependant il en est qui résistent à la bourbe sacrée. Cette résurrection est considérée comme une marque de réprobation, et les malheureux qui n'ont pas pu mourir sont chassés pour toujours de leur caste et même de leur famille, comme des hommes repoussés par le ciel. Tels sont les réprouvés du village voisin de Gouptipara. J'aurais eu grande envie de voir cette assemblée de revenants qui sont tout honteux d'être au monde, après avoir prononcé *oriboll* qui dit plus qu'il n'est gros ; mais il était neuf heures, et la chaleur me chassait dans mon *bazarra*[1]. »

Après avoir visité Patoly et Coulbarria sur la rivière de Cossimbazar, et enfin la plaine de Plassey, célèbre par la victoire qu'y remportèrent les Anglais sur un émir du grand Moghol[2], et devenue maintenant une vaste plantation d'indigo ; après avoir recueilli dans tous ces lieux des notes historiques et un grand nombre d'animaux peu ou point connus, M. Duvaucel repris enfin la route directe du Sylhet dont il s'était un peu détourné pour

1. On note quelques variations avec l'extrait des *Lettres familières* (cf. *supra*) publiées dans la *Revue des Deux Mondes*, soit que le texte fut arrangé autrement par les deux rédactions soit que Duvaucel avait envoyé presque les mêmes lettres à sa sœur, au Muséum et à la Société asiatique, ce qui est fort possible puisqu'il les envoyait d'après son journal. On retrouve aussi cette habitude chez Jacquemont qui envoie à sa famille et à ses amis des extraits de son journal, ce qui est bien compréhensible pour tenir une correspondance fort nombreuse.

2. La bataille de Plassey est d'une importance capitale dans l'histoire de l'Inde puisqu'elle marque la suprématie britannique au Bengale et donc la chute annoncée de l'empire moghol. Elle eut lieu le 23 juin 1757 aux alentours du village de Palasî (Plassey) entre Calcutta et Murshidabad, entre l'armée de la Compagnie anglaise des Indes orientales commandée par Robert Clive, et l'armée du dernier nabab du Bengale, Suraj ud-Daula. Ce paragraphe est intéressant car il constitue la partie des lettres omise par la *Revue des Deux Mondes*.

voir les endroits que nous venons de nommer. La rivière de Jellinghy, où il entra en quittant celle de Cossimbazar, paraît lui avoir fourni une pêche abondante et une grande variété d'oiseaux de rivages. Enfin le 16 d'août il entre dans le Gange, et le 18 il était à Commercally, ville dont l'industrie principale consiste à recueillir et à préparer les plumes de marabout...

Dans sept ou huit villages que M. Duvaucel visita sur la route, il retrouva les usages bizarres, et les pratiques superstitieuses et cruelles, qui font plus d'honneur à la courageuse résignation des Hindous qu'à leur raison.

Nous le suivrons à Dacca, où il comptait se procurer une escorte pour visiter les montagnes du Sylhet ; mais quand il y arriva, le gouverneur venait d'en partir pour les frontières de son gouvernement ; heureusement il suffit à M. Duvaucel de montrer le sceau de la lettre du marquis d'Hastings au sous-gouverneur, pour que son excellence s'empressât de procurer au voyageur tout ce qui devait lui être nécessaire pour son expédition, et de plus un *parouanna* ou passeport, au moyen duquel il pourrait réclamer des secours de toute nature sur sa route. Nous mentionnons cette circonstance pour donner une idée de la vaste puissance de l'homme dont le cachet seul peut procurer un tel crédit à celui qui s'en trouve porteur.

M. Duvaucel quitta la ville de Dacca le 27 août, après y avoir fait ses récoltes ordinaires en zoologie, et s'être muni d'un guide pour l'accompagner au Sylhet.

Il remonta le Burrampouter, l'un des plus grands fleuves du monde, dans lequel les hindous se purifient comme dans les eaux du Gange. J'y ai vu, dit M. Duvaucel, le raja du Tanjaour en personne, qui quittait ses États lointains pour venir s'y purger de trois ou quatre homicides, et les rois qui ne veulent pas faire le voyage, y envoient tous les ans une cruche en ambassade.

Arrivé à la ville de Sylhet, capitale de la province, M. Duvaucel envoya au gouverneur de Dacca, qui s'y trouvait en ce moment, la lettre du marquis d'Hastings ; le gouverneur vint le recevoir sur son *bazarra*, et lui offrit une maison, une voiture, une paire d'éléphants, et une chasse aux tigres pour le lendemain.

Les chasseurs, en traversant un village, furent témoins d'une fête appelée l'épreuve du feu : des Fakirs un peu charlatans, dit notre voyageur, faisaient quelques pas sur des charbons ardents en invoquant toutes leurs divinités, et ce spectacle peu divertissant nous retint jusqu'à la nuit. Nous nous remîmes en route, et comme nos dames craignaient la rencontre des tigres, nous fîmes porter des torches à tous nos domestiques, et nous plaçâmes, à la tête de la troupe, nos éléphants, dont l'un portait la musique qui faisait un bruit épouvantable, et les cinq autres placés de front, un grand nombre de lumières. C'est ainsi que nous sommes rentrés à Sylhet ; on y célébrait en ce moment une autre fête fort intéressante qu'on nomme *la Fête des Vœux*. Toutes les femmes dont les maris sont absents, posent un lampion sur un petit autel flottant, et après de longues prières, elles lancent l'autel au milieu de l'eau. La rivière était chargée de lumières, et ses bords couverts de femmes regardant avec inquiétude si leur offrande n'était pas renversée par le vent ou les flots.

Nous transcrirons encore ici un passage du journal de M. Duvaucel, qui nous paraît devoir intéresser le lecteur.

« En longeant les bords de la rivière qui passe à Sylhet, on aperçoit en certains endroits de larges et profondes excavations qui sont les tombeaux d'une caste hindoustanie nommée Boshtoun, dont les femmes sont encore plus courageuses que celles du Malabar ; à la mort de leur mari, la famille creuse un trou cylindrique d'environ 8 pieds de profondeur ; on place au fond un banc sur lequel on assied le défunt couvert de ses meilleurs habits ; la veuve se place sur les genoux du mort, et quand la lampe est allumée, quand elle a reçu des fruits, du riz et tout ce qui doit servir au voyage, chacun des assistants jette sur les époux une poignée de terre ; le martyre crie : *Oriboll !* et sa famille laisse tomber sur cet affreux tombeau une large trappe qu'on recouvre aussitôt de terre et de pierres. J'ai eu la curiosité de pénétrer dans deux de ces puits, découverts par l'éboulement du sol, et j'y ai trouvé en effet des ossements humains. »

M. Duvaucel, désirant visiter les montagnes de Cossya et de Gentya, qui se trouvent au-delà du territoire anglais, fut obligé d'en faire demander la permission au roi des montagnes ; et pour employer les jours d'attente il résolut d'aller voir un lieu nommé Chattack, d'où viennent toutes les oranges qui se mangent au Bengale ; dès cinq heures du matin, dit-il, j'étais en route pour l'orangerie du Bengale, située au pied des montagnes de Cossya ; la rivière n'était pas assez profonde pour soutenir mon grand bazarra, je le laissai à moitié chemin, sous la garde de vingt soldats, et, suivi de quarante autres, je m'embarquai sur une flotte de petits canots ornés de fleurs, avec un beau pavillon blanc sur celui de l'amiral et un bruyant orchestre sur ceux qui précédaient ; nous gagnâmes les premiers orangers à l'heure où le soleil devient insupportable, et ce passage subit d'une chaleur excessive à une douce fraîcheur me disposa favorablement pour les jardins de Cossya. Les plus grands orangers ont environ quarante pieds de hauteur, mais ils manquent de ce touffu, de cette verdure, de ce vernis qu'on remarque à ceux de nos serres ; leurs troncs, aussi gros que le corps, leurs branches, aussi fortes que les jambes, sont armés de longues épines et rongés par ce qu'on appelle de l'échenillure. Cette orangerie d'environ quatre lieues carrées n'est pas disposée régulièrement comme elle le serait chez un peuple moins indolent. Les arbres y sont entassés sans ordre, sans symétrie, et la terre est couverte de plantes aussi nuisibles aux orangers qu'aux hommes. Les propriétaires de ce jardin sont des montagnards, qui n'y descendent que pour cueillir les fruits qu'ils vendent aux Hindous ; mais ce commerce ne les enrichit point à cause des droits excessifs auxquels ils sont soumis et qui absorbent leurs bénéfices. On trouve, au milieu du jardin, un temple en paille, consacré au Dieu des orangers, dont je ne pus savoir le nom parce que le fakir qui desservait l'autel ne le savait pas lui-même.

L'ambassade que M. Duvaucel avait envoyée au roi de Cossya, pour en obtenir la permission d'entrer sur son territoire, eut un très heureux succès, par la précaution qu'il avait prise d'appuyer sa demande de deux aulnes de drap rouge pour faire un manteau à sa majesté. « Il est à croire, dit-il, qu'elle fut très sensible à cette attention, car elle m'envoya aussitôt quatre de ses officiers pour m'apporter son auguste autorisation. Le premier portait la royale boîte au bétel, et m'invita à y prendre une chique, ce qui passe ici, comme à Sumatra, pour une insigne faveur ; le second couvrit ma table de six paquets d'oranges choisies renfermées dans des sacs en filet ; le troisième me présenta une flèche dont la pointe brisée m'indiquait qu'on me recevrait en ami ; et le quatrième m'offrit un collier en œufs de tortue garni d'or, avec un bel oiseau rouge qui prévient les maris, me dit-il, quand leurs femmes sont infidèles ; je reçus l'ambassade dans mon *bazarra*, et, comme depuis longtemps je m'occupais de recherches sur ces peuples, je profitai de la présence de ces quatre lettrés pour leur faire des questions qui devaient fortifier ou changer mes idées. »

Notre voyageur partit enfin suivi de quarante soldats hindous, de ses domestiques, d'un interprète, des quatre chefs Cossya qui lui avaient rendu visite et d'une foule d'Indiens qui profitaient de l'occasion pour faire un pèlerinage à la caverne de *Boubonne*, appelée par les Hindous *caverne du diable*, et située dans les États du roi de Cossya. Après une journée de marche fatigante au travers d'un pays inondé par des rivières débordées et par une pluie continuelle, après une nuit passée au milieu de bois si touffus qu'il fallait y marcher la hache à la main pour se frayer un passage, M. Duvaucel, suivi de sa troupe, arriva au pied d'une montagne où l'attendaient un orchestre nombreux et le roi en personne escorté de toute sa cour, de ses prêtres et de ses soldats. Voici la relation qu'il nous donne de cette entrevue : Sa majesté était un grand vieillard à figure tartaro-chinoise, vêtue d'une longue robe en drap bleu de ciel, avec le cou et les jambes nus, un beau poignard au côté, puis des bracelets, des jarretières et un large collier en gros grains d'or brut ; derrière elle se trouvaient des esclaves portant le sac au bétel, l'arc et le carquois royaux et des présents d'oranges, de bananes et de noix d'arec.

La famille royale était sur les côtés, et se composait de cinq ou six grands diables tout débraillés, aussi sales que je l'étais moi-même en ce moment, armés jusqu'aux dents et ressemblant à de véritables brigands.

Après m'avoir fait un compliment que je ne compris pas, le roi des montagnes me présenta la main avec grâce, et me conduisit ainsi jusqu'à l'entrée de la caverne du *Boubonne* au travers d'une pluie battante, de rochers glissants et d'une immense quantité de sangsues qui s'attachaient à nos jambes ; pendant notre marche nous étions étourdis par une musique infernale qui me privait du plaisir d'entendre sa majesté, et m'ôtait l'embarras de lui répondre ; ce qui surprenait le plus le roi sauvage, ce n'était ni mes bas déchirés, ni mes habits en lambeaux, ni mon corps tout en sang, c'était de me voir lui lâcher respectueusement la main, de temps en temps, pour ramasser des colimaçons que je glissais dans ma poche, et j'ai lieu de croire que sa cour n'était pas moins surprise, puisqu'à chaque fois que je me baissais, c'était des éclats de rire à couvrir la musique. Enfin nous arrivâmes à la caverne, dont l'entrée est un trou étroit bordé par des rochers énormes. La suite du roi se grossissait sensiblement, et, comme mes instructions me recommandaient une extrême défiance, j'imaginai de saluer sa majesté avec une décharge de soixante balles au travers d'un bois serré, pour lui bien faire concevoir l'effet de la poudre. Ce petit apologue réussit à merveille, mes hôtes se montraient avec crainte les traces de ma fusillade et me rendirent mon salut par un redoublement de tambours.

Enfin, après une courte invocation à Satan, nous descendîmes dans la caverne précédés par une douzaine de torches et le plus gros de la musique pour *effrayer les esprits*.

Il serait trop long de donner ici la description détaillée de cette caverne que M. Duvaucel a parcourue dans tous les sens ; nous terminerons seulement par un trait qui prouve jusqu'où peut aller la curiosité du naturaliste : La route que nous suivions dans ce ténébreux labyrinthe était entrecoupée par des sentiers étroits conduisant rapidement à de profonds précipices ; j'eus la curiosité d'examiner l'un de ceux dont l'entrée paraissait le plus praticable, et après avoir attaché ma personne et deux lanternes à l'extrémité d'une échelle de corde, j'en laissai filer vingt brasses dans l'intérieur du trou ; l'entrée jusqu'à la quatrième était assez étroite pour me permettre de toucher les rochers soit des pieds, soit des mains ; mais vers la cinquième le puits me parut s'élargir sensiblement à cinquante pieds de profondeur ; je ne sentais plus rien malgré l'oscillation que j'imprimais à mon échelle par des secousses violentes, et, parvenu à la profondeur de quatre-vingt-dix pieds, je me trouvai suspendu au sommet d'une voûte immense qui me parut avoir la forme d'un cône renversé, la lueur insuffisante de mes fanaux ne m'en laissait pas voir le fond ; mais je dois croire qu'il était à une distance considérable, puisque je n'entendis qu'au bout de douze secondes la chute d'une pierre que j'y laissai tomber. Remonté vers la caverne supérieure, j'en fis frapper le sol avec force en divers endroits éloignés, et j'entendis partout un bruit sonore et prolongé qui me fit présumer que toute la caverne, peut-être même toute la montagne, reposait sur un vaste souterrain.

Cette expédition ne procura pas à M. Duvaucel toutes les richesses minéralogiques qu'il s'était flatté de rencontrer, mais il paraît satisfait de sa récolte zoologique. Après sa course des montagnes il revint à Sylhet, où il trouva l'occasion d'envoyer en Europe ses lettres et le journal d'où nous avons tiré les différents passages cités dans cet article.

Son séjour au Sylhet se prolongea jusqu'au mois de décembre, et il y poursuivit ses recherches avec tant de zèle et si peu de ménagement pour sa santé qu'il revint à Calcutta avec une fièvre dangereuse appelée fièvre des bois, parce qu'on la prend ordinairement en parcourant ces forêts immenses, où les hommes n'ont point encore pénétré ; depuis cette époque on a reçu de bonnes nouvelles de M. Duvaucel, qui se préparait en septembre 1822 (date de ses dernières lettres) à faire le voyage du Thibet ; il se flattait que les recommandations et les passeports, qu'il avait obtenus du marquis de Hastings, aplaniraient pour lui les difficultés que font naître les précautions politiques, les jalousies nationales et surtout les différences de religions.

L'étendue et la nature de cet extrait ainsi que du précédent ne nous ont pas permis de parler des objets curieux d'histoire naturelle, recueillis par M. Duvaucel pendant ses voyages au Bengale, à Sumatra et au Sylhet. Nous ferons de ces objets le principal sujet d'un troisième article.

Troisième notice sur les voyages de M. Alfred Duvaucel, dans l'Inde, ayant pour objet plus particulier, l'histoire naturelle[1]

Dans les deux extraits qui ont été donnés des voyages de M. Duvaucel dans l'Inde, il n'a guère été question que des contrées qu'il a vues, et des observations générales que lui fournissaient les mœurs des peuples, ou l'aspect des pays singuliers qu'il visitait ; et à la vivacité des peintures qu'il donne de ces régions, où l'homme et la nature travaillent avec tant de persévérance, l'un à son avilissement, l'autre à sa puissance, on dirait un philosophe ou un littérateur qui parcourt la terre sans inquiétude et sans soin, s'occupant à loisir des objets qui frappent avec le plus de force ses pensées ou son imagination[2]. Cependant son but principal était l'histoire naturelle ; et comme sa jeunesse le portait aux recherches qui demandent un grand déploiement de forces morales et physiques, il s'est d'abord attaché à l'étude des animaux, et il l'a fait en ami zélé de la science : il a surmonté les fatigues et les dangers auxquels les travaux d'histoire naturelle exposent, quand ils ont pour objet des êtres qui vivent en état de liberté ; car alors, toujours occupés de leur conservation, ces êtres fuient

1. *Journal asiatique*, tome 5, novembre 1824, p. 277-285.

2. Nous avons tâché de montrer ce lien entre science et littérature dans la préface du présent volume.

ou combattent le chasseur attaché à leur poursuite, et le contraignent, en quelque sorte, de lutter de force, d'adresse et d'intelligence avec eux. M. Duvaucel en a fait une cruelle épreuve dans son dernier voyage à Laknau[1]. Ayant été averti de la présence d'un rhinocéros, il courut à la recherche de cet animal, accompagné seulement de quelques Indiens ; et, au moment où il était prêt à l'attendre, un autre rhinocéros sort des buissons, se précipite sur lui, le renverse d'un coup de mufle dans la poitrine, et lui fait ensuite, avec sa corne, une large et profonde blessure dans la cuisse. Un crachement de sang et l'impossibilité de marcher pendant plusieurs semaines, furent les tristes résultats de cette malheureuse rencontre. Mais des succès constants ne peuvent point être le prix de nos efforts. Heureux encore lorsque nous trouvons dans ceux que nous parvenons à obtenir un dédommagement pour ceux qui nous échappent ! M. Duvaucel, grâce à sa courageuse persévérance, a été, en ce genre, généreusement traité par la fortune : il n'est aucun naturaliste voyageur qui, seul, et en aussi peu de temps, ait recueilli, même avec des moyens cent fois plus considérables que ceux qui étaient en sa possession, une aussi grande quantité d'objets divers, et d'objets plus nouveaux, plus curieux, plus propres, en un mot, à agrandir les idées que nous nous sommes faites de la richesse et de la puissance de la nature.

À son arrivée au Bengale, en 1818, réuni à son ami Diard, il explora une partie de cette contrée, et nous

1. Lucknow, ancienne capitale de la région de l'Oudh (Awadh), capitale actuelle de la région de l'Uttar Pradesh, était un centre culturel et politique important au XVIIIe siècle notamment. Une exposition récente a mis en lumière ce rayonnement (voir *Une cour royale en Inde : Lucknow, XVIIIe-XIXe siècle*, exposition, Paris, Musée Guimet, 6 avril-11 juillet 2011, catalogue sous la direction de Stephen Markel et Tushara Bindu Gude, Paris, RMN, Musée Guimet, 2011).

fit connaître les animaux de la ménagerie de Barrack-pour. C'est alors qu'on dut à ces messieurs les premières notions sur le tapir de l'Inde, animal qui avait été méconnu avant eux, et dont Marsden[1] avait peut-être parlé sous le nom d'hippopotame. On avait déjà eu de fortes raisons de penser que les idées de Buffon sur l'influence que l'organisation éprouve de la part des climats, manquaient d'exactitude. La découverte de ce tapir prouve de nouveau que cette influence n'a rien d'absolu, et que, comme toutes les règles empiriques, c'est-à-dire établies sur l'observation, elle n'a qu'une valeur relative et conditionnelle. C'est à la même époque qu'ils nous envoyèrent le premier bouc que l'on eût vraisemblablement vu en Europe, de la race qui donne le duvet avec lequel se font les schals de cachemire. Depuis longtemps on soupçonnait que ce duvet provenait d'une race de chèvre ; mais on ne la connaissait point. Ce bouc confirma ces soupçons, et les tentatives de M. Ternaux ne laissent plus aujourd'hui aucun doute à cet égard[2]. Mais l'intérêt qui résultait de la connaissance de ces animaux, devait le céder à celui qu'inspirait le dauphin du Gange qu'on ne connaissait qu'imparfaitement, et qui venait nous révéler de nouveaux rapports organiques. Cet animal n'a, en effet, qu'une ressemblance assez éloignée avec le dauphin de nos mers, et il forme le type d'un genre nouveau. Ainsi ces trois seules espèces agrandissaient nos idées sur les limites assignées par la nature aux influences sous lesquelles un système particulier d'organe a pu naître et se conserver ;

1. Sans doute William Marsden (1754-1836), orientaliste, membre de la Royal Society, qui rédigea une histoire de Sumatra (*The History of Sumatra, containing an account of the government, laws, customs, and manners of the native inhabitants with a description of the natural productions*, London, Payne, 1784) et une grammaire de la langue malaise.

2. Voir note *supra*.

sur les variations que le pelage peut éprouver par l'effet de causes actuellement existantes, et dont nous pouvons, en quelque sorte, disposer ; sur les combinaisons et les modifications organiques que la nature a été conduite à opérer dans son système d'harmonie générale. Il fut un temps, qui n'est même pas fort éloigné, où des faits bien moins importants auraient en quelque sorte suffi pour placer un naturaliste au premier rang dans sa science. Ces découvertes n'étaient cependant que le coup d'essai de nos jeunes voyageurs ; il leur fallait un champ plus vaste pour déployer leur patience, leur zèle et leur courage, et ils purent exercer l'un et l'autre dans l'association qu'ils formèrent avec sir Thomas Raffles pour explorer l'île de Sumatra.

Pendant un séjour de plus d'un an dans cette île, et durant celui que M. Diard fit passagèrement à Java, ils envoyèrent au Muséum près de deux mille animaux, représentant quatre-vingt-huit espèces de mammifères, six cent trente espèces d'oiseaux, cinquante-neuf espèces de reptiles, etc., etc. ; et, non contents d'enrichir nos collections de peaux préparées, ils les enrichirent encore de peintures, de squelettes et d'animaux conservés dans l'esprit-de-vin ; de sorte que l'anatomie n'a pas moins profité de leurs travaux que la zoologie.

Parmi les animaux les plus intéressants que ces voyageurs nous ont fait connaître, on doit distinguer les gibbons, quadrumanes voisins des orangs-outangs, sur lesquels on n'avait que des notions superficielles ; ils en ont décrit les mœurs, avec détails, et nous connaissons aujourd'hui ces singes aussi exactement peut-être qu'aucun de ceux qu'il nous a été possible de mieux étudier. Viennent ensuite plusieurs autres espèces de quadrumanes, la plupart nouvelles, qui forment le genre nouveau des semnopithèques, et qui jusque-là avaient été confondues avec les guenons ; mais ces singes ont beaucoup plus d'analogie, par le naturel, avec les gibbons qu'avec les autres singes, et ils se distinguent d'ailleurs de tous par des caractères organiques très marqués. C'est à ce genre qu'appartient l'entelle dont il a été question dans un précédent article[1], et qui a pris sur les Indiens des habitudes de domination telles, qu'il n'est pas rare de voir ces singes entrer dans les maisons, y prendre ce qui peut leur convenir, et même dépouiller les femmes ou les enfants des provisions dont ils sont chargés, sans que jamais on leur oppose de résistance, tant la superstition peut dégrader et avilir le noble caractère que l'homme a reçu de la divinité.

Après ces quadrumanes, nous devons faire remarquer deux espèces de roussettes qui ont donné naissance à deux nouveaux genres, caractérisés par de nouvelles modifications dans le système dentaire et les organes des sens. On sait que ces animaux volent comme les chauves-souris, mais se nourrissent de fruits au lieu d'insectes.

Au nombre des quadrupèdes insectivores, nous devons noter les toupes ou toupayes, qui ressemblent un peu aux écureuils par leurs formes générales, et qui vivent aussi sur les arbres, circonstance remarquable en ce qu'ils sont les seuls insectivores qui aient ce genre de vie ; tous les autres se cachent dans la terre, et la plupart se creusent de profonds terriers. Aussi les toupayes forment-ils un genre nouveau, assez éloigné des autres insectivores ; le Hollandais Valentyn[2], il y a plus d'un siècle, avait déjà parlé de ces animaux, sous le nom de toupe ; mais

1. Il s'agit du singe impliqué dans l'insoutenable récit de Duvaucel, lorsqu'il tire sur une femelle qui, dans un dernier geste d'amour maternel, accroche son petit à une branche avant de mourir. Voir ci-dessus les *Lettres familières sur l'Inde : première partie*, lettre du 27 juillet 1821.

2. Le pasteur François Valentyn (1656-1727) donna notamment des cartes de l'archipel indonésien.

on n'a compris ce qu'il rapporte qu'après ce que nos voyageurs nous en ont appris.

Si nous passons aux carnassiers, outre plusieurs espèces de chats, de chiens, de martes, tout à fait inconnues avant le voyage dont nous rendons compte, mais sur lesquelles nous ne nous arrêtons pas, dans la crainte de trop nous étendre, nous ferons remarquer le télagon, animal qui a des analogies avec les mouffettes d'Amérique et les blaireaux, et qui a dû servir de type à un genre nouveau : les benturong, qui, avec le *pounoug* ou *pouné* envoyé du Malabar par M. Leschenault[1], viennent former deux genres voisins, et remplir, à beaucoup d'égards, le grand intervalle qui séparait encore les mangoustes des ours. Le cochon des sables, animal qui réunit au museau, au groin et au corps épais des cochons, des pieds à peu près semblables à ceux des ours ; association organique qui est sans exemple, et qui présentera plus de singularité encore lorsqu'il sera possible d'étudier l'animal qui le présente dans toutes ses parties ; et enfin trois nouvelles espèces d'ours qui habitent les forêts de l'Himalaya, et dont une se retrouve dans les îles de Java et de Sumatra. Ce nombre est à peu près venu doubler celui des espèces d'ours dont on avait pu acquérir une connaissance positive par un siècle de recherches.

Nous passerons sous silence ce qui a rapport aux rongeurs. La nature, dans cette branche de l'organisation animale, ne se montre point aussi prodigue dans le midi de l'Asie qu'en Amérique, par exemple ; nous dirons seulement que les deux espèces de guerlinguets américains ont trouvé des congénères à Java et à Sumatra, ce qu'aucune analogie ne conduisait à rechercher.

---

1. Le naturaliste Louis Théodore Leschenault de La Tour (1773-1826) visita Java de 1803 à 1807.

De tout temps, les Indes ont été reconnues pour les contrées de la terre où la vie est répandue avec le plus d'abondance, et où elle se présente sous les formes les plus riches et les plus variées ; mais tout ce que les faits avaient, à cet égard, permis de penser, était loin encore d'atteindre à la vérité. Les singuliers mammifères nouvellement découverts par MM. Duvaucel et Diard en seraient déjà une preuve ; mais on en trouve encore une plus manifeste dans l'abondance de ces grands animaux qui semblent, à eux seuls, renfermer la matière et la vie nécessaires à un grand nombre d'autres. Jusqu'à présent, on avait reconnu en Asie une espèce de rhinocéros ; ces Messieurs y en ont constaté l'existence de deux autres ; de sorte que ce genre, qui n'en contenait qu'une seule au temps de Linaeus, et même vers la fin du dernier siècle, en contient aujourd'hui quatre ou cinq.

La famille des ruminants a aussi été enrichie par nos voyageurs, d'espèces nouvelles et curieuses, parmi lesquelles nous ferons surtout remarquer l'antilope à quatre cornes, que l'on ne connaissait encore que par les os de la partie du front où ces cornes se développent. C'est le seul exemple d'une espèce naturelle quadricorne ; et ce qui étonnera peut-être, c'est qu'une anomalie, en apparence si considérable, ne soit accompagnée d'aucune autre ; et que l'animal qui la présente, ne soit qu'une antilope élégante et légère par tout le reste de son organisation.

Ces animaux nouveaux, dont plusieurs s'écartent des types organiques connus, n'étaient cependant pas ce que les naturalistes semblaient demander avec le plus d'insistance à ceux qui parcouraient les Indes et les mers qui en baignent l'archipel. Depuis deux siècles, les voyageurs avaient décrit, dans les termes les plus vagues, et avaient même représenté, mais sous des traits imaginaires, un animal marin, nommé dugong ; et en histoire naturelle, plus encore peut-être qu'en toute autre science, c'est ce qu'on ne connaît qu'imparfaitement, et non pas ce qu'on ignore, qui inspire de l'intérêt. La connaissance exacte du dugong était donc d'une grande importance, et d'autant plus que ce qu'on en avait appris paraissait plus singulier ; aussi MM. Diard et Duvaucel saisirent-ils la première occasion favorable qui se présenta dans leur traversée du Bengale à Sumatra, pour se procurer ce grand cétacé ; ils le peignirent, le disséquèrent, en firent la description, en envoyèrent en Europe les parties principales ; et cet animal, qui a vraisemblablement servi à accréditer une partie des fables qui ont été débitées sur les syrènes, est aujourd'hui un des mammifères marins sur lesquels il reste le moins de recherches à faire.

Nous bornerons aujourd'hui ce résumé des travaux de MM. Duvaucel et Diard, à ce qui concerne les mammifères. Les résultats que nous venons d'exposer devraient suffire pour faire apprécier tout ce que la société leur doit de sacrifices ; le courage qu'ils ont dû déployer, et les dangers auxquels ils ont exposé leur vie ; mais en général on jouit des fruits du dévouement des autres sans trop s'inquiéter du prix auquel ils sont obtenus. Qu'on se figure cependant tout ce que doivent souffrir des hommes occupés, loin de leur patrie, et sous le ciel de l'équateur, à la chasse de rhinocéros, d'éléphants, de buffles, de tigres, en un mot, de tous ces animaux qui cherchent à leur échapper, par la ruse ou par la violence. Lorsqu'à force de soins et de précautions, ils sont parvenus à découvrir la retraite de l'un d'eux, et à la tuer, ils n'ont encore rempli que la partie la plus facile de leur tâche : il leur reste à en faire l'étude, à le décrire avec détail, à le dessiner, à en enlever la peau, et à la préparer, à séparer les parties molles, à détacher les chairs des os, et enfin à réunir tout ce qui doit être conservé, et à le préserver des mille et une causes de destruction qui se réunissent autour d'eux, et auxquelles la nature elle-même commande impérieusement d'agir sans cesse ; c'est-à-dire qu'il n'est peut-être aucune situation qui demande une aussi grande réunion d'efforts physiques, moraux et intellectuels, que celle du voyageur naturaliste, lorsqu'il veut comme MM. Diard et Duvaucel l'ont fait, remplir, sans aucune restriction, les devoirs nombreux que ce titre leur impose.

(La suite à un prochain numéro)[1]

---

1. Il n'y aura malheureusement pas de suite à cet article qui insiste sur le courage, bien réel, des naturalistes voyageurs en ce début du XIXe siècle, face aux « savants de cabinet » qui pensaient loin du terrain.

LETTRES ET ÉCRITS DE VICTOR JACQUEMONT

Voyage dans l'Inde[1]

Nous avons annoncé dans notre livraison du 1er mai, la mort de M. Victor Jacquemont[2], qui a succombé à Bombay, le 22 décembre 1832, à une maladie de foie dont il avait pris le germe dans le Radjputana[3]. Ce jeune voyageur, qui explorait depuis plusieurs années les contrées les plus reculées de l'Inde, laisse, outre ses collections d'histoire naturelle, et d'importants manuscrits qui ne tarderont pas, dit-on, d'arriver en France, un grand nombre de lettres, dans lesquelles il adressait jour par jour à sa famille la relation de son voyage. C'est une de ces lettres (actuellement sous presse chez le libraire Fournier) que nous publions aujourd'hui[4]. Nous donne-

1. *Revue des Deux Mondes*, première quinzaine, juin 1833, p. 585-593. Cette note liminaire n'est pas signée.

2. « On vient de recevoir de l'Inde des lettres qui annoncent indirectement la mort de M. Jacquemont qui parcourait ces contrées depuis plusieurs années pour le Jardin des Plantes, et que l'on savait malade à Bombay. Ce malheureux événement ne peut tarder à se confirmer. » (*Revue des Deux Mondes*, premier quinzaine, mai 1833, p. 338-339.)

3. La *Revue* commet ici une erreur : Jacquemont meurt le 7 décembre et le germe meurtrier semble avoir été pris à l'île de Salsette sur laquelle est actuellement bâtie la mégalopole de Bombay.

4. Quelques variantes sans conséquence ont été observées entre cette version et la lettre publiée dans la *Correspondance de Victor Jacquemont avec sa famille et ses amis, pendant son voyage dans l'Inde, 1828-1832*, nouvelle édition, Paris, Michel Lévy, 1869, tome 1, lettre XXVI, p. 199-221.

rons dans nos prochaines livraisons des *Lettres familières sur l'Inde* d'un autre voyageur, M. Alfred Duvaucel[1], dont la fin a été plus malheureuse encore que celle de Victor Jacquemont.

1. La première partie des *Lettres familières sur l'Inde* a paru dans le numéro suivant, juin 1833, deuxième quinzaine. Nous avons choisi de publier Duvaucel avant Jacquemont dans le présent volume pour des raisons chronologiques.

À M. Porphyre Jacquemont, à Paris

Camp de Cursali[1], au sommet de la vallée de la Jumnah[2], sous ses sources, à 2 615 mètres au-dessus de Calcutta, 15 mai 1830.

Il y a bien longtemps que je ne t'ai écrit, mon bon ami ; cependant je ne puis croire mon registre, qui, après Chandernagor le 21 novembre 1829, une énorme lettre de Porphyre, se tient coi sur toi. Si réellement je ne t'ai point écrit depuis, j'ai si souvent pensé à toi, tu m'as fait si souvent compagnie dans ma solitude, que j'éprouve entièrement l'illusion d'avoir été le plus fidèle des correspondants. Ma dernière lettre à notre père, écrite à Delhi, a voyagé avec moi jusqu'à Kythul dans le pays des Sikhs indépendants[3], au nord-ouest des possessions

1. Kharsali, dans l'actuel État d'Uttarakhand, dans les contreforts himalayens, est situé sur un petit plateau surplombant le lit de la rivière Yamuna qui prend ses sources à 1500 mètres en amont, sur le glacier de Yamunotri.

2. La rivière Yamuna, qui coule à Delhi et Agra, rejoint le Gange à Allahabad pour former la « Triple Tresse » avec un fleuve mythique, la Sarasvati. Ces fleuves sont « sacrés » et leurs sources sont des lieux de pèlerinage où sont installés des temples et des ashrams.

3. Le Pendjab est aujourd'hui à cheval entre le nord-ouest de l'Inde et le Pakistan. C'est la région de prédilection des membres de la communauté sikhe, cette religion « syncrétique », inspirée par l'islam

anglaises, jusqu'au 22 mars, jour auquel elle s'est acheminée vers Delhi, et de là vers Calcutta, commençant son long et aventureux voyage dans la giberne d'un cavalier sikh, lancé en estafette tout exprès.

Le lendemain de ce jour-là, je montai à cheval au lever du soleil, avec les aimables gens à la bonne fortune desquels la mienne, assez mince, se trouvait liée pour une quinzaine de jours, et nous galopâmes pendant trois heures, à crever nos chevaux. Il va sans dire que mon fidèle bidet persan, malgré sa modeste apparence, arriva plus frais que les superbes arabes de mes compagnons, tous payés de 5 000 à 6 000 francs. Nous trouvâmes une autre suite de tentes piquées, et devant notre camp, les dix-sept éléphants du rajah de Pathalah[1], et ses quatre cents cavaliers rangés en bataille. Un élégant et simple déjeuner, servi, à notre arrivée, fut lestement expédié, et aussitôt après nous montâmes chacun sur notre éléphant. On me fit la politesse de celui du rajah, avec son siège royal de velours et d'oripeau. Nous nous plaçâmes au centre de la chaîne formée par ces animaux, la plupart allant à vide ou portant les ministres (vakils) des rajahs d'alentour, députés près de notre jeune ami le sous-résident de Delhi. Sur les ailes de cette ligne importante, notre cavalerie se déploya, et les deux tambours du rajah

---

et l'hindouisme, fondée par Guru Nanak et portée par d'autres esprits réformateurs du XVe siècle comme le poète Kabîr dont les textes figurent au sommaire du *Guru Granth Sahib*, le livre saint des Sikhs. À l'époque de Jacquemont, le Pendjab est conduit par Ranjit Singh, au centre de l'extrait du *Journal* que nous publions ci-dessous, qui avait réussi à garder farouchement l'indépendance de son Empire sikh face aux Anglais. Kaithal est une ville à l'est du Pendjab, à une centaine de kilomètres et sur la même latitude que Dehradun, sur les contreforts himalayens où se dirige Jacquemont.

1. Patiala est une ville à une cinquantaine de kilomètres au nord de Kaithal.

placés au front, battant la marche royale, nous entrâmes dans le désert[1].

Ce sont des plaines immenses, sablonneuses, salées, couvertes d'arbrisseaux épineux, parsemées de grands arbres çà et là ; ailleurs des steppes herbeuses. Il n'y a point d'obstacles pour les éléphants, ils arrachent laborieusement les arbres entre lesquels ils ne peuvent passer, et les branches qui atteindraient le chasseur qu'ils portent. Arrêtée par la forêt, notre cavalerie était quelquefois obligée de se replier, et elle passait après nous dans la large trouée que nous avions ouverte. Là où elle pouvait agir librement, elle se formait de part et d'autre en demi-cercle, qui battait à une grande distance tout l'espace d'alentour, et jetait sous le front des éléphants tout le gibier de la plaine. Entre six que nous étions, nous tuâmes par centaines des lièvres et des perdrix ; une hyène et plusieurs sangliers passant sous notre feu, furent blessés, en *termes de chasseur*, car nos cavaliers, lancés à leur poursuite, ne purent les atteindre. Nous vîmes des troupeaux d'antilopes et de nilgauts[2], mais sans pouvoir les approcher à portée de la carabine ; de *lions*, pas l'ombre d'un seul[3]. Mais nous espérâmes pour le lendemain, et revînmes à la chute du jour à notre camp. J'étais ravi de l'étrangeté de cette scène nouvelle.

---

1. Avec des lettres de recommandation et des passeports signés des hautes autorités du pays – comme sait si bien les obtenir Jacquemont – les voyages du naturaliste se font souvent en grande pompe. Un voyageur en Inde ne voyage jamais sans escorte (gardes, cuisiniers, palefreniers, etc.) mais il est tout de même rare de le voir chevaucher un éléphant royal…

2. L'antilope nilgaut (*Boselaphus tragocamelus*) est une espèce de bovidé à petite tête qui ne se rencontre qu'en Inde.

3. Le lion asiatique (*Panthera leo persica*) devait être bien rare au XIXe siècle. On en rencontre aujourd'hui seulement dans le parc national de Gir, au Gujarat.

J'avais plus vu de l'Orient ce jour-là que depuis un an que j'étais arrivé dans l'Inde.

Bain, toilette au retour. Le bain, c'est une outre d'eau froide qu'un serviteur vide en la faisant jaillir avec force sur la poitrine et les épaules ; la toilette, le plus léger vêtement de coton. Puis le dîner dans une tente immense illuminée comme une salle de bal. Les bouteilles tombaient comme dans le jour devant nous les lièvres et les perdrix. J'étais seul indigne à l'une et l'autre fête. Cependant j'y faisais de mon mieux. L'eau était prohibée, exclue. Les têtes faibles, les peureux, buvaient du bordeaux en place : il ne compte pas comme vin ; le Champagne lui-même n'est considéré que comme une agréable moyenne proportionnelle entre l'eau et le vin. Ce nom est réservé aux vins d'Espagne et de Portugal. La partie solide du dîner à l'égal de ce liquide pour la recherche et la profusion, et pour que rien ne manquât à la soirée, qui dura jusqu'à minuit, au dessert, des comédiens persans, des mimes entrèrent, dont les prodigieux travestissements nous obligèrent de quitter la table et de nous jeter à plat dos sur le tapis, pour rire avec moins de danger. Ceux-là congédiés, des danseuses firent leur entrée, elles chantent et dansent alternativement. Rien de si monotone que leur danse, si ce n'est leur chant ; celui-ci n'est pas sans art, et l'on dit que les éclats de voix qui dominent par intervalles le faible murmure plaintif qu'on entend à peine, plaisent d'une manière particulière à ceux qui ont oublié la mesure et la mélodie de la musique européenne. Je ne suis pas encore assez Indien pour cela[1]. Mais leur danse est déjà pour moi la plus gracieuse et la plus séduisante du monde.

1. Intéressante expression de Jacquemont : sans doute faut-il « s'indianiser » quelque peu pour apprécier la mélodie (*râga*) et le cycle rythmique (*tâla*) qui portent les savantes improvisations des musiciens indiens.

Les entrechats et les pirouettes de l'Opéra me semblent auprès comme les gambades des sauvages de la mer du Sud et le stupide trépignement des Nègres[1]. Au reste c'est dans le nord de l'Hindoustan que ces *Nautehgirls* sont le plus célèbres[2].

Le lendemain à cinq heures, le maître d'hôtel m'éveilla, comme la veille, avec une grande tasse d'excellent café moka, fait exprès pour *notre ami le Français* ; lestés de leur tasse de thé, *mes amis Anglais* m'attendaient déjà à cheval. Nous galopâmes à dix lieues en avant, et trouvâmes, comme la veille, toutes choses et toutes gens prêtes à notre arrivée. Nos éléphants, dans la nuit, avaient porté l'autre suite de tentes, l'autre équipage de cuisine, etc., tout notre camp avait marché à la fraîcheur ; et, reposés et repus, nous trouvâmes, après le déjeuner, le même ordre de bataille que la veille. Nous chassâmes tout le jour avec le même appareil, et continuâmes ainsi pendant une huitaine de jours. Enfin, quand nous eûmes battu tous les buissons de la contrée, épuisé, ruiné le peu de villages qui y sont dispersés, et mis sur les dents la cavalerie sikhe, nous revînmes chez nous, emmenant seulement une troupe de cavaliers et tous les éléphants qui devaient servir à chasser aux tigres vers la base des montagnes. La bande joyeuse et magnifique m'accompagna jusqu'à

1. Voilà évidemment ce qu'on n'aime pas lire chez Jacquemont. Pour une fois qu'une « coutume » indienne avait grâce à ses yeux – et par coutume il faut entendre ici la danse classique de l'Inde du Nord, codée, savante – il faut qu'il rabaisse une autre population.

2. La dance (*nritya*) est codifiée par le « Traité des Arts performatifs » (*Natya Shâstra*). Les danseuses sont nommées « *narttakī* » ou « *natî* », termes anglicisés ici. Le genre de danse le plus célèbre en Inde du Nord est le Kathak, alors que le genre le plus célèbre au Sud est le Bharatanatyam.

Saharunpore[1], petite ville où le gouvernement entretient un misérable jardin botanique. Son directeur, le médecin de la station, devait m'être très utile. Je préparai chez lui mon nouvel équipage de voyage, laissai sous sa garde mon second bagage et les collections formées depuis Delhi ; et n'emportant que le plus strict nécessaire, je dis adieu aux plaines le 12 avril, deux jours après le renversement de la mousson, et l'établissement des vents du sud-ouest, chauds de 35° le jour et 33 ou 34 la nuit. Je montai jusqu'à Dheyra, dans le Dhoon, avec des chars et des bœufs. Là, je les congédiai, je renvoyai à Saharunpore, à l'écurie de mon botaniste, mon pauvre *tatton* (les Anglais ont cinq à six mots excellents et polis contre notre unique et ignoble *bidet*[2], que je ne puis me résoudre davantage à appliquer à ma monture), je me munis en sa place d'un long et solide bambou ; et après avoir soigneusement visité ce premier étage des montagnes, tandis qu'à mon camp des vanniers, des bourreliers et toutes sortes d'ouvriers faisaient les apprêts de mon voyage à des lieux où des hommes seuls peuvent passer, je montai sur le second gradin de l'Himalaya, le 24 avril. On n'y a jamais vu de voyageur avec un aussi simple appareil. Trente-cinq porteurs me suffisent, dépense de prés de 400 francs par mois ; il est vrai que j'ai pu

1. Saharanpur est située à une cinquantaine de kilomètres au sud-ouest de Dehradun. Le jardin botanique de la ville, originairement conçu comme un jardin d'agrément par Intazam ud-Daula, un chef local, a été acquis par la Compagnie anglaise des Indes orientales en 1817 pour en faire l'un des plus anciens jardins botaniques de l'Inde, placé sous l'autorité du médecin en chef du district.

2. Le « bidet » est un petit cheval de selle, mais son acception est déjà vieillie à l'époque de Jacquemont et donc ironique. Rappelons l'amusette enfantine : « à dada sur mon bidet, quand il trotte il fait des pets… ».

réduire à cinq le nombre de mes domestiques en y ajoutant même un jardinier. J'ai en outre une escorte de cinq soldats gorkhas, commandés par un havildar[1] de mon choix, qui s'entend merveilleusement à faire marcher mon monde[2] ; ainsi je fais le quarante-sixième. Tu trouveras que c'est là un train royal ; cependant j'ai tous les jours un bien mauvais dîner, heureux qu'il n'est pas manqué encore jusqu'ici : du riz bouilli, un quartier de chevreau insipide et coriace, et l'eau du torrent voisin. Je ne bois d'eau-de-vie qu'à la pointe du jour, pour me réchauffer ; quelques gouttes me suffisent. Je couche sur un lit bien dur, sans matelas ; ma tente est bien légère ; le vent glacé, qui tombe la nuit des cimes neigées, souffle au travers, entre par rafales par-dessous et me gèle dans mes habits et mes couvertures. Des tempêtes d'une violence et d'une continuité tout à fait inconnues auparavant dans les montagnes, à cette époque de l'année, m'y assaillirent dès le lendemain du jour ou j'y montai. Cette veine d'adversité n'est pas épuisée. Chaque jour, à midi, amène un petit orage de grêle et de pluie. À Dheyra, le tonnerre fracassa l'arbre sous lequel ma petite tente était tendue ; deux de mes gens y étaient avec moi, et tous deux furent paralysés quelques instants dans le côté gauche. Sur les cimes de

1. Historiquement, le « havildar » était le commandant d'un fort dans la période moghole. Dans l'armée britannique, le terme est devenu l'équivalent du grade de sergent, ce qu'il désigne toujours dans les armées indienne et pakistanaise. Les Gurkhas sont des soldats népalais célèbres pour leur courage. Ils se dressèrent d'abord contre les Anglais de l'East India Company avant d'entrer dans leurs rangs, notamment lors de la grande mutinerie de 1857. Ils ont formé des bataillons d'élite dans l'armée britannique pendant les deux guerres mondiales.

2. Comme Duvaucel, Jacquemont offre une description intéressante de la façon dont on voyageait en Inde, avec des serviteurs et sous escorte militaire.

Mossouri[1], qui dominent la vallée de Dheyra, l'espace autour de moi fut jonché des éclats d'une roche foudroyée, tandis que l'oreille basse, et transi de froid et d'humidité, je faisais mon soucieux et mince repas. Il semble vraiment qu'on me vise de là-haut. Les deux premiers coups n'ont pas touché, mais gare au troisième.

L'influence de l'élévation efface entièrement ici celle de la latitude (31°) sur le climat et ses productions. Je suis campé sous un bois d'abricotiers sauvages, qui commencent seulement à feuiller. Le tapis de ma tente est, sans métaphore, émaillé de fleurs. Ce ne sont que fraisiers qui se détachent partout au milieu des gazons. Le vent m'apporte la fumée du grand feu autour duquel sommeillent mes montagnards : son odeur est agréable, c'est un cèdre qu'ils brûlent, ou un pin. La plupart des arbres de nos forêts, ou des espèces si voisines, qu'un botaniste seul en aperçoit la différence, dominent dans la zone moyenne de l'Himalaya, associés à quelques autres qui nous sont étrangères, mais qui ne laissent pas d'avoir leurs représentants dans les plaines de l'Amérique septentrionale.

Ma vue s'est certainement très raccourcie depuis un an, je ne quitte plus mes lunettes que pour lire ou pour écrire, et avec les lunettes même, je ne vois pas assez loin pour me servir de ma carabine. La portée de mon fusil est toute celle de mes yeux : j'ai donc laissé ma carabine à Saharunpore.

Mais dans l'inventaire de ma personne c'est le seul déficit que je sente. Une année de séjour dans les plaines n'avait pas entamé ma constitution. Je retrouve dans les montagnes mes jambes des Alpes, je souffre du froid, comme j'ai été quelquefois incommodé de la chaleur, mais ces excès contraires n'influent que sur mon humeur,

1. Mussorie est située à une quinzaine de kilomètres au-dessus de Dehradun, là où commencent véritablement les contreforts himalayens.

sans atteindre ma santé. Ma police d'assurance contre le choléra, la dysenterie et la fièvre des Jungles[1] (les trois grandes maladies de l'Inde) ne me quitte pas, et je compte bien ne l'ouvrir qu'à Paris, sans jamais être obligé de la produire jusque-là. C'est une petite boîte qui renferme les remèdes violents à opposer à une attaque, avec une excellente instruction, un petit traité sur leur usage, que voulut bien faire pour moi le médecin le plus habile de Calcutta. Quand je me rappelle ses attentions, je ne puis que me retracer la suite non interrompue de procédés bienveillants et d'égards flatteurs dont je n'ai cessé d'être l'objet depuis mon arrivée en ce pays. Sous ce rapport, rien ne m'aura manqué ; et ce qu'il y a de bizarre, c'est que ma fortune ne s'est pas démentie, même près des *fashionables*. Quoique je vienne de faire sept à huit cents lieues à cheval, sans fouet et sans éperons, les officiers du plus *dashing* corps de l'année anglaise, où le major, pour devenir lieutenant-colonel, paie 240 000 francs, me sont frères, et quand je redescendrai des montagnes au mois d'octobre ou de novembre, je trouverai un relais de chevaux préparé par leurs soins, de Saharunpore à Meirut[2], sept jours de marche (50 lieues), sans aucune espèce d'intérêt.

Il est tard, il faut te dire bonsoir ; cher ami, bonsoir et adieu pour quelque temps. Demain je monte aux sources de la Jumnah, elles sont, je crois, à deux milles mètres au-dessus de ce lieu, le dernier habité de la vallée. Adieu donc.

20 mai, camp de Rana.

1. Fièvre dont avait souffert Duvaucel.
2. Meerut est à une cinquantaine de kilomètres au nord-est de Delhi, sur la route de Saharanpur.

Encore sous des abricotiers, mon ami, mais à deux journées de marche au-dessus de ma dernière station, et quoique la hauteur de celle-ci excède encore deux mille mètres, cependant le soleil est bien chaud à cette heure, où j'arrive épuisé de fatigue, malade du changement de régime auquel, dans les hautes montagnes, la nécessité m'a forcé. Depuis six mois, la base fondamentale de mon déjeuner et de mon dîner, c'était du riz. Ici, il n'y a plus que du blé et de l'orge. Je me croyais bien pourvu de mon avoine accoutumée, et comme je suis très peu désireux de mettre le nez dans ce repaire d'iniquités (je veux dire le panier de ma bouche) de mon cuisinier, je crus l'imbécile sur parole puis il se trouva que bientôt la disette de riz se déclara ; mais mon havildar gorkha, mon lieutenant-général[1], à force de violer le domicile du peu de gens qu'il y a en cette haute vallée, trouva quelques paniers de pommes de terre. Grand régal là-dessus, quoique je les mangeasse au sel, comme Bonaparte les artichauts. Mais si tu as ton *Courrier* présent à la mémoire, tu te souviendras que celui qu'on n'appelait pas encore le duc de… de je-ne-sais-quoi, s'écria : Ô grand homme ! admirable en tout[2] !…

Quoique je sois ici un très grand seigneur relativement, personne ne me fit ce compliment, et le passage du sec au vert eut sur moi la funeste influence que tu ressentais, il y a quelque dix-huit ans, sur les bords du Niémen, allant à pied par précaution, et menant ton cheval par la bride. Cependant le temps était superbe, et au pied des hautes cimes où j'étais campé, c'était une circonstance trop précieuse pour n'en pas profiter

1. Cette mention indique clairement que le terme « havildar » désignait encore en 1830 un haut gradé et non un sergent.

2. Les piques contre Bonaparte, qui emprisonna son père, sont légion.

aussitôt. J'y fis deux ascensions, à un jour d'intervalle ; arrêté dans la première, par la superstition et surtout par la stupide pusillanimité de mes gens, bien au-dessous du point que je m'étais proposé d'atteindre. Cette pusillanimité m'aurait fait manquer pareillement le but de ma deuxième expédition, si aux promesses d'encouragement à me suivre, je n'avais ajouté la menace d'un châtiment pour qui refuserait de marcher. Un seul, mon jardinier, m'était fidèle, le plus stupide et le plus craintif des Hindous. Le reste de la bande, accroupi au soleil sur une roche qui perçait le manteau de neige sur laquelle nous marchions depuis deux heures, était parfaitement mutiné et appelait mon pauvre jardinier. Je n'attendis pas que la fidélité succombât ; et quoiqu'il en coûte de gravir sur des neiges molles quelques centaines de pieds au-dessus d'un certain niveau, où la rareté de l'air rend la respiration précipitée et pénible, épuise au bout de trente pas, je sacrifiai mon avance, et fléchissant légèrement les genoux, renversant le corps en arrière, appuyé de mes deux mains sur mon long et solide bambou qui modérait ma vitesse au besoin quand je lui faisais sillonner plus profondément la neige, je me lançai comme une pierre sur le roc de la révolte, où le bambou joua un autre rôle. Le traître dont j'avais reconnu la voix appelant mon jardinier, paya pour tous, et très cher. La moindre faiblesse de ma part, une demi-mesure eût été la plus dangereuse des mesures, le coupable étant d'ailleurs le plus agile, le plus robuste et le plus mal intentionné de tous habituellement. Je le pris de si haut sur ses épaules dès le début, que, l'eût-il voulu, il n'eût pu rien répondre. Comme ces pauvres diables, malgré leur pénible et humble condition, sont d'une caste élevée, militaire par essence, j'ignorais vraiment comment les autres prendraient cette leçon. Tout *Rajpouts*, tout montagnards qu'ils sont, ils la prirent en vrais Hindous, c'est-à-dire joignant les mains et demandant grâce[1]. Le battu, remis de son étourdissement, prit la tête de la file, tenant le bout d'une longue corde à laquelle tous les autres s'accrochèrent comme à une rampe, de crainte des crevasses sous la neige ; attaché de la sorte avec mon aide-de-camp botanique, je marchai sur le flanc de la colonne en vrai chien de berger, épuisant tous les tropes de ma rhétorique *hindostanie* pour stimuler les esprits défaillants. Il n'y a pas un de ces gens qui, chargé d'un poids de cent livres, ne pût faire dans les plus détestables sentiers des montagnes trois fois plus de chemin que moi dans le même temps. Mais ces déserts de neige sont pour eux une chose inaccoutumée. Sortis des chemins dont ils ont l'habitude, et dont elle leur cache entièrement le danger souvent fatal d'un faux pas, leur instinct bestial de progression expire devant ces pentes neigées qui ne requièrent nulle adresse et nul courage ; car le danger d'une chute y est nul. Je tombai souvent et j'en fus quitte pour secouer mes habits. Je voulais déterminer la hauteur où toute végétation s'arrête ; je la vis près d'expirer, mais les délais de ma marche et puis son extrême lenteur m'obligèrent de songer au retour avant que j'eusse atteint les dernières crêtes de rochers qui surgissaient au-dessus des neiges, et qui probablement

1. Ce triste épisode sera repris, et en illustration, dans le livre pour enfants publié sur la vie de Jacquemont en 1930, montrant ainsi aux jeunes lecteurs de la Bibliothèque rose comment le colon traite les indigènes… Les Rajputs, guerriers du Rajasthan, et les Gurkhas, guerriers népalais, sont pourtant vus comme les soldats les plus nobles de la caste des *ksatriya* et l'on comprend qu'ils se soient révoltés contre ce jeune Parisien plein de prétention. Leur obéissance est sûrement due aux lettres de recommandation que Jacquemont pouvait leur présenter, qui émanaient directement de leurs autorités (Ranjit Singh ou Lord Bentinck en l'occurrence).

sont les limites de la zone végétale. En revenant du pays de Kanawer (Kannaauer)[1], cette occasion ne pourra me manquer. Mais j'aurais désiré fixer ce point en diverses parties de la chaîne de l'Himalaya.

Ne blâme pas Frédéric de ses rares violences dans le pays de sauvages qu'il habite, elles font sa sûreté[2]. Entre le marteau et l'enclume, entre le mépris et le servile respect, il n'y a point de position neutre possible, pour lui dans son île, ni pour moi dans le vieux et ignoble pays où je voyage. Ses coutumes de servilité m'obligent de renchérir de beaucoup sur les exigences de notre frère ; il ne bat point les gens qui ne l'appellent pas *seigneurie*, *altesse*, *majesté*. Or, c'est la règle dans l'Inde que les natifs ne s'adressent que par ces titres (les mêmes qu'ils donnent à leurs rajahs, à leurs nawabs, à l'empereur de Delhi) au plus mince *english gentleman*. Un homme de mauvaise humeur m'ayant dit *vous*, au lieu de *votre altesse*, ce matin même sur la route, j'ai dû lui donner une leçon très sévère de politesse[3]. J'étais pleinement dans mon droit, comme le serait le philanthrope parisien de souffleter le rustre qui le tutoierait. Je dois être d'autant plus jaloux de l'étiquette, que la simplicité de mon équipage, la vie dure que je mène, les privations et les fatigues

1. Kanwar se situe au pied des montagnes, entre Shimla et Dehradun.

2. Frère de Victor et Porphyre Jacquemont parti en Haïti. La dernière édition de cette lettre ne mentionne pourtant pas Frédéric : « Ne blâme pas trop mes violences contre les gens de mon équipage. Entre le marteau… », *Correspondance de Victor Jacquemont*, édition de 1869, *op. cit.*, vol. 1, p. 209.

3. Il existe en hindoustani trois pronoms personnels pour s'adresser à un tiers : le tutoiement familier, le tutoiement respectueux et le vouvoiement. La quatrième voie est celle décrite par Jacquemont en usant de formules de cour du type « majesté » (*mahârâj*), utilisées de nos jours pour des grands personnages, comme des moines particulièrement révérés, ou bien de manière ironique.

que j'endure comme mes gens, mes vêtements d'étoffe commune, appropriés à ce genre de vie, tout en moi et autour de moi les invite à s'en départir. Aussi le monseigneur ne me suffit-il pas, il me faut de la majesté, ou pour le moins de l'altesse.

Tu rirais sans doute de sa majesté, si tu pouvais la contempler dans ses habits d'ours blanc, avec ses longues moustaches ; ornement qui impose beaucoup aux gens à peine barbus de l'Himalaya. Heureusement je n'ai pas de miroir pour trancher la question, et je me figure que le reflet roussâtre que j'aperçois sous mon nez, en baissant les yeux, n'est que l'effet d'un faux jour.

À plus d'un égard fâcheux, mon cher Porphyre, mes petites infortunes suivent à une respectueuse distance tes misères de Moscou. L'horrible malpropreté des montagnards, contre laquelle je ne peux me défendre, est un des maux auxquels je me résigne le plus difficilement. J'espère ne pas m'y habituer...[1].

L'orage vient de tempérer la chaleur. Une expérience de thérapeutique militaire m'a pleinement réussi. Une infusion brûlante de théière, à défaut de thé, édulcorée de partie égale d'eau-de-vie, m'a remis sur pied. On m'apporte un chevreau qui va rompre enfin ma diète brahmanique ; en style du *Constitutionnel*, les nuages qui couvraient, etc., etc., se dissipent et j'entrevois l'aurore d'un cari au feu, c'est-à-dire au poivre rouge, absolument immangeable pour un Parisien, quelque peu brûlant pour moi-même, et qui achèvera de me remettre en selle. J'étais sans cela démonté.

1. Le texte publié dans la *Revue des Deux Mondes* s'arrête ici mais la lettre continue. Nous la reproduisons telle qu'elle figure dans la dernière édition de la *Correspondance de Victor Jacquemont*, *op. cit.* p. 211-221.

Ceci (honni soit qui mal y pense !) me rappelle un épisode pharmaceutique (en ce pays si modeste, je ne sais quel nom honnête lui donner) de mon voyage chez les Sikhes. Un matin, je m'éveillai aux cris de : *au voleur !* Le jour à peine commençait à poindre d'une nuit sombre. Domestiques, soldats à pied et à cheval, aussitôt de courir. Un voleur s'était glissé dans ma tente, qui est fort petite, s'y faisant une large entrée avec son sabre, passant sous mon lit, qui est très bas, et volant au hasard parmi les objets étendus à terre tout autour. Mes pistolets, ma montre étaient presque sur sa route ; mais, troublé sans doute dans son opération par quelque bruit, par quelque fausse alarme, il n'eut pas le temps de choisir et se sauva en emportant ce qu'il avait sous la main, ma poire à poudre et l'appareil barbificateur. Puis, inquiété dans sa fuite, il abandonna le moins précieux de son butin, le cuir à rasoirs, la savonnette, une fiole d'acide nitrique, etc. On me rapporta ces objets, épars sur le chemin du village voisin. Mais la ressemblance de l'étain au petit jour, fit croire à mon Sikh qu'il avait dérobé quelque vase précieux, tandis qu'il n'avait que...[1]. Les plénipotentiaires des rajahs sikhs se présentèrent aussitôt pour me décoder la description et la valeur des objets volés, afin de les faire chercher partout et d'en restituer le prix en cas de non-succès, aux dépens des francs tenanciers du lieu. Comme ils comprenaient mal ma description du plus regrettable, j'éclaircis la chose

1. Sans doute une seringue pour les lavements, parfois appelé « pistolet ». Jacquemont voyait en effet ce procédé comme le meilleur moyen de garder la santé en Inde et se targuait de posséder « la seringue la mieux entretenue de l'Inde ; c'est une chose que je cache : ma réputation de moralité en souffrirait. C'est faute d'un lavement que les Anglais crèvent pour la plupart du temps ». (Lettre à Frédéric Jacquemont du 5 novembre 1829, *Correspondance avec sa famille et ses amis*, édition de 1841, p. 109.)

par un dessin de grandeur naturelle, et m'apprêtais à faire des copies de ce signalement pour les répandre parmi les inquisiteurs, quand mes amis anglais arrivèrent au bruit. Mon dessin les consterna ; ils rougirent jusqu'au blanc des yeux, et s'affligèrent sincèrement avec moi de ce que, ayant la malheureuse coutume d'entretenir une…, je ne misse pas plus de soin à le tenir secret. Je leur dis gravement qu'il y allait pour peut-être de la vie ou de la mort. – « Ah ! La mort mille fois plutôt qu'un… ! s'écrièrent-ils tous à la fois. – Nenni, répliquai-je, mille… plutôt qu'un mal de tête ! » Et là-dessus, éloge sérieux et raisonné de cet admirable remède, et satire médicale du calomel, jalap et consorts[1], que les Anglais ont la folie de considérer comme ses vertueux équivalents. Mon *speech*, ma harangue fut sans doute éloquente ; car on écrivit aussitôt au rajah même, pour l'inviter à faire fouiller toutes les chaumières, et à faire battre tous les buissons de son chétif empire pour retrouver l'objet dérobé, et à me l'envoyer sous bonne escorte, en quelque lieu que je puisse être, si l'on parvenait à le recouvrer. Je ne désespère pas de voir un parti de cavalerie sikhe me le rapporter à Paris, dans quelques années, sur un coussin de velours. En attendant, mes amis anglais, raccommodés avec la raison de la chose, eurent la politesse de vaincre leurs scrupules et d'envoyer en quête d'un remplaçant, des messagers aux directeurs d'hôpitaux militaires voisins, et ils réussirent à m'en procurer un que je suppose être une antiquité vénérable, et le premier essai du genre. Notre père en rira et toi aussi.

1. Le calomel est un composé de chlorure de mercure utilisé comme purgatif à partir du XVIIe siècle. Sa haute toxicité le fit ensuite interdire en usage interne. Le jalap (*Ipomoea purga*) est une plante d'origine mexicaine utilisée pour ses vertus purgatives (Source : *Encyclopaedia Britannica*).

Le bruit de cet accident m'a fait la plus parfaite réputation, non pas d'immoralité précisément, mais d'esprit fort, passant au cynisme.

Adieu, cher Porphyre ; j'étais tout triste en venant à toi, épuisé, malade, et voilà que le punch et ce bavardage avec toi m'ont ravivé, presque égayé. Je te quitte pour faire honneur à mes amis anglais susdits. Dans l'isolement de ma situation en ces lieux reculés, je sens l'inestimable prix de la santé, et je prends tous les soins que les circonstances me permettent. Repose-toi sur ma prudence, ma modération et mon adresse ; repose-toi aussi sur mon bonheur (car il y a autre chose que du bien-jouer), pour me voir revenir un jour sans le dommage d'un cheveu. Adieu.

Camp, dans une forêt, sous les cimes de Kédar-Kanta[1], 3 200 mètres d'élévation, 27 mai au soir

Tu es mon souffre-douleur, mon pauvre ami, puisque c'est toi qui entends mes doléances. – Je me trouvais assez bien pour continuer ma marche, confiant que le retour à mon régime habituel achèverait promptement de me rétablir ; et, arrivé hier au sommet de la vallée du Buddiar, j'en quittai ce matin les plus hautes habitations, pour venir camper dans cette solitude, afin de gravir demain les cimes voisines, et passer de l'autre côté dans une vallée parallèle à celle-ci. J'arrivai épuisé de fatigue, après une marche de sept heures seulement. Cependant j'avais recueilli ample matière au travail, et je m'y suis mis sans délai. D'ailleurs mon lit est si dur que je me repose autant sur ma chaise. Mais je fus saisi tout à coup

1. Ce camp devait se situer sous la montagne du Kedarnath qui accueille le glacier de Gangotri, sources du Gange.

de douleurs d'entrailles si atroces, que j'en eus presque le délire. Le lieu était mal choisi pour être malade. Derrière moi les plus proches habitations sont à sept heures de marche, devant à deux journées ; et mes gens n'ont de provisions de bouche que le nécessaire pour franchir cet intervalle, de sorte qu'il faut avancer ou reculer, et pour quoi trouver ? voilà le revers de la médaille. Du côté de la santé, c'est superbe, mais c'est bien laid du côté de la maladie ; et puis il n'y a pas de femme qui ne tienne mieux que moi contre la souffrance aiguë. Je ne la connais guère que par des crampes fort rares, un accès de fièvre il y a huit ans, et ma rage d'aujourd'hui ; et toujours l'idée m'est venue d'en finir pour me débarrasser du mal sur-le-champ. Diète sévère. Ce que seront les jambes demain je l'ignore. Mais la nuit porte conseil : elle est venue. Adieu donc, il fait si froid, si humide sous ma tente que, par prudence, je te quitte pour mettre mes couvertures entre son atmosphère et moi. Les coquins de Sikhs sont peut-être la cause de mon mal. Bonsoir. Oh ! que tu es heureux de vivre dans une maison !

4 juin, camp d'Adjâltah

Vivant, et très vivant, je t'assure. Si j'étais payé à six mille francs pour cela (et plût à Dieu que je le fusse !) je t'expliquerais de la façon la plus satisfaisante, comment, par l'influence de l'air et des eaux, de malade que j'étais je suis revenu à la santé. Mais le fait est que, sans avoir pris un seul jour de repos complet, me voilà le mieux enjambé de ma caravane. C'est le cas ; car il n'y a pas de jour où je n'aie à monter et à descendre douze à quinze cents mètres, sans compter les parenthèses. J'ai substitué le lait à l'eau pour boisson ; et j'en bois sans sourciller deux bouteilles le soir à mon dîner. C'est une sorte de contrepoison pour l'essence de feu que forme la sauce enragée de mon sempiternel cari. Il m'en coûte trois sous de plus par jour et un peu d'arbitraire. J'envoie chercher les vaches à la montagne (note bien qu'aujourd'hui je suis campé à deux mille trois cents mètres ; hier j'étais à deux mille six cents, etc., etc.) et, devant la porte de ma tente, on en trait une douzaine pour obtenir cette mince quantité de lait. Je paie magnifiquement ; trois sous, ai-je dit ; ce qui est moitié plus de sa valeur, mais il faut qu'on se dépêche, et que l'arrivée du lait coïncide avec le dernier coup de main de mon cuisinier. Rien n'est au reste si facile que l'arbitraire, quand on n'a qu'à dire comme M. de Foucauld : *Empoigne !...* Je l'imite, avec un mot merveilleux du baragouin indoustani devant lequel le *j'empoigne* pâlit : *paccarau*[1] *!* et mes Sipahis Gorkhas empoigneraient le diable et M. de Foucauld lui-même. Au reste, les gens, en ce pays, mettent un certain honneur à être empoignés. Ceux dont vous avez besoin ne bougent de chez eux, si vous ne leur dépêchez en bonne forme un soldat. L'utile chose que l'arbitraire ! mais le vilain pays que celui où il est nécessaire ! Je ne puis penser à notre pays sans éprouver un sentiment d'admiration et de tendresse.

Semlah, 22 juin

Je viens, cher ami, de lancer à notre père une telle bordée d'écriture, qu'à moins de sortir du sujet de mon individu, je me trouve au bout de mes nouvelles ; puisque enfin l'essentiel est dit, laisse-moi m'amuser : j'ai été assez maussade avec toi dans les pages précédentes.

---

1. Impératif deuxième personne du singulier du verbe *pakarnâ*, « attraper, saisir, capturer » et donc « empoigner » !

Toi aussi, Porphyre, tu donnes donc dans les Afghans ! et de ce non content, tu donnes encore dans les Kaboulìens, Kandahariens et autres Godans de la façon de messieurs du *Courrier*[1] et compagnie. Oh !… oh !… nul n'est prophète en son pays.

Ces deux héros, ces deux frères Mohammed Khan et Purdill Khan ne font pas plus d'effet à Delhi que le duc de Saxe-Shewrin, ou d'Anhaltt-Cobalt, qui peuvent être aussi de très grands princes, mais incognito.

Sache que l'armée de la Compagnie se compose de trois cent mille hommes, dont trente mille de troupes royales anglaises ; sept à huit mille de corps entièrement européens au service de la Compagnie, tels que l'artillerie presque tout entière ; qu'enfin l'armée native, commandée par de très nombreux officiers et sous-officiers européens, disciplinée, instruite autant que l'armée royale, vêtue comme elle, se bat à très peu de chose près comme elle, guidée par ses officiers, dans lesquels elle a la plus grande et la plus juste confiance ; que, dans un pays comme celui-ci, traversé de déserts, et où les provinces les plus riches, à l'exception du Bengale qui est extrêmement loin d'Erzeroum[2], ne sauraient nourrir la plus petite armée, le moindre corps de troupes, pour ne pas mourir de faim et souvent même de soif, doit traîner à sa suite un nombre immense d'éléphants, de chameaux, de charrettes ; que la Compagnie a trois mille éléphants, quarante mille chameaux et du matériel de toute espèce à proportion ; qu'elle est enfin toujours prête à entrer en campagne : et demande-toi si d'ici, de Semla, à sept lieues de Runjet-Sing[3], je n'ai

---

1. Le *Courrier français*, quotidien libéral (1820-1851), auquel collaborait l'entourage des Jacquemont.

2. Province à l'est de la Turquie actuelle.

3. Le fameux Ranjit Singh, roi sikh du Pendjab.

pas raison de me moquer de lui indéfiniment, et quand même, ainsi que de tous les Afghans, les Kandahariens, Kabouliens, des frères Mohammed et Purdill, *héros*, et enfin de toutes les variétés de gueux, de brigands, de mendiants, tant à pied qu'à cheval, qui fleurissent sur la rive droite de l'Indus[1].

Si tu trouves un moyen honnête et non offensant de leur insinuer cet avis, dis à Messieurs du *Courrier* de croire difficilement aux héros, sorte d'animaux plus rares en ce pays-ci qu'ailleurs, et en général exotiques partout.

Si j'avais plus d'argent, j'irais à Cachemire, qui appartient à Rundjet-Singh[2]. Le résident de Delhi[3], que je prierais de lui demander un passeport, lui écrirait sur-le-champ à cet effet, et recevrait tout de suite le firman désiré. Il n'est peut-être pas regrettable que la prudence pécuniaire m'interdise un voyage aussi intéressant, parce que Rundjet Singh peut mourir d'un jour à l'autre : il n'est pas jeune ; et, au jour de sa mort, guerre, bataille entre ses deux fils, et certitude, pour le pacifique naturaliste, d'être pillé, sinon plus… comment dire cela ?… les Sikhs sont tellement Turcs à cet égard !

M. Allard est exactement le Soliman-bey de Rundjet Singh[4]. Il vient de temps en temps à Loodianah (sur

1. Dost Mohammed Khan (1793-1863) a régné sur l'Afghanistan de 1826 à 1839 puis de 1845 à sa mort, après la première guerre anglo-afghane. Il eut de nombreuses querelles avec Ranjit Singh sur la domination du Pendjab. Purdil Khan était le régent à Kandahar.

2. Ranjit Singh s'était rendu maître du Pendjab et du Cachemire, où Jacquemont souhaitait se rendre pour faire des relevés géologiques – ce qu'il fera avec l'appui de Ranjit qui le recevra à sa cour (voir ci-dessous l'extrait du *journal*).

3. Nom donné à l'empereur moghol laissé en place par les Anglais mais sans aucun pouvoir.

4. Voir l'extrait du *journal* ci-dessous. Le général Allard, soldat français, s'était mis au service de Ranjit Singh et conduisait ses armées.

les bords du Sutledje[1]) visiter les officiers anglais de cette station, établie hors des États de la Compagnie chez les Sikhs indépendants, sur le territoire de mon ami le radjah de Paltialah, qui ne m'a pas encore renvoyé ma seringue[2]. – Il est bien payé (une centaine de mille francs, comme un officier général de ce côté-ci du fleuve), mais à moitié prisonnier. Rundjet-Singh a grand soin de lui faire dépenser, chaque année, la totalité de ses appointements, afin de lui ôter tout désir de le quitter. Il suit la même politique à l'égard de ses autres officiers européens, auxquels il ne se fie qu'à demi. Un M. Mévius, Prussien, qui commandait un de ses régiments de cavalerie, ayant excité tout récemment une révolte dans son corps, par l'application du procédé allemand de la schlague à ses Sikhs, fut obligé de s'enfuir dans la tente même du roi (Rundjet-Singh) pour échapper à la fureur de ses gens. Rundjet lui sauva la vie, mais refusa de le garder à son service : aigreur là-dessus exprimée de part et d'autre, et Rundjet à la fin, le congédiant, dit en jurant : « Allemands, Français, Anglais, ces b…-là ne font qu'un ! »

J'aurais dû laisser un blanc énorme pour le jurement, qui est très court, mais si énergique en indoustani, qu'il vaut tout ce qu'une ligne en ce genre peut exprimer en français.

Le gouvernement anglais a tout intérêt à ce que Rundjet soit le maître chez lui. Avant l'établissement de son pouvoir, des partis de cavalerie passaient continuellement le Sutlejde et pillaient les Sikhs indépendants de

1. Ludhiana est la grande ville du centre du Pendjab. Le Sutlej est une rivière qui coule au nord de la ville. C'est l'une des cinq rivières qui donnent le nom à la région : « *pañca âb* », les « cinq eaux », cinq affluents du fleuve Indus.

2. Cette fois-ci, la voilà nommée !

la rive gauche, amis et protégés de la Compagnie ; il fallait secourir ceux-ci, et, à moins de poursuivre de l'autre côté du fleuve les agresseurs mis en fuite, aucune satisfaction, aucune réparation possible, les petits princes du Pundjab étant trop faibles pour être responsables des brigandages de leurs sujets. Si pareille chose arrivait maintenant, le résident politique à Delhi enverrait à Rundjet un mémoire d'apothicaire, pour obtenir tout de suite la valeur des récoltes, des bestiaux pillés, et, de plus, une proportion généreuse des coupables, à l'effet de les pendre en grande cérémonie. De leur pendaison, Rundjet se soucierait fort peu ; mais les roupies à payer le chagrineraient fort, et il veille à ce que jamais pareille chose n'arrive. Elle est sans exemple depuis l'établissement de son autorité.

Quoique mon hôte soit justement l'agent politique qui exerce son contrôle sur les seuls États tartares et thibétains où s'étend le pouvoir anglais, nous n'avons jamais entendu parler du savant anonyme qui court le Thibet, avec une escorte de douze cents Cosaques ou autres canailles à cheval du même genre[1]. Les douze cents rosses de ces douze cents Cosaques seraient fort exposées à mourir de faim dans la partie du Thibet qui s'étend au pied de l'Himalaya, sur le revers du nord. Je ne suis pas sans quelque crainte quant aux moyens de nourrir l'unique rosse dont je compte me donner la douceur en Kannawar.

Mon artilleur, avec ses mille Gorkhas à pied, est tellement le maître en ces montagnes, qu'il est sans exemple depuis neuf ans, époque de son avènement, qu'on l'ait obligé de recourir à la force. Il dépose les rois d'alentour quand ils tuent par trop leurs sujets. Il les enferme, les

1. Note des éditeurs de la *Correspondance* : Jacquemont dément ici un article d'un journal français, sur lequel son frère l'avait interrogé.

met à l'amende : il ne lui en coûte qu'un mot d'avis au résident de Delhi, sous les ordres duquel il est placé politiquement. Le radjah hindou-tartare de Bissahir[1] a grand soin de l'informer de tout ce qui se passe de l'autre côté des montagnes où il demeure, et j'ai lieu de croire que le savant en question, avec ses douze cents Cosaques, sera resté à quelques mois de marche de cette frontière.

Tu me parais assez rassuré sur les Afghans, et tu débutes par une réflexion de pâté fort plaisante, à laquelle je suis heureux de pouvoir répondre que j'ai la perspective de manger ici, dans quatre mois, un pâté de foie gras de Strasbourg, plus un pâté de foie gras du Périgord, lesquels n'en doivent pas aux pâtés de bécasses de Boulogne, dans leur plus beau temps. Les vaisseaux de Bordeaux en apportent, chaque année, quelques-uns à Calcutta, qui y arrivent aussi frais qu'à Paris, et ton confrère l'artilleur, mon hôte présentement, vient d'écrire à la capitale pour me régaler de l'un et de l'autre à notre revoir. Puisque nous en sommes aux pâtés, je te dirai que, sur les cimes de Mossouri, à mon entrée dans les montagnes de l'Himalaya, un autre artilleur, le général de celui-ci, un vieux garçon à cheveux blancs, que tu aimerais à la folie si tu le connaissais, m'a fait goûter, – goûter ! je dévorais ! – un pâté de lièvre truffé et une série de perdrix rouges du Périgord truffées. Leur procédé est fort simple, à tous deux. L'un, à raison de son grade élevé dans l'armée, l'autre, à raison de son

1. Le Bissahir est un royaume montagneux de la vallée du Sutlej qui s'étend de Kanwar aux régions tibétaines de Hangareng. Sur les régions traversées par le Sutlej, on pourra lire le récit contemporain de nos auteurs, par le capitaine J. D. Herbert, « An account of a Tour made to lay down the Course and Levels of the River Setlej or Saturdra, as far as traceable within the limits of the British authority, performed in 1819 », *Asiatic Researches*, volume 15, 1825, p. 340-428.

emploi, ont une centaine de mille francs d'appointements, ce qui diminue singulièrement les distances et exerce sur toutes les bonnes choses d'Europe l'action d'une pompe aspirante, les élevant jusqu'à sept et huit mille pieds au-dessus du niveau de la mer. Que n'es-tu le capitaine d'artillerie aux pâtés de foie gras ! En ton absence, sache du moins, mon ami, que le perfide insulaire, ton confrère, a bu hier à ta santé avec moi, et (ne le dis pas à notre père ni à Taschereau[1]) ce n'était pas avec du vin de Tours.

25 juin

Je ferme ce paquet en t'annonçant que je pars après-demain pour le Kannawar. Adieu !

---

1. Jules-Antoine Taschereau (1801-1874), né à Tours, secrétaire général de la préfecture de la Seine après la révolution de Juillet, il sera député d'Indre-et-Loire à l'Assemblée constituante. Il est aussi connu pour avoir été l'administrateur de la Bibliothèque impériale sous Napoléon III.

Lettre à Venceslas Jacquemont, 21 juin 1830[1]

À M. Jacquemont père, Paris

Semlah, Semla, Simla, Simlah[2], *ad libitum*,
21 juin 1830

Mes dernières lettres vous furent adressées, l'une de Bénarès qualifiée d'énorme sur mon mémorandum ; la dernière commencée à Delhi, fermée à Kithul dans le pays des Sikhs, le 22 mars. Porphyre recevra sous la même enveloppe que celle-ci, une sorte de journal de ma marche depuis Kithul jusqu'au centre de l'Himalaya, qui me dispense presque de vous en parler.

Ce lieu est, comme Mont-d'Or ou Bagnères, le rendez-vous des plus riches, des désœuvrés et des malades. L'officier chargé du service militaire, politique, judiciaire et financier de cette extrémité de l'empire anglais, acquise seulement depuis quinze ans, imagina, il y a neuf ans, de déserter son palais de la plaine pendant les chaleurs d'un été terrible, et de venir camper avec ses tentes sous

1. *Correspondance de Victor Jacquemont avec sa famille et ses amis, pendant son voyage dans l'Inde, 1828-1832*, nouvelle édition, 1869, tome 1, Paris, Michel Lévy, 1869, p. 221-235.

2. Shimla est située à 2200 mètres d'altitude, dans l'actuel Himachal Pradesh. Son accessibilité et la qualité de son air en firent la station privilégiée des Anglais pendant la saison chaude (avril-juin). Elle fut d'ailleurs déclarée « capitale d'été » par le Raj britannique en 1864.

les ombrages des cèdres. Il était seul dans un désert ; des amis vinrent l'y visiter. Le site, le climat, tout leur parut admirable. On appela quelques centaines de montagnards qui abattirent les arbres d'alentour, les équarrirent grossièrement, et qui, assistés d'ouvriers venus des plaines, construisirent en un mois une maison spacieuse. Chacun des invités en voulut avoir une pareillement ; il y en a maintenant plus de soixante dispersées sur les cimes des montagnes ou sur les pentes. Un village considérable s'est élevé comme par enchantement au centre de l'espace qu'elles occupent ; des routes superbes ont été taillées dans le roc, et à sept cents lieues de Calcutta et sept mille pieds au-dessus du niveau de la mer, le luxe de la capitale de l'Inde s'est établi, et la mode règne en tyran.

Porphyre a droit d'être jaloux de mon hôte. C'est un capitaine d'artillerie de son âge, ancien comme lui dans son grade, mais qui a cent mille francs d'appointements ; qui commande un régiment de chasseurs montagnards, le meilleur corps de l'armée ; qui fait les fonctions de receveur-général ; juge, avec la même indépendance que le grand Turc, ses propres sujets, et de plus ceux des rajahs voisins, Hindous, Tartares, Tibétains ; les met en prison, à l'amende, et les pend même quand il le juge utile.

Ce premier de tous les capitaines d'artillerie du monde est un aimable garçon que les devoirs de sa véritable royauté occupent une heure après le déjeuner, et qui passe le reste de son temps à me combler d'amitiés. Il m'attendait depuis un mois, des amis communs lui ayant écrit mon projet de visiter Semla. Il passe pour le plus raide des dandys, le plus formaliste, le plus puant des princes de la terre. Rien de tout cela n'est à mon usage : il est impossible d'être plus *bon enfant*. Nous galopons une heure le matin, ou un couple d'heures, sur les routes superbes qu'il a construites ; joignant souvent quelque élégante cavalcade, où je retrouve mes connaissances de Calcutta. Déjeuner élégant et recherché au retour, puis j'ai l'entière et libre disposition de ma journée, et de celle de mon hôte s'il me convient de le requérir pour voir des choses ou des gens. Au coucher du soleil, des chevaux frais sont devant la porte, et nous faisons un nouveau tour de promenade pour recruter les plus aimables, les plus gais des riches oisifs ou des soi-disant malades que nous y rencontrons. Ce sont des gens de l'espèce de mon hôte, garçons, militaires, mais militaires employés dans toutes sortes de départements, les plus intéressants de toute l'Inde pour moi. Nous nous mettons à table à sept heures et demie devant un dîner magnifique, et levons la séance à onze heures. Je bois du vin du Rhin, ou de Bordeaux, ou de Champagne seulement, et au dessert du Malvoisie ; les autres, alléguant la froidure du climat, s'en tiennent au Porto, au Madère et au Xérès ; depuis sept jours, je ne me souviens pas d'avoir bu de l'eau. Cependant, jamais d'excès, mais tous les soirs grande gaieté ; je ne saurais vous dire combien cela me paraît charmant après la siccité, l'insipidité, la dureté, la brièveté de mes dîners solitaires pendant deux mois dans les montagnes. Et je n'ai pas seulement un arriéré à liquider, j'ai la perspective prochaine de quatre mois de misères semblables de l'autre côté de l'Himalaya. Je me venge par anticipation. J'arrivai ici tellement épuisé de fatigues et des suites d'une indisposition opiniâtre, que je songeais à mettre à profit le temps de mon séjour pour me médicamenter ; mais le cuisinier de mon hôte m'eut guéri en vingt-quatre heures.

Ne voyez-vous pas Semla sur votre carte ? Un peu au nord du trente et unième degré de latitude, et un peu à l'est du soixante-dix-septième degré de longitude[1], à quelques lieues du Sutledge ? N'est-il pas singulier de dîner en bas de soie dans un tel lieu, et d'y boire une bouteille de vin du Rhin et une autre de Champagne chaque soirée, du café Moka délicieux, et d'y recevoir tous les matins les journaux de Calcutta ?

Le vizir du roi de Bissahir, qui est le plus gros des alliés de mon hôte, est précisément ici, et le capitaine Kennedy (c'est le nom de mon artilleur) nous a présentés l'un à l'autre, et je suis assuré de recevoir de l'autre côté de l'Himalaya toutes sortes d'égards du Rajah. Un de ses officiers me suivra partout, et j'emmènerai d'ici une couple de carabiniers gorkhas du régiment de mon hôte, les plus lestes et les adroits, et un de ses tchourassis (sorte d'huissier ou de janissaire) qui a déjà visité cette contrée avec son maître, il y a plusieurs années. Les gens de ce côté-ci des montagnes ont une peur horrible de leurs voisins de la pente opposée. Il est peu aisé de se procurer des porteurs de bagage ; et constitutionnellement, il serait impossible de s'y faire suivre d'un seul domestique ; mais le capitaine Kennedy m'a offert obligeamment de mettre en prison ceux des miens qui refuseraient de m'accompagner, et quoiqu'ils assurent qu'ils préfèrent être pendus de ce côté-ci des montagnes, à être libres en Kanawer, je compte, en profitant pour un ou deux d'entre eux de l'obligeance de mon hôte, décider aisément les autres à marcher. Ce que ces imbéciles redoutent, je l'ignore ; mais ce n'est plus *l'Inde* de l'autre côté ; il n'y a plus de castes ; au lieu de Bramines, ce sont des Lamas… D'ailleurs, à ma suite du moins, sûreté complète. Le rajah de Bissahir sait très bien que s'il m'arrivait mal, il s'en ressentirait, et il aura grand soin du *francis saheb, captânne Kindi*

1. Soyons précis : 31° 06′ 00″ Nord 77° 10′ 12″ Est.

sahebke dôste, ce qui veut dire, « le seigneur français, l'ami du grand général Kennedy[1] ».

22 juin

C'était hier le solstice, et les pluies périodiques que cette époque amène envahissent toutes les pentes méridionales de l'Himalaya, malgré leur éloignement du tropique. Il y a plusieurs jours déjà que ce fâcheux changement de temps s'est déclaré ; à peine vois-je clair assez pour écrire, tant les nuages sont humides, où nous sommes perdus, sont épais. Cependant, il me faudra marcher quinze jours avant d'atteindre les vallées tibétaines, où il ne pleut jamais. Ce sera le plus pénible de mon voyage.

Quelques lignes pour répondre à vos deux lettres. Je ne puis m'empêcher de sourire aux craintes que nous inspira la nouvelle d'une insurrection des troupes de la Compagnie à l'époque où j'arrivai dans l'Inde. Que n'aurez-vous pas pensé quand vous aurez vu dans les journaux anglais l'affaire du *Half-Batta* ! Vous aurez dû croire l'armée en pleine révolte, et lord Bentinck embarqué de force pour l'Europe dans son conseil... les natifs, profitant de la division des Européens, s'armant de toute part contre eux... Non ! c'est pour moi le comble de l'inimaginable que cette monstrueuse ignorance où l'on est en Europe des choses de l'Asie ; car une masse énorme de correspondance s'échange incessamment entre

1. Permettons-nous de rectifier le hindi de Jacquemont : « Monsieur le Français, l'ami de Monsieur le Capitaine Kennedy ». Le terme *saheb* (en transcription moderne *sāhab*, arabe *ṣāḥib*) signifie d'abord un compagnon, un associé, puis un propriétaire, une personne importante. On l'attache volontiers à un titre : « *ḍoktar sāhab* », « Monsieur le docteur ».

les deux pays, la fluctuation des voyageurs entre eux n'est pas moindre ; et enfin, quoique le gouvernement de l'Inde soit despotique en principe (et il doit l'être), il est de fait aussi libre qu'aucun autre en Europe. Aucune censure préventive exercée sur les feuilles périodiques, qui ont nombreuses : 1° *Calcutta John Bull* ; 2° *Calcutta, the Harkarah* (ce qui signifie en hindostani le Messager) ; *The East India Gazette* ; *The Government Gazette* ; *Literary Gazette*, etc., etc., etc., sans parler des journaux publiés en langues bengalie et hindostanie. Des rapports contradictoires de ces diverses feuilles, rien de si facile, il me semble, que de déduire le véritable état des choses : et toutes vont en Angleterre, et la masse du public anglais est aussi ignorante des choses de l'Inde, que nous le sommes en France. Quelques-unes des petites découpures de journaux que vous m'avez envoyées pour l'apprendre que les Afghans avaient député une ambassade au général russe à Erzeroum, et que le roi de Lahore, Runjet-Sing, penchait aussi aux Russes, ont égayé mes amis indiens. Ici, nous sommes précisément à une journée de marche de Runjet-Sing, et dans les beaux jours nous découvrons une partie considérable de ses États : or, il nous est aussi souverainement indifférent que l'Empereur du Japon. Ce que la Compagnie entretient de forces sur la frontière de nord-ouest, à Delhi, Kurnal, Meerut, Agra, Mutra, Loodeeana, suffirait, sans aucun mouvement de troupes dans l'intérieur de l'Inde, à envahir tout le Punjaub. Runjet-Sing pourrait risquer une bataille derrière sa ligne actuelle de défense, le Sutledge, et ce serait une occasion précieuse qu'il donnerait aux Anglais de l'anéantir une demi-heure. Quant aux Afghans, « nation belliqueuse », dit votre estimable journal, « qui a tant de fois envahi l'Inde, et qui peut armer trente mille cavaliers », c'est trop fort ! les jours de Mahmood, de Ghirni et de Timour sont passés. Ils sont très inférieurs aux Sikhs, et tout juste assez forts pour batailler de temps à autre avec Runjet-Sing.

Ce dernier discipline sa *petite* armée à l'européenne, et presque tous ses officiers sont français. Leur chef est un M. Allard, dont on dit beaucoup de bien de ce côté-ci du Sutledge. Il y a un mois, trois jeunes officiers français, dont l'un est un jeune frère de M. Allard, passèrent ici, venant de Calcutta et se rendant chez Runjet-Sing pour entrer à son service. Non seulement le gouvernement local les a laissés passer et circuler librement, mais ils ont reçu beaucoup de politesses sur leur longue route. Lord W. Bentinck[1] regrette que les Russes aient été assez bêtes pour ne pas prendre Constantinople ; et quand ils occuperaient tout l'empire des Turcs, il ne s'en croirait pas moins en sûreté à Calcutta, voire même à Delhi et à Semla.

Pour entretenir sa petite armée (trente à quarante mille hommes) sur le pied européen, Runjet est obligé d'écraser son pays d'impôts qui le ruinent : plusieurs de ses provinces appellent les Anglais, et je ne doute pas qu'un jour ou l'autre (mais non pas avant plusieurs années) la Compagnie ne porte du Sutledge à l'Indus les limites de son empire. Il n'y a pas cent ans que le Punjaub en a été démembré, après l'invasion de Nâdir Shaw[2], et il en fait naturellement partie. La religion est presque la même : le langage également diffère à peine[3]. Le cours des saisons y est semblable. Mais les Anglais ne feront

1. William Bentinck (1774-1839), gouverneur général de l'Inde de 1828 à 1835.

2. Nadir Shah, Shah d'Iran (1736-1747), fondateur de la dynastie Afsharid, avait envahi l'Inde des Moghols jusqu'à Delhi, mise à sac en mars 1739.

3. Jacquemont veut signifier que le sikhisme emprunte à l'hindouisme, religion contre laquelle elle s'est établie, et que le pendjabi est une langue indo-aryenne comme l'hindoustani.

cette conquête qu'à la dernière extrémité. Tout ce qu'ils ont ajouté depuis cinquante ans à leur territoire, au-delà du Bengale et du Bahar[1], au-delà de l'empire que le colonel Clive[2] avait formé, n'a fait que diminuer leurs revenus. Il n'est pas une des provinces acquises qui paie ses frais de gouvernement et d'occupation militaire. La présidence de Madras prise en bloc est annuellement en déficit. Bombay est plus loin encore de couvrir ses dépenses. Ce sont les revenus du Bengale et du Bahar, mais du Bengale surtout, qui, après avoir comblé le déficit des provinces du nord-ouest et de l'ouest annexées récemment à la présidence de Calcutta, Bundlecund, Agra, Delhi, etc., etc., mettent à flot les finances des deux États secondaires. Nous prenons en France pour une farce hypocrite l'excuse de *nécessité* alléguée par les Anglais pour le prodigieux agrandissement de leur empire d'Asie. Rien pourtant n'est si vrai, et il n'y a certainement jamais eu de gouvernement européen si fidèle à ses engagements que celui de la Compagnie.

Votre carte en quatre feuilles n'est pas la mienne. Mais je la connais, elle est fort bonne, et vous pourrez m'y suivre pas à pas, excepté dans les montagnes. Puisque vous aimez ce pays pour l'amour de moi, et désirez le connaître, rassemblez tout votre courage, et faites demander à la Bibliothèque de l'Institut ou à la Bibliothèque Royale les cinq volumes in-8° de Mill (*Mill, History of India*)[3]. C'est sans aucune comparaison le meilleur livre.

1. Le Bihar est une région de la plaine indo-gangétique jouxtant le Bengale, avec pour capitale Patna, sise sur le Gange, à 200 kilomètres en aval de Bénarès.

2. Robert Clive, célèbre pour la victoire décisive qu'il remporta à la bataille de Plassey, à la suite de laquelle la Compagnie anglaise des Indes orientales s'est rendue maître du Bengale.

3. James Mill (1773-1836), historien et économiste britannique, publie à Londres en 1817, *The History of British India* (Baldwin,

Peut-être les deux volumes in-4° du docteur Hébert, le feu évêque de Calcutta[1], vous amuseraient davantage, mais ils nous instruiraient fort mal : – *It is a regular milk and Water*. – Ces parties du Deccan, laissées en blanc sur la carte, et qualifiées de *unexplored countries*, vous chagrinent. Vous craignez que je n'en aie à traverser. Rassurez-vous : si cela était, j'aurais soin d'emmener une forte escorte, et d'ailleurs le danger qu'on y court c'est d'y mourir de faim, de soif, et de fièvres ataxiques, bien que d'être attaqué par des partis maraudeurs. Mais il n'y a aucun intérêt à les visiter. Ce sont les déserts sans eau, couverts de forêts misérables où sont dispersées à de grandes distances quelques huttes. – J'en ai vu un bon échantillon au commencement de mon voyage entre Rogonatpore et Sheergotti. En maintes parties de l'Inde il y a certitude de mort pour qui passe en ces lieux redoutables, de septembre en janvier, et le danger est le même pour les natifs que pour les Européens. Comptez sur ma prudence et ma complète soumission aux exigences des lieux et des saisons.

Les Sociétés savantes ou littéraires des États-Unis n'en doivent guère à celles de l'Inde. Comme Sociétés, celles-ci sont au-dessous de tout ce qui peut s'imaginer en fait d'ignorance, de niaiserie et de puérilité. Mais

---

Cradock and Joy, 3 volumes). Les cartes pour ces volumes ont été dessinées par Aaron Arrowsmith (1750-1833), cartographe du roi. Les volumes sont toujours disponibles à la Bibliothèque nationale de France sous la cote « 4 – NT- 724 ».

1. Reginald Heber (1783-1826), évêque de Calcutta à partir de 1823. La traduction française de son ouvrage, due à Eusèbe Prieur-Delacombe, venait de paraître en 1830, *Voyage de Calcutta à Bombay et dans les provinces supérieures de l'Inde britannique, pendant les années 1824 et 1825, suivi d'une notice sur Ceylan et d'un voyage à Madras et dans les provinces méridionales, en 1826* (Paris, Dondey-Dupré, 2 volumes), consultable aussi à la BnF sous la cote « 8 – NT- 732 ».

il y a de force dans chacune, dans celle de Calcutta surtout, quelques hommes de mérite ; Horace Wilson, par exemple, le premier sanskritiste du monde, polyglotte, littéraire, poète et savant tout à la fois. Lisez son *Théâtre hindou*, on ne peut manquer d'avoir ce livre à la Bibliothèque Royale[1]. J'écrivais hier à mon ancien hôte, sir Edward Ryan, et à mon aimable voisin d'alors, sir Charles Grey, le grand-juge de l'Inde ; et expliquant à celui-ci pourquoi je n'envoyais aucun mémoire à la Société asiatique de Calcutta, je concluais le chapitre de mes griefs contre elle par la circonstance même qu'il en est président, sans avoir aucun titre à en être membre seulement et comme preuve que la Société est absurde. Le très grand mérite du chevalier Grey trouvera son emploi dans la carrière politique. Ses courts loisirs sont pour les lettres européennes, et il fait de l'histoire et des antiquités de ce pays le même cas que vous. J'ai pour elles le même mépris. Le sanskrit ne mènera à rien qu'au sanskrit[2]. Le mécanisme de ce langage admi-

1. On doit à Horace Wilson (1786-1860) la traduction anglaise du *Meghadûta* de Kâlidâsa (*The Mégha Dúta, or Cloud messenger*, a poem in the Sanscrit language, by Cálidása, translated into English verse, with notes and illustrations, by Horace Hayman Wilson, Calcutta, 1813 ; London, Black, Parry and Co, 1814) et un dictionnaire du sanskrit (*A Dictionary, Sanscrit and English, translated, amended and enlarged from an original compilation prepared by learned natives for the College of Fort William*, Calcutta, 1819). En France paraissaient en 1828 ses *Chefs-d'œuvre du théâtre indien* (Paris, Dondey-Dupré), « traduits de l'original sanscrit en anglais par M. H. H. Wilson, et de l'anglais en français par M. A. Langlois, accompagnés de notes et d'éclaircissements et suivis d'une table alphabétique des noms propres et des termes relatifs à la mythologie et aux usages de l'Inde, avec leur explication », comme le signale la page de titre. Jacquemont père pouvait consulter l'ouvrage à la Bibliothèque royale sous la cote « YA- 646 ».

2. Cette phrase percutante et cinglante, comme sait les manier Jacquemont, montre aussi les limites de sa curiosité. On pourrait la lui pardonner car il l'écrit à l'aube des études sanskrites et il ne sait pas

rablement compliqué, et néanmoins, dit-on, admirable. Mais c'est comme une de ces machines qui ne sortent pas des conservatoires et des muséums, plus ingénieuses qu'utiles. Elle n'a servi qu'à fabriquer de la théologie, de la métaphysique, de l'histoire mêlée de théologie, et autre billevesées du même genre : galimatias triple pour les faiseurs et pour les consommateurs, pour les consommateurs étrangers surtout, galimatias 1/0. L'arabe n'est pas exempt de ces torts. Le mysticisme allégorique des Orientaux a pénétré jusque dans les notions élémentaires qu'ils ont acquises des sciences physiques et mathématiques : et La Trinité, traduite en bon français, n'est pas si claire, que l'interférence des mythes braminiques dans les mouvements planétaires et les principes de la physique, n'en complique l'intelligence de singulières difficultés. La mode du sanskrit et de l'orientalisme littéraire en général durera cependant, parce que ceux qui auront passé ou perdu quinze ou vingt ans à apprendre l'arabe ou le sanskrit n'auront pas la candeur d'avouer qu'ils possèdent une science inutile. — D'Eckstein a, ma foi, bien raison de faire comme s'il les savait[1], et le

---

encore combien l'étude de cette langue donnera de fruits dans tous les domaines du savoir. Comme sanskritistes, Horace Wilson eut de sérieux prédécesseurs comme William Jones (1746-1794) qui fonda la Société asiatique de Calcutta avec Henry Thomas Colebrooke (1765-1837), ce dernier étant perçu comme le véritable « père fondateur » des études sanskrites en Europe.

1. Le baron Ferdinand Eckstein (1790-1861), philosophe, converti au catholicisme sous l'influence de Friedrich Schlegel, surnommé le « baron Sanskrit », pensait que la forme la plus pure de la révélation de Dieu se trouvait dans les textes de l'Inde ancienne. Voir *Le baron d'Eckstein et ses contemporains : Lamennais, Lacordaire, Montalembert, Foisset, Michelet, Renan, Hugo, etc. : correspondances : avec un choix de ses articles*, publiées par Louis Le Guillou, Paris, Champion, 2003.

galimatias qu'il vous donne, *se non è vero, é ben trovato*[1]. Essayez du Schlegel[2], qui est honnête et consciencieux, et voyez s'il y a grande différence. Essayez du Cousin. L'absurde de Bénarès et l'absurde d'Allemagne n'ont-ils pas un air de famille ?

Passons à votre seconde lettre. Reviennent vos Afghans, puis la guerre probable de l'Angleterre avec la Russie à l'occasion de ses desseins hostiles contre l'Inde, les séditions dans l'armée indienne, tout cela est du haut comique à Semla[3]. – Les moustaches de Porphyre sont une nouvelle. Mais je me flatte que les miennes ne leur en doivent pas. C'est un ornement dont les ecclésiastiques presque seuls se dispensent dans le nord de l'Inde, et qui est particulièrement approprié au pays où je voyage présentement.

Je suis fort surpris que le Jardin n'ait pas reçu de lettre de moi au 9 novembre 1829, date de votre lettre, puisque j'ai écrit à ces messieurs du Cap de Bonne Espérance, le 27 décembre 1828, par le capitaine d'Urville[4], arrivé

---

1. « Si ce n'est pas vrai, c'est bien trouvé. »

2. Sur les travaux indiens des frères Friedrich et August Wilhelm Schlegel, et plus généralement sur l'indianisme allemand au XIXe siècle, on lira avec profit l'étude de Pascale Rabault-Feuerhahn, *L'archive des origines : sanskrit, philologie, anthropologie dans l'Allemagne du XIXe siècle*, coll. « Bibliothèque Franco-Allemande », Paris, Éditions du Cerf, 2008.

3. Jacquemont ne voit pas venir la Grande Mutinerie de 1857 au cours de laquelle les « sipahis », les soldats indiens de la Compagnie des Indes, se soulevèrent contre les Anglais. Cette révolte est d'autant plus importante qu'elle poussa la Couronne britannique à asseoir son autorité sur l'ensemble du pays : c'est le début du « British Raj » (1858-1947), l'Empire britannique des Indes, avec à sa tête la reine Victoria.

4. Jules Dumont d'Urville (1790-1842) avait reçu le commandement de deux corvettes : *l'Astrolabe* et *la Zélée* sur laquelle avait voyagé Jacquemont. Les deux hommes s'étaient rencontrés lors d'une escale au cap de Bonne-Espérance.

en France vers les mois de mars ou d'avril 1829. Je leur ai écrit aussi de Bourbon[1], après l'ouragan, et j'ai reçu déjà la nouvelle que d'autres lettres écrites à la même époque et confiées au même navire étaient arrivées en Europe. Ce qui ne m'étonne pas moins, c'est leur silence à mon égard. Je leur ai écrit de Kithul, et leur écris aujourd'hui que mes crédits expirant à l'année 1831 inclusivement, s'il ne m'en arrive pas bientôt de nouveaux pour l'année présente, que je puisse reporter sur l'année prochaine, il me faudra de Bombay regagner l'Europe par la voie la plus courte et la moins dispendieuse[2]. Quoi qu'il puisse arriver sur ces intérêts, n'en concevez rien de plus que de l'humeur. Mais n'ayez aucune crainte que je me laisse imprudemment échouer sur les rivages de l'Inde par la retraite imprévue du flot qui m'y a apporté. Rassuré à cet égard, je ne me laisse pas détourner de mes études présentes par l'inquiétude de l'avenir.

Qu'aviez-vous besoin du témoignage de V*** pour être convaincu de l'exorbitante absurdité d'un voyage scientifique dans l'Amérique équinoxiale ? au Mexique particulièrement ? Il faut être nous, nous Français, pour ignorer si complètement les choses du dehors. M. de Humboldt a été bien heureux dans l'époque qu'il a choisie pour faire son grand voyage[3] ! et le bouleversement social des contrées qu'il a visitées est une bonne fortune littéraire pour lui, puisqu'il éloigne de nouveaux

1. Actuelle île de la Réunion.

2. Jacquemont projetait pourtant d'explorer le sud de la péninsule indienne, mais la mort le lui permit pas de faire ni son voyage d'exploration, ni son voyage de retour.

3. Alexander von Humboldt (1769-1859) avait exploré l'Amérique centrale de 1799 à 1804 avec le naturaliste français Aimé Bonpland. Leur *Voyage aux régions equinoxiales du Nouveau Continent* était en cours de publication (Paris, 1808-1831).

observateurs et assure une sorte de monopole à ses ouvrages sur l'Amérique. Enfin il avait à décrire ce qu'il y a de plus beau dans le monde.

À l'égard du pittoresque, l'Inde est bien pauvrement partagée. Serait-ce, me demandai-je quelque fois, que la source de l'admiration serait épuisée en moi ?... Mais j'ai admiré passionnément les scènes de la nature à Saint-Domingue, et depuis au Brésil... Le mal n'est pas en moi : la faute en est aux choses, au pays.

Les journaux anglais sont remplis de gémissements de toute l'Europe sur le froid excessif de l'hiver. Je m'en inquiète plus pour vous que des changements de ministère pour la prospérité de notre pays. Il me semble qu'il n'y a pas de gouvernement capable de faire beaucoup de mal en France désormais. L'association bretonne a été inventée il y a deux cents ans à peu près par Hampden. L'invention en ce genre restera aux Anglais. Son adoption chez nous me paraît, comme à vous, une révolution complète, si on y adhère fermement.

Une lettre de M. Jomard, traduite dans les journaux anglais, nous apprend que le Bâdchâh d'Égypte a profité des conseils de Courrier au roi d'Espagne, et s'est donné l'amusement productif d'une petite marmite représentative. Mais je crains qu'il ne donne à nos amis libéraux le scandale de fusiller de temps à autre quelques députés de l'opposition, sauf à leur associer quelques rivaux de la contre-opposition, pour ne pas faire de jaloux. Il faut pourtant commencer ainsi : et jusqu'à ce que Bolivar, devenu roi, ou resté président (peu importe le nom), ait le pouvoir d'agir de la sorte, chacun, selon sa convenance, tuera son voisin. Il faut limiter ce droit à un seul, et quand il serait à moitié fou comme Christophe, l'ordre public gagnerait encore à la manière immodérée, souvent même absurde, suivant laquelle il exercerait.

Merci de la lettre de M. de Humboldt à M. Arago, et du rapport sur le travail de Beaumont.

Je laisse ici, chez mon artilleur-roi, toutes les collections que j'ai formées depuis mon entrée dans les montagnes ; et vais le quitter, dans une couple de jours, par Kotgur, Rampore, Seran, cheminant le long des bords du Sutledge, dans une vallée la plus chaude de l'Inde. À Seran, résidence d'été du rajah de Bissahir, rentrant dans les montagnes, je congédierai mes porteurs, et probablement leur substituerai une ghounte, cheval de montagne d'une adresse et d'une force merveilleuse, quoique de petite taille. Ma suite sera réduite alors à une cinquantaine de personnes, dépense de sept à huit fois cent francs par mois, et ce n'est qu'en réduisant au plus strict nécessaire (et en vérité tout le nécessaire n'y est pas) mon bagage personnel, que je puis marcher avec si peu de monde. Je reviendrai à l'automne par le Barunda-Pass, à travers et par-dessus la chaîne centrale de l'Himalaya, soit ici, soit directement à Subhatoo (Sabatoo, Subatoo[1]), résidence d'hiver du capitaine Kennedy, s'il y est déjà redescendu, poussant mon bagage devant moi ; et de Subhatoo à Scharunpore, hors des montagnes, où je referai mon établissement de voyage en plaine. J'y ai laissé une partie considérable de mon bagage et des collections. Le tout sera dirigé sur Delhi où j'en ai fait un premier dépôt ; et quand je verrai mes chars partir de Scharunpore, au lieu de marcher lentement près d'eux en serre-file, au travers d'une province parfaitement dépourvue d'intérêt, je galoperai en un jour jusqu'à Meerut où je me referai, pendant quelques jours, des fatigues, des privations, des misères de tout genre que j'aurai éprouvées. Je ne connais pas Meerut ; mais

1. Subhatu se situe à une trentaine de kilomètres de Shimla en descendant vers la plaine.

j'y ai une foule de connaissances et presque d'amis. Peut-être aurai-je quelque loisir en Kanawer, et trouverai-je une occasion de vous écrire ; cependant cela n'est pas probable. Attendez-vous donc à un long intervalle de silence après celle-ci. Quoi qu'il puisse durer, dites-vous que je suis alors dans un pays aussi salubre que l'Europe, mangeant des pommes et des raisins, buvant du vin de cru (qui est exécrable), et enfin :

Sachez, sachez que les Tartares[1]
Ne sont barbares
Qu'avec leurs ennemis.

Adieu, adieu. Je vous aime, et vous embrasse de cœur.

1. La « Tartarie » était le nom donnée à une partie de l'Asie centrale, une aire géographie floue, englobant les populations turco-mongols, qui pouvait aller jusqu'aux régions tibétaines (la « Tartarie chinoise »).

Lettre à Stendhal, 6 juin 1831[1]

À M. Henri Beyle, à Paris

Cachemire, le 6 juin 1831

Vous me négligez fort, mon cher ami, dans mon éloignement. Je n'ai encore reçu qu'une ligne et demie de votre élégante et illisible écriture. Malheur aux absents ! Il est vrai que, moi-même, je ne vous en ai pas écrit autant. Mais vous devez prendre en considération ma besogne grande, et trouver tout naturel que je n'écrive guère qu'à ceux de ma famille. Votre ligne et demie était une recommandation de ne pas mentir. Cela sera difficile ; il m'en coûtera de ne dire que le vrai. Je vous vois déjà vous écriant : « N'est-ce que cela ? Pourquoi donc êtes-vous allé au diable ? » L'Inde, en effet, pour un chasseur du gibier que vous aimez à poursuivre, est un pays bien stérile. *Manners, none ; customs, beastly*[2] ; voilà ce que se propose de dire, à son retour en Angleterre, un aimable Anglais avec lequel je me suis lié à Delhi, qui, depuis douze ans, habite le pays, et qui y est placé de manière à le bien connaître. Je pense comme

1. *Correspondance inédite de Victor Jacquemont avec sa famille et ses amis : 1824-1832*, tome 2, Paris, Michel Lévy, 1867, p. 97-99.

2. Note des éditeurs de la *Correspondance* : « Mœurs, néant ; coutumes, bestiales ».

lui, en général ; et, si je ne donne pas à ma pensée le même laconisme d'expression, vous direz : « Mais quelles stupides histoires nous faites-vous là ? » Sera-ce ma faute à moi ? Parce que, allant de Naples à Rome dans une mauvaise barque, vous avez été obligé par le mauvais temps d'entrer dans quelque trou de pêcheurs, vous avez aux tempêtes une foi dont je me promettais de sourire. Attendez-vous à un redoublement d'incrédulité de ma part. L'ouragan du 10 février 1829, à Bourbon (qui engloutit vingt-quatre vaisseaux sur cinquante-six), ne m'a point converti. Aux aventures je ne crois guère davantage. Je me trouvai, un soir, en beau chemin d'en avoir une : mais mon brigand fit fiasco et me relâcha pour cinquante louis.

L'an passé, au Thibet, des Tartares à cheval vinrent m'ennuyer, comme je cherchais des coquilles fossiles dans les montagnes du Céleste Empire. Je pris le chef par la queue et le jetai à bas de son cheval. Je crois que je le gratifiai en outre de quelques coups de pied au… quand il se releva. Ce féroce Tartare court encore.

Le lac de Cachemire n'est qu'une espèce de grand marécage qui ferait honte aux Alpes, s'il croupissait dans une de leurs vallées. Les roses de Cachemire ont peu de parfum, les fruits peu de saveur ; les danseuses sont laides et changent rarement de chemise. L'immense majorité n'en change jamais.

Excusez le roseau de Cathay, le papier de Cachemire, l'encre si noire de l'Orient et les fautes de l'auteur.

Adieu, mon cher Beyle.

À la cour de Lahore : extrait du *journal*[1]

Le 11 mars 1831. – À Lahor[2], et séjour jusqu'au 25

Impatient d'arriver, je partis le 11 à pointe du jour de Banianké, à cheval, et, cette fois, accompagné de Schâh ed Din, qui devait ne point me perdre de vue en approchant de Lahor. – *Tchèhoura*, *Modèh*, *Phoul*, sont de médiocres villages que nous traversâmes, la route faisant une courbe au S. O. La culture disparaît en approchant de la ville, dont les environs sont couverts de Jungles de *Capparis aphylla*[3], interrompues çà et là de jardins et de vergers enclos de murs.

Devant l'une de ces charmantes retraites, j'aperçus de loin un groupe brillant : c'étaient, me dit Schâh ed Din, MM. Allard, Ventura et Court, avec leur suite[4].

---

1. *Voyage dans l'Inde pendant les années 1828 à 1832 : journal*, tome 3, Paris, Firmin Didot, 1841, p. 65-101.

2. Lahore est l'une des grandes villes du Pendjab pakistanais, à quelques encablures de l'indienne Amritsar.

3. Arbre de taille moyenne, très touffu, que l'on trouve dans les régions arides d'Afrique, du Moyen-Orient et de l'Asie du Sud. En Inde, il se nomme *karîr* ou *kair*.

4. L'intérêt de cet extrait est de montrer l'ambiance très vivante de la cour de Ranjit Singh, roi sikh du Pendjab qui avait nommé à la tête de ses armées des soldats européens : le général français Jean-François

Je doublai le galop, et fus en un instant parmi eux. Il m'accueillirent comme un ancien ami ; après de violentes accolades avec un chacun, M. Allard me prit par le bras, et me menant derrière le jardin, me fit voir une superbe calèche attelée de 4 chevaux, où nous montâmes tous quatre, et qui nous conduisit au travers d'une campagne couverte de grandes ruines musulmanes, comme les environs de Dehli, à l'entrée d'un jardin délicieux qu'on me dit être le mien : c'était un parterre de Giroflées de diverses couleurs, d'Iris, de Pieds-d'alouette et de Pavots, coupé d'allées droites, plantées de Rosiers et d'Orangers, de Grenadiers, de jeunes Mangos. Un vaste et élégant pavillon avec de longues ailes de colonnades spacieuses, fermait un des côtés du jardin. – C'était ma demeure. Je la trouvai meublée avec recherche. Au centre, une grande salle oblongue, décorée à la mode persane ; les murs, les plafonds blanchis, ornés d'arabesques peintes à fresque ; à terre, des tapis superbes ; au centre, une table servie avec élégance, devant laquelle nous nous assîmes pour déjeuner.

Un médecin de Philadelphie, que les hasards d'une vie aventureuse ont amené depuis plusieurs années dans le Pendjâb, M. Harland, nous y rejoignit. Disgracié du Radjah, il avait été insulté plusieurs fois par le peuple et s'était réfugié chez M. Allard. Ce jardin que j'habite, est un présent du Radjah à M. Ventura, l'ami de M. Allard. M. Harland suivait la fortune de ses hôtes

---

Allard (1785-1839), l'Italien de Modène Jean-Baptiste Ventura (1794-1858), le Français Claude Auguste Court (1794-1880), l'Italien de Naples Paolo Avitabile (1791-1850). Sur ces personnages, voir les travaux de Jean-Marie Lafont, *Les Français et Lahore* (Lahore, Alliance française, 2007), *Indika : essays in Indo-French relations, 1630-1976* (New Delhi, Manohar, 2000), *La présence française dans le royaume sikh du Penjab : 1822-1849* (Paris, École française d'Extrême-Orient, 1992).

en venant déjeuner chez moi. Il ne parle point français. Mes compatriotes s'entretenaient en persan avec lui aussi facilement que je le faisais en anglais.

La journée se passa d'une manière charmante, à satisfaire aux besoins les plus criants de notre curiosité réciproque. Le temps était magnifique, comme aux plus beaux jours de mai en France. Nous nous promenâmes lentement parmi les fleurs du jardin, où une multitude de jets d'eau jouaient au bord des allées, dans de longs bassins qui les bordent.

Le soir fut prompt à venir, et mes hôtes me quittèrent. Leur demeure est trop éloignée de la mienne pour y retourner de nuit : malgré leur haute situation et la bienveillance générale dont ils jouissent, ils doivent n'oublier jamais la prudence. Il y a des Akhalis[1] qui rôdent sans cesse et dont le fanatisme sauvage est plus hardi la nuit. Je demeurai seul chez moi, avec des sentinelles nombreuses aux avenues de mon palais, car il mérite ce nom. Une troupe considérable de serviteurs vêtus avec luxe demeura à mes ordres, et le soir je m'assis seul devant un dîner superbe, servi comme par enchantement.

Mon Méhmandar[2], vers la chute du jour, vint me faire une visite. Il avait instruit de mon arrivée le

1. Les Akali (« immortels ») désignent, d'abord sous le régime de Ranjit Singh, un bataillon de guerriers sikhs particulièrement redoutables, et redoutés au sein même de la communauté. Lire ci-après la description qu'en donne Jacquemont. Dans les années 1920, le « mouvement Akali », se réclamant de ce bataillon à des fins politiques, souhaitait réformer le mode d'administration des lieux saints des Sikhs, aux mains d'officiers nommés par l'État, pour le remettre aux mains de la communauté sikhe.

2. Le terme hindoustani d'origine persane « *mehmân* » signifie « étranger, invité, hôte ». Le *mehmân-dâr* est celui qui est en charge de l'hospitalité.

Roi, qui l'avait chargé de m'en féliciter. À ses compliments, le Radjah joignait un présent de 500 roupies (1 250,00 F), et des fruits recherchés, des raisins de Caboul, des grenades de Peschawer, du riz, des oranges, etc., etc.

M. Allard est de Saint-Tropez. Officier de l'ancienne armée, il servit principalement à Naples et en Espagne près de Joseph Bonaparte. Pendant les Cent jours, il était aide-de-camp de Brune, et il faillit périr comme lui. Il passa de France à Constantinople en 1817 ou 1818 ; il fit quelque séjour en Turquie, et de là vint en Perse, où il demeura quelque temps au service militaire du Schâh. Peu satisfait des avantages qu'il y trouvait, il le quitta pour venir à Caboul, où régnait encore Schâh Ayoud, le plus jeune des fils de Tumour Schâh, réfugié actuellement à Lahor et pensionnaire de la charité de Rendjit, comme ses frères, Schâh Zemàn et Schâh Schoudja, de la charité anglaise à Loudhiana. Il était avec M. Ventura. Schâh Ayoud ne leur fit point de propositions très avantageuses, et chez lui, entendant parler de Rendjit Sing, ils se décidèrent à venir dans le Pendjâb, où ils arrivèrent au commencement de l'an 1822. – Rendjit, quoique très puissant déjà, n'avait pas encore sa fortune de conquérant faite comme à présent. Il engagea MM. Allard et Ventura à son service, et il me semble qu'ils reconnaissent n'avoir eu longtemps qu'à se louer de ses égards et de sa générosité. – Il est vrai que le Radjah eut alors diverses occasions de reconnaître l'efficacité de leurs services, dans une de ses expéditions à Peschawer surtout, où M. Ventura, par une charge désespérée à la tête d'une poignée de cavaliers, rappela au combat et à la victoire l'armée de Rendjit qui avait lâché pied.

Rendjit, lorsque ces Messieurs lui offrirent leurs services, les accueillit avec une grande distinction : sa méfiance cependant était extrême. Il les croyait Russes ou Anglais. M. Moorcroft[1] était alors à Cachemir, où il était venu de Ladak, et le Radjah avait surpris une lettre écrite par lui au prince du Petit-Thibet, dans laquelle il se donnait une sorte de caractère politique. Rendjit fit écrire à ces Messieurs, par un Babou de Calcutta qu'il avait auprès de lui, une lettre en anglais au nom de M. Moorcroft, signée de lui, par un faux, et dans laquelle M. Moorcroft leur disait qu'il les avait attendus longtemps, et que s'ils voulaient aller le joindre sans délai à Cachemir, ils le trouveraient prêt à exécuter leurs projets. – M. Allard découvrit à grand'peine le sens de cette lettre, car il ne comprend que quelques mots d'anglais[2]. Cependant il fit enchaîner le porteur, et le menaçant de la bastonnade, lui fit avouer, sous le secret, qu'il était un des domestiques du Radjah lui-même. Ces Messieurs cependant vinrent à Lahor avec le pauvre diable qu'ils gardaient prisonnier, et présentèrent à Rendjit la prétendue lettre de M. Moorcroft, lui déclarant qu'ils se proposaient de pendre le soi-disant domestique de ce voyageur. Rendjit feignit peu de surprise et de colère, leur commanda de lâcher l'homme et les engagea à oublier cette affaire. « En ce pays-ci, leur dit-il, sans s'expliquer davantage, il n'y a rien que de fort naturel en tout ceci. Je ne regarde pas à ces choses-là. Lâchez l'homme. » Ces Messieurs jouaient l'incrédulité, et insistaient pour le punir. Il fallut que le Radjah leur réitérât l'ordre de lui pardonner. Ils étaient déjà son service. Avant de les y admettre, il les avait invités à lui faire leurs propositions en français, puisqu'ils se disaient tels,

1. William Moorcroft (1767-1825), explorateur britannique employé par la Compagnie des Indes. Il voyagea principalement à travers l'Himalaya, le Cachemire, le Tibet et l'Asie centrale.

2. Allard semble mieux comprendre le persan que l'anglais…

et il envoya leur écrit à Loudhiana, pour connaître en quelle langue il était rédigé. Il sut que c'était en français, et ses soupçons diminuèrent un peu. C'est l'envoi de cet écrit au capitaine Wade[1] qui a donné lieu probablement à un bruit sans fondement, que j'ai entendu répéter plusieurs fois dans l'Inde, que Rendjit, avant de prendre à son service ces officiers étrangers, en avait demandé la permission au Gouvernement anglais, envers lequel il y était obligé par le traité de sir Charles Metcalfe[2]. Il n'y a aucune clause semblable dans ce traité.

MM. Allard et Ventura surent inspirer à Rendjit une très haute opinion du caractère français. Leur conduite jusque dans ses moindres détails était calculée pour le soin de leur considération. Rendjit longtemps les paya avec la plus grande exactitude, et indépendamment de leurs appointements, il leur faisait souvent des présents considérables. Quand ils paraissaient à son durbar[3], il trouvait toujours quelque prétexte pour se lever. – Leur position a cessé d'être aussi avantageuse et aussi agréable. Rendjit, depuis 2 ou 3 ans, est possédé d'avarice, et ils s'en ressentent comme tous les officiers de son gouvernement. Puis, quelques autres Européens ont été attirés à son service par le bruit de leur fortune ;

1. Claude Martin Wade (1794-1861), militaire employé par la Compagnie des Indes pour gérer les relations avec les grands gouverneurs de la région comme Ranjit Singh au Pendjab et Shah Shuja en Afghanistan.

2. Charles Metcalfe (1785-1846) avait été nommé par Lord Minto, gouverneur général de l'Inde de 1807 à 1813, comme ambassadeur à la cour de Ranjit Singh. Le 25 avril 1809, il signait le traité garantissant l'indépendance des Sikhs sur un territoire compris entre la Yamuna et le Sutlej. Metcalfe deviendra lui aussi gouverneur général de l'Inde en 1835-1836.

3. Terme persan désignant le plus important des cérémoniaux de cour dans l'Inde moghole où le roi préside un conseil des ministres et décide des affaires du pays.

mais ils ne surent pas maintenir, dans l'esprit du Radjah, la confiance que MM. Allard et Ventura lui avaient inspirée de la probité et de la dignité européenne.

M. Mevius[1] d'abord vint après eux, se présentant comme ancien militaire prussien. Dans l'Inde anglaise, il avait été Contremaître d'une indigoterie. Il vint à Loudhiana et écrivit à ces Messieurs pour qu'ils lui obtinssent du Radjah un commandement militaire. Après plusieurs mois de pourparlers, Rendjit l'agréa. – Il lui permit de discipliner et d'instruire un régiment à l'anglaise, quoique le reste de ses troupes régulières, instruites par MM. Allard et Ventura, ne fissent l'exercice qu'à la française. Il s'acquitta avec succès de son emploi de colonel ; mais sa sévérité, quelquefois excessive, le fit haïr de ses troupes. Deux fois elle excita des révoltes dans lesquelles sa vie fut menacée. Il se rendit aussi désagréable au Radjah, qui se décida à la fin à lui donner son congé. En le renvoyant, Rendjit le paya exactement de ce qui lui était dû, s'en fit donner reçu et exigea une sorte de déclaration qu'il n'avait jamais eu à se plaindre de lui. M. Mevius alla à Loudhiana, et il était à Simla l'an passé au mois de mai : de là, il rentra déguisé en Fakir[2] dans les États de Rendjit, en passant le Setludje à Bélaspour ; mais il fut arrêté, conduit prisonnier à Amritsir, où était alors Rendjit, qui refusa de le voir,

1. Colonel Frank Ernest Mevins, autoproclamé baron de Mevius, était un aventurier allemand qui s'était rendu à Ludhiana au Pendjab en janvier 1827, avant d'entrer au service de Ranjit Singh à Lahore où il forma un bataillon d'infanterie pendant trois ans. Voir C. Grey, *European Adventurers of Northern India, 1785 to 1849*, New Delhi, Asian Educational Services, 1993 (fac-similé de l'édition de Lahore, Governement print, 1929), p. 165-169.

2. Le déguisement, surtout en saint homme, est par ailleurs l'un des thèmes favoris de la littérature sanskrite, laquelle a dû inspirer Mevius.

mais qui, par égard pour les sollicitations de MM. Allard et Ventura, le fit reconduire à Loudhiana[1] sous bonne escorte, sans le molester autrement. Je crois que cette tentative de rentrer dans le Pendjâb était la seconde.

À peu près en même temps que M. Mevius, un autre étranger était venu à Loudhiana pour négocier dans un but semblable avec Rendjit Sing, par l'entremise de M. Allard. C'était M. Harland[2], docteur de Philadelphie, venu à Calcutta comme médecin ou subrécargue d'un navire de Philadelphie qu'il avait quitté pour entrer au service médical de la Compagnie, comme *temporary assistant surgeon*. Il fit dans cette qualité la guerre des Birmans, revint malade dans l'Inde, et continua cependant d'y être employé deux ou trois ans, selon son premier engagement. À la fin, me dit-il, la passion des voyages lui fit quitter le service anglais, lorsqu'il touchait à Luknow 1 500 roupies (3 750,00 F) par mois, et il se proposa de se rendre et Pétersbourg par terre. De Loudhiana, où il avait séjourné deux ou trois mois, pour négocier un emploi près de Rendjit, il descendit le long des bords du Setludje jusqu'à Bahawalpour, et traversant cette rivière et l'Indus passa dans l'Afghanistan. Il quitta l'habit européen et prit le caractère de saint ou de *Seyd*. C'est ainsi qu'il visita Kandahar, Caboul et Peschawer, d'où il entra par Attock dans le Pendjâb, pour obtenir du service de Rendjit. D'abord il se donna comme médecin et demanda à être employé dans cette qualité. « À quoi bon un médecin ? dit Rendjit. » Il le

1. Ludhiana, sur la rive gauche du Sutlej, était une sorte de poste-frontière entre le royaume de Ranjit Singh et les territoires administrés par la Compagnie des Indes.

2. Joshiah Harlan (1799-1871), aventurier américain qui voyagea en Afghanistan et au Pendjab avec l'intention de se faire roi… L'histoire de Kipling, *L'homme qui voulait être roi*, serait basée en partie sur la vie de Harlan.

prit cependant et lui demanda de guérir un malade qui souffrait d'une fistule. Il réussit à le guérir, et Rendjit le déclara le plus grand des médecins, mais le laissa pourtant sans emploi. M. Harland, voyant alors que Rendjit se souciait peu de la science lui demanda à être colonel. Mais Rendjit consentit seulement à en faire le collecteur du petit district de Nourpour, qui rend à peine plus d'un lack (250 000,00 F) par an, aux chétifs appointements de 500 roupies (1 250,00 F) par mois. Cependant, s'étant fait des ennemis de tous les favoris du Radjah, celui-ci dernièrement l'a rappelé de sa vice-royauté, et le garde à Lahor sans fonctions.

Pour parler de chacun dans l'ordre de son arrivée en ce pays, je crois que MM. Court et Avitabile doivent venir après le docteur Harland. M. Avitabile est un Napolitain qui servit quelque peu dans nos armées : il semble avoir lié sa fortune à celle de M. Court, lequel, né à Grasse d'un colonel d'infanterie qui commanda, je crois, en Corse, fut élevé au lycée d'Alexandrie, et sortit en 1810 de l'école militaire de Saint-Cyr. M. Court quitta le service français en 1818 ou 1820. – Lieutenant alors, il passa en Perse où il servit plusieurs années avec M. Avitabile : puis, mécontent de sa paye, il vint dans le Pendjâb, où il commande un ou deux régiments d'infanterie. – Clerk l'avait rencontré en Perse, et l'avait distingué.

M. Avitabile, que je n'ai point vu, cumule depuis quelque temps un emploi financier avec la charge d'un régiment. Les autres officiers le désapprouvent d'avoir accepté ce mélange de fonctions, qui l'exposent à des réclamations du Radjah et à des accusations de la nature la plus désagréable. Jusqu'ici il n'a encore eu aucune querelle avec le Radjah au sujet de ses comptes ; mais Rendjit est un si mauvais comptable, qu'avec le plus exact du monde, il aurait des différends, et il est inévitable que

M. Avitabile n'ait tôt ou tard à regretter d'avoir accepté ce poste.

Enfin, le dernier venu de tous est un médecin transylvanien, qui depuis 17 ans voyage en Asie pour y faire fortune : il parle de retourner prochainement en son pays par une route où il n'a aucune chance de la trouver, s'il ne l'a faite déjà ; mais je crains fort pour lui que ce ne soit parce qu'il a désespéré de la rencontrer jamais. Son nom est Martin Honigberger[1]. Il parle très bien italien, turc et persan. J'ai vu de son latin écrit qui n'est pas mauvais. Il n'a point voyagé en grand seigneur, et c'est à cette circonstance qu'il doit l'avantage de bien parler tant de langues difficiles. Il a la passion de son art, et en fait la principale affaire de sa vie. Aussi, le dit-on assez bon chirurgien ; il m'a paru très versé dans la matière médicale des Orientaux, et connaissant la nôtre. Il est si familier aux coutumes et au langage de l'Orient, qu'il est venu par terre de l'embouchure de l'Indus à Lahor et a demeuré 15 jours dans cette ville, sans que personne se fût douté qu'il était Européen. Le Radjah quelquefois lui fait faire du vin ou des liqueurs spiritueuses, et quelques drogues qu'il fait semblant de prendre, et le paye très mal. Aux yeux des natifs, il ne me semble pas être sur un pied d'égalité avec les autres Européens ; tandis que MM. Allard et Ventura occupent au contraire le premier rang dans leur considération. La barbe blanche de M. Allard donne à la haute considération que tous lui portent, comme à son ami, une nuance de plus, qui fait en quelque sorte de lui le chef de cette

1. Médecin homéopathe hongrois, Johann Martin Honigberger (1795-1869) est au centre d'une nouvelle de Mircea Eliade, *Le secret du docteur Honigberger*. Voir aussi l'étude de Devinder Kumar Verma, « John Martin Honigberger : A Hungarian at the court of Maharaja Ranjit Singh », *Panjab Past and Present*, vol. 17, avril 1983, p. 211-215.

petite société française, isolée du reste du monde dans un pays étranger.

MM. Allard et Ventura habitent ensemble une grande maison bâtie par eux sur les ruines d'un palais moghol, moitié à l'européenne, moitié à la persane. Un sous-lieutenant anglais s'y trouverait *incomfortable*. C'est que les alentours sont négligés, les varangues et les escaliers sales et dégradés, etc. Cependant les appartements sont décorés avec magnificence : les murailles et les plafonds sont couverts de glaces enchâssées dans une dorure brillante, et ornés de peintures, d'arabesques, etc., etc. Partout des tapis de Perse ou de Cachermir de la plus grande beauté, des meubles de velours, des tentures de soie, de brocart, etc., etc. – Je *sens* comme les Anglais : je préférerais dans mon habitation la propreté recherchée et l'extrême simplicité d'un bungalow indien, avec son toit de chaume, ses murs blanchis et ses tapis de coton. À toutes les portes, sous toutes les galeries, ce sont des factionnaires, une atmosphère de soldats et d'officiers sikhs qui se pressent autour de leurs chefs, pour réclamer, pour se plaindre ou pour faire leur cour. Une partie de la maison reste seule, solitaire, et paraît déserte : c'est la Zenana[1] de M. Allard, où il n'a qu'une femme, et d'où il fait venir souvent deux enfants en bas âge qu'il paraît aimer beaucoup, et qu'il veut ramener en France avec lui. Un petit garçon de 7 ans, qu'il a adopté, est le messager de ses ordres à la Zenana.

M. Ventura n'a qu'une femme, laquelle se considère comme légitime, attendu qu'un prêtre catholique est venu faire une petite cérémonie de mariage pour elle. Cependant elle est Arménienne de religion : d'ailleurs Indienne dans ses habitudes, et dans toute la forme de

1. Gynécée, partie d'une maison où vivent les femmes dans le monde indo-persan, hindou comme musulman.

son existence. Elle habite un grand tombeau mogol, contigu à la demeure de ces Messieurs, et l'une plus grandes ruines des environs de Lahor. Ces femmes sont gardées et servies par des femmes esclaves, achetées 60 à 80 roupies (150 ou 200 F) aux marchands qui les amènent des montagnes, et que l'on traite avec la plus grande douceur. L'esclavage est très commun parmi les femmes dans le Pendjâb : presque toutes les concubines et leurs domestiques sont esclaves. Les hommes ne peuvent pas l'être.

Quelquefois ces Messieurs dînent avec leurs femmes en partie carrée dans la Zenana, servis alors à table par les servantes esclaves. Mais ces essais de mœurs européennes sont peu agréables, disent-ils. L'humilité de leurs femmes ne s'y prête pas. Elles ne s'asseyent jamais que sur le coin de leur chaise, craignent de parler, répondent avec embarras, et croiraient mériter d'être fouettées, si elles se permettaient de rire en face de leurs maîtres et seigneurs.

Plusieurs régiments d'infanterie et de cavalerie soumis exclusivement au commandement de ces Messieurs, sont cantonnés autour de leur habitation. Ils vivent au milieu d'un camp permanent, dont la position est excellente sous le point de vue de la défense. Un bras de Râvi coule auprès[1]. La ville est à un millier de mètres de distance.

Quand MM. Court et Avitabile furent admis au service du Radjah, ils voulaient se bâtir chacun une maison près de celle de ces Messieurs ; mais Rendjit se chargea d'en choisir l'emplacement, et il le choisit à un myriamètre de là. La maison de M. Court est plus petite, moins magnifique et plus régulièrement persane. Au centre, il

1. La Râvi est l'une des rivières qui donnent son nom au Pendjab (« les cinq eaux »), voir note ci-dessus.

y a un petit jardin par où il passe dans son harem, et qui sert également de promenade à ses femmes.

À moins d'une continence absolue, c'est ici pour les Européens une nécessité qu'un harem. S'ils avaient quelque commerce avec les filles publiques de la ville, la dignité de leur caractère serait gravement atteinte dans l'opinion des gens du pays.

Mais je reprends ma propre histoire.

Le lendemain de mon arrivée à Lahor, Rendjit Sing me fit dire qu'il m'attendait dans le courant de la journée et il ordonna aux officiers français de m'accompagner au Durbar. À 2 heures, je montai en voiture avec MM. Allard et Ventura, et mon Méhmandar : M. Court qui était indisposé, ne vint pas.

Nous fîmes une demi-lieue dans de mauvais chemins autour de la ville, parmi des champs, des jardins et des ruines jusqu'à ce que nous arrivâmes dans un camp d'infanterie régulière ; c'était la garde du Radjah. Nous descendîmes de voiture près de quelques carrés de Coquelicots, de Pieds-d'alouette et de Giroflées qui entouraient une chaumière en paille, de forme chinoise, avec une petite tente bariolée de rouge et de blanc, tendue auprès : c'était le quartier général de Rendjit. Des groupes d'officiers sikhs et de serviteurs étaient assis dans ce jardin agreste ; on nous conduisit à celui du Roi, qui n'était pas plus magnifique que les autres.

Rendjit était assis sur un coussin, au soleil, dans une allée du jardin ; un domestique debout derrière chassait les mouches autour de lui, avec le bout de sa ceinture. À sa droite et à sa gauche, étaient une dizaine de seigneurs accroupis sur un tapis de Perse, tout auprès du Radjah. – Je le saluai en portant la main droite au front, quand je me trouvai à quelques pas de lui, et il me rendit mon salut de la même manière, mais sans se lever. J'avançai vers lui sur le tapis, et en lui présentant un nazzer de 21 ducats (250 F), je commençais un compliment, debout encore, quand il me fit asseoir à sa droite tout près de lui ; et, sans attendre la fin de mon discours, il me demanda comment je me portais, si je n'avais pas été fatigué du voyage, et m'assura du plaisir qu'il avait à me voir. Il parlait en hindoustani, que j'entendais fort bien, et il comprit très bien toute la rhétorique dont j'avais fait provision en cette langue pour le début de l'entrevue. « La renommée m'avait beaucoup parlé de lui, de son courage, de sa sagesse. – J'avais vu souvent Bonaparte, et je désirais depuis longtemps voir le Bonaparte de l'Orient (ici Rendjit me fit le salut le plus affable). – Tous mes vœux étaient exaucés en me trouvant en sa présence. »

Rendjit me questionna sur mes voyages ; il me demanda depuis combien de temps j'avais quitté la France pour la dernière fois, quels pays j'avais vus depuis ; il me questionna sur leurs climats, leurs productions, leurs richesses, leur puissance, etc., etc. Mais c'est un effort pour lui que de parler hindoustani, et son pendjâbi, qui m'était souvent peu intelligible, m'était alors traduit par M. Ventura, qui le sait très bien. Il ne se bornait pas au rôle d'interprète, il entra aussi dans la conversation, où M. Allard se mêla à son tour, et qui devint bientôt générale dans notre petit cercle, quoique le Roi et moi y gardassions la principale part. J'avais le temps d'observer, en écoutant les autres. Le Roi n'avait d'autre marque de sa dignité que sa place au sommet du demi-cercle que nous formions autour de lui, et le carreau sur lequel il était assis. C'est un petit homme maigre d'une assez jolie figure, quoique borgne, par suite de la petite vérole dont il est d'ailleurs peu marqué ; l'œil droit, qui lui reste, extrêmement grand, le nez fin et très légèrement relevé, la bouche bien dessinée, des dents superbes, de petites moustaches qu'il roule sans cesse dans ses doigts, et une longue barbe blanche médiocrement fournie, et qui tombe en pointe sur sa poitrine, sans mouvement. Sa physionomie exprime une mobilité perpétuelle de la pensée, une grande finesse, une pénétration profonde ; et ces indications sont fidèles. Il avait un petit turban de mousseline blanche roulé sans élégance ; une espèce de longue tunique avec un petit collet tombant sur ses épaules, comme celui des manteaux de cavaliers en France, et des pantalons étroits, les pieds nus. Son habillement était de tissu de Cachemir, blanc, avec de petites bordures ou des broderies d'or au collet, aux parements et sur les coutures ; d'une coupe très commode et inusitée, ce me semble. Pour ornements, il avait de grandes boucles d'oreilles rondes en or avec de grosses perles, un collier de perles et des bracelets de rubis presque cachés sous les manches de son habit ; au côté un sabre dont la poignée en or était enrichie de diamants et d'émeraudes.

Walde m'avait recommandé une certaine étiquette à suivre. Rendjit, m'avait-il dit, ne me parlerait que par interprète, et cet interprète devait être mon Méhmandar. Il devait lui parler si bas, et je devais être si loin, que je ne devais rien entendre. Je devais ne point regarder le Radjah, en lui répondant par le canal du truchement. Mais rien de tout cela ne s'observait : j'étais assis à un pas du Radjah, presque en face de lui, avec MM. Allard et Ventura près de moi : le jeune Fakir était derrière et n'ouvrit point la bouche pendant mon audience qui dura 2 heures : enfin il n'y avait pas la moindre étiquette : tantôt je m'adressais directement au Radjah en hindoustani, et il me répondait de même, ou bien M. Ventura nous servait d'intermédiaire.

Wade, sans doute, s'attendait que Rendjit, pour me recevoir, tiendrait un durbar solennel ; mais je le vis pour la première fois, dans ce que l'on pourrait appeler une audience particulière, et ne l'ai revu que de cette façon : il ne s'est montré à moi que comme il est partout et tous les jours. Il me dit qu'il savait que j'étais un ami du Gouverneur général, et qu'à ce titre il désirait faire pour moi tout ce qui pourrait m'être agréable. Il me fit sur lord W. Bentinck cent questions : son âge, ses habitudes, ce qu'il faisait avant de venir dans l'Inde, la nature de son pouvoir sur les Gouverneurs de Bombay et de Madras, celle de ses relations avec le Roi d'Angleterre, son caractère enfin, ses talents ? Il me demanda pourquoi, à l'exemple des autres Gouverneurs depuis quelques années, il venait à Simla ; à quoi Wade m'avait préparé une réponse de politesse diplomatique, savoir, que l'amitié du Gouverneur pour le Radjah lui faisait trouver du plaisir à être plus près de lui ; mais je dis la vérité, que c'était pour avoir moins chaud qu'à Calcutta.

Avez-vous été en Angleterre ? – « Sans doute. »

Avez-vous vu le Roi ? – « Assurément », me dit M. Ventura en français : « assurément », répétai-je en hindoustani. « Le Radjah sait, ajoutai-je, que le Roi d'Angleterre m'a permis de voyager dans l'Inde ; j'ai dû le voir pour obtenir cette permission. »

Comment vous a-t-il reçu ? – « Dans son cabinet, assis sur une chaise ; il s'est levé quand je suis entré ; je l'ai salué en me découvrant, et il m'a fait asseoir sur une autre chaise. »

Mais ce Roi-là, George, est mort : connaissez-vous le nouveau, William ? – « Très bien son histoire, mais pas sa personne. »

Que faisait-il avant d'être Roi ? – « Il était général de la flotte ; il avait passé par tous les grades. »

Est-il beaucoup aimé ? – « Beaucoup. »

Combien a-t-il de revenu ? – « Soixante croures de roupies (1 500 millions). »

Soixante croures ! – « Oui, mais un croure (25 millions) pour lui seul ; il ne peut toucher au reste, c'est pour la paye des soldats, des matelots, des officiers du gouvernement, des prêtres, des maîtres d'école, pour l'entretien des routes, la construction des forteresses, etc., etc.

Combien a-t-il de soldats ? – « Cent mille ; mais la plupart hors de l'Angleterre, dans les pays qui lui appartiennent : ainsi, par exemple, il en a 20 000 dans l'Inde. »

Se battent-ils bien ? – « Très bien. »

Aussi bien que les Français ? – « Presque aussi bien, depuis que Bonaparte leur a appris à faire la guerre. »

Et les Sipahis indiens de la Compagnie sont-ils bons ? – « On le dit. »

Aussi bons que les Européens ? – « Non ; mais ils se battent bien, tant qu'ils ont des officiers européens pour les conduire. Au reste, il n'y a pas eu de guerre dans l'Inde depuis que j'y suis arrivé, et je ne sais ces choses-là que par ouï-dire. »

Mais Bhurtpour ! – « Je n'étais pas encore arrivé, et puis Bhurtpour[1] n'était qu'une bicoque qui ne pouvait se défendre contre la science des Européens. »

Bhurtpour une bicoque ! – « Sans doute ; il n'y a pas une forteresse dans l'Inde qu'on n'appelât de ce nom en Europe. C'est un jeu que la guerre dans l'Inde ! Dans les batailles de Bonaparte, on tuait 40 000 hommes en un jour. »

C'est ce que m'a dit souvent M. Allard. Avez-vous vu Bonaparte ? – « Souvent. »

De près ? – « Comme je vois Votre Majesté, et, comme V. M., c'était un petit homme, maigre dans sa

1. Bharatpur est une cité fortifiée de l'ouest du Rajasthan, à une cinquantaine de kilomètres d'Agra, conquise par les Anglais en 1803, reprise par la suite par les princes Jat.

jeunesse ; et comme V. M., par son courage et sa sagesse, il devint Roi (ici Rendjit s'inclina), et le plus grand Roi de la terre. »

Cependant les Anglais le battirent et le prirent. – « Par trahison. »

Quelles sciences savez-vous ? – Je m'apprêtais à faire une longue énumération, quand M. Allard me dit : « Toutes. » Et je répétai de l'air le plus simple que je pus prendre. « Toutes. »

Mais lesquelles savez-vous le mieux ? – « L'astronomie, les mathématiques, l'alchimie, la science des plantes et des minéraux, la médecine… »

L'art de la guerre aussi ? – … En me voyant embarrassé, M. Ventura répliqua vivement pour moi : « V. M. voit bien que M. Jacquemont sait tout, et l'art de la guerre aussi bien que le reste ; mais il ne descend pas aux détails des commandements : c'est au-dessous de lui ; il se connaît en ces choses-là, mais ne les fait pas lui-même » ; – et j'ajoutai très gravement que je connaissais tous les plans des grandes batailles des Rois d'Europe, depuis Alexandre le Grand jusqu'à Bonaparte, les sièges, etc., etc.

Et la politique ? dit le Radjah. – « Il est très profond là-dessus », dit M. Allard.

Quels sont vos principes de gouvernement ? – « Ils dépendent du pays où V. M. suppose que je suis Roi. »

Ici, par exemple ? – « Je suis persuadé que V. M. met en pratique les maximes que je dirais. » – Salut gracieux du Roi à ce compliment, et il me débita quelques propositions machiavéliques assez honnêtes, que je réclamai aussitôt pour européennes, et je lui expliquai comment les Arabes avaient traduit les livres des Grecs, et comment ces versions arabes avaient été traduites plus tard en persan et s'étaient répandues en cette langue jusque dans l'Inde. Mais tout cela n'était que la vieille science de l'Europe, qui est bien petite près de la science moderne.

Je voulais tourner le sujet de la politique, mais le Radjah m'y ramena par cette question :

Quelles conquêtes puis-je entreprendre maintenant ? – « Avec d'aussi belles troupes, aussi bien disciplinées que celles qui nous entourent, V. M. peut conquérir aisément tous les pays d'Asie qui n'appartiennent pas aux Anglais ni aux Russes. » (Ici un salut des plus affables.)

Mais quelle province dois-je songer d'abord à prendre ? le Thibet ?... Vous avez été au Thibet ? – « V. M. n'aurait qu'à envoyer son régiment de Gourkhas. Mais le pays est si misérable que mille hommes n'y trouveraient pas de quoi manger. »

Mais à quoi bon prendre un tel pays ? Ce sont des pays riches qu'il me faut... Ne pourrais-je pas prendre le Sind ?... On dit qu'il y a là beaucoup d'argent. Mais que diraient les Anglais ? – « V. M. connaît mieux que moi le traité de sir Charles Metcalfe. Si les Anglais n'ont promis aucune protection aux provinces situées sur la rive droite du Bas-Indus, je ne doute pas que V. M. puisse les envahir sans s'exposer à une guerre avec les Anglais. »

On me parle beaucoup des Russes depuis quelques années... – « C'est qu'ils ont fait de grandes conquêtes dans la Perse. »

Qu'en disent les Anglais dans l'Inde ? – « Ils s'en mettent peu en peine. »

Mais si une armée russe s'avançait pour les y attaquer, que feraient-ils ? – Je fus fort tenté de répondre ce que je crois la vérité, c'est-à-dire : ils feraient beaucoup d'excuses à votre Majesté pour la nécessité où ils se trouveraient, réduits d'envahir vos États et de porter leur frontière du Setludje à l'Indus. Mais je fis une réponse plus agréable à tout le monde : « Peu leur importerait, dis-je ; les Russes, pour pénétrer dans l'Inde, n'auraient-ils pas à traverser les États de V. M. ? V. M. se laisserait-elle tranquillement détrôner par eux ? Avec une armée bien disciplinée et commandée par d'habiles généraux français, comme ces Messieurs (montrant MM. Allard et Ventura), qui ont fait la guerre déjà contre les Russes sous Bonaparte, et qui connaissent toute leur tactique, Votre Majesté ne pourrait-elle donc pas épargner aux Anglais le soin de les repousser ? Sans la discipline européenne que Votre Majesté a introduite dans son armée, elle ne pourrait opposer aux Russes aucune résistance ; mais s'ils se présentaient demain, V. M., j'en suis sûr, les recevrait chaudement... » – Là-dessus, répondant non à mes paroles, mais à une pensée perfide qui lui avait certainement passé dans l'esprit, il protesta de la sincérité de son amitié pour les Anglais.

Les Anglais et moi, dit-il, *il n'y a qu'un cœur entre nous*. Comme je craignais que mes paroles ne fussent rapportées dans l'Inde, je parlai avec chaleur de la puissance immense et de l'admirable bonne foi des Anglais. Je parlai comme si j'eusse été Anglais, et avec d'autant plus de plaisir, que je n'avais qu'à dire des vérités pour soutenir aux yeux du Radjah le caractère semi-officiel dont il me croit certainement revêtu, et auquel je suis redevable des égards qu'il me témoigne.

Pourquoi M. Burnes n'arrive-t-il pas[1] *?* – « N'est-il pas attendu chaque jour ? »

1. Note de Jacquemont : « M. Burnes, officier de la présidence de Bombay, amène de cette ville des chevaux que le bureau du contrôle envoie en présent à Rendjit. Il doit remonter l'Indus, le Setludje et le Râvi, pour connaître les ressources que ces rivières offriraient à la navigation et au commerce anglais. Il me semble que les chevaux qu'il amène ne sont que le prétexte et le passeport de son expédition. »

Mais on dit que les gens du Sind n'ont pas voulu le laisser passer. Que feront les Anglais si cela est vrai ? – « Je suppose qu'ils enverront par une autre route les chevaux qu'ils destinent à Votre Majesté. »

Et ils se laisseront manquer ainsi par ces canailles de Sindiens ?... Rendjit vit dans mes réponses ma répugnance à causer de politique, et, sans transition, il me dit brusquement :

Y a-t-il un Dieu ? Comme je lui avais dit d'abord que je savais tout, je ne savais trop que répondre. Pour le faire convenablement, je demandai conseil à M. Ventura, qui me dit d'être vrai sans finesse... – « Sans doute », répondis-je, en appuyant mon affirmation des lieux communs de circonstance ; « qui a fait le ciel, la terre, et nous-mêmes, si ce n'est Dieu ? ».

Mais Dieu lui-même, qui l'a fait ? – « Ma science n'embrasse pas ces objets-là. Tous les prêtres d'Europe répondraient pertinemment à Votre Majesté sur ces choses... »

Ah ! ah ! les prêtres de ce pays ne resteraient point à court !!! – « Pour moi, je ne crois pas à leurs histoires, et me pique à cet égard d'une grande ignorance. »

Mais ne croyez-vous pas qu'il y ait un autre monde, une autre vie ? – « C'est ce que nous saurons plus tard ; mais de ce pays-là personne encore n'est revenu, si tant est qu'il existe : en sorte que personne n'en peut rien savoir. »

Êtes-vous tous de la même caste en Europe ? – « Non, pas tout à fait ; il y a parmi les chrétiens deux sectes, comme parmi les Musulmans. »

Mais vous mangez tous ensemble. – « Comme les Musulmans. »

Mange-t-on du bœuf en France ? (M. Allard m'avait fait la leçon à l'avance, aussi fis-je à cette demande du Radjah une grimace négative.) – « Manger du bœuf, m'écriai-je, tuer un animal si utile ! Non certes, cela ne se fait pas en France, où d'ailleurs on mange peu de viande. »

Mais les Anglais mangent du bœuf !... – « Oh ! les Anglais, sans doute !... » Et le Roi et ses amis sikhs se montrèrent fort scandalisés, quoique ce ne fût point une nouvelle pour eux ; l'abomination anglaise les choqua tellement, qu'il y eut une pause.

Le Roi reprit la parole pour me parler de médecine et me demander une consultation. Jadis, il était fort adonné à la boisson ; mais son estomac ne supporte plus les liqueurs spiritueuses : à peine s'il peut prendre encore un peu d'opium ; et cette impossibilité où il est de s'enivrer sans se rendre tout à fait malade, jointe à l'impuissance prématurée qu'il a provoquée par des débauches excessives, est la perte de tous ses plaisirs. Il ne s'y résigne pas. Par modestie, c'est de la faiblesse de son estomac qu'il se plaint ; mais chacun comprend ce qu'il entend par là, et je ne fis point la sourde oreille. Je lui dis que j'avais causé en très grand détail de ses maladies (car il est malade imaginaire) avec le docteur Murray[1] ; que je méditerais profondément sur elles et consulterais mes livres, avant de lui conseiller quelques remèdes. Il me fit alors de la main un salut, que M. Allard me dit être un signe de congé. Nous nous levâmes, moi avec les genoux brisés de la position incommode que j'avais gardée si longtemps, accroupi, je saluai très légèrement comme en entrant, et nous nous retirâmes en tournant le dos au Radjah. M. Ventura, qui avait quelque ordre à

1. John Murray était un médecin officier, engagé dans l'armée de la Compagnie des Indes, qui avait été inspecteur général des hôpitaux, mort le 21 octobre 1841. Il collabora au *Madras quarterly medical journal* qui lui rendit un bel hommage (« Obituary », volume 4, numéro 13, janvier 1842, p. 102-104).

prendre pour ses troupes, resta quelque temps après nous. Le Radjah, dès qu'il me vit partir, s'écria : « Certainement il est Français ! Il a changé vingt fois de posture, il a fait des gestes en parlant : il parle haut, puis il parle bas, puis il rit : je distinguerai toujours aisément un Français d'un Anglais. » Il ajouta que mes manières lui plaisaient beaucoup, et quoique j'eusse évité, dans cette première entrevue, de lui parler de mon désir de quitter promptement Lahor pour aller à Cachemir, il dit à M. Ventura : « Il veut aller à Cachemir. Il ira partout où il voudra et j'aurai soin de lui. »

Près de lui, à sa gauche, Rendjit avait son principal ministre et favori, *Radjah Théânn Sing* : un petit garçon de 10 ans, fort laid, le fils de Théânn Sing : quelques autres Radjahs du même aloi, et un très gros homme excessivement laid, seul vêtu à l'européenne, d'un uniforme de fantaisie, comme MM. Allard et Ventura. C'était le général qui commande toutes les troupes régulières qui ne sont pas sous les ordres de ces Messieurs. Tous, à l'exception de nous autres, joignaient les mains en lui adressant la parole ; du reste, nous lui parlions comme eux, par *Maharadje* ou *Maharadji*, et en parlant de lui en sa présence, *Radjah Saheb*, ou *Sircar*[1]. Cette dernière expression est la seule dont il se serve pour parler de lui-même : le *Sircar* est charmé de vous voir… L'estomac du *Sircar* est très faible, etc. etc. Il n'a également qu'une manière d'adresser la parole : *toum*, vous[2] ; ce qui est le langage de la supériorité. – Tels sont les préjugés de dignité et d'importance personnelle

1. Le terme persan *sarkâr* est un terme d'adresse à l'égard des dirigeants, équivalent de « Votre Honneur ». Au féminin, le terme désigne l'État, le gouvernement.

2. Le pronom *toum* est entre le familier *tou* et le révérencieux *âp*. Il induit en effet une forme de proximité à laquelle Jacquemont n'est pas habitué, on a eu l'occasion de le voir dans sa relation avec son escorte…

que l'on contracte dans l'Inde anglaise, que je me sentais froissé d'abord de cette familiarité.

Rendjit, en discourant, a la pantomime la plus expressive, chose absolument étrangère aux Indiens ; et ce qu'il y a de plus singulier, c'est que tous ses gestes sont français. Il claque fréquemment du doigt, en écartant le coude et levant la main droite ; c'est, chez lui, une manière gaie de dire, « ainsi soit-il ! – bravo ! – voilà qui est fini ! »

Le lendemain, un de ses ministres, *Fakir Nourdin*, qui est son médecin en même temps, vint me prendre chez M. Allard, pour me conduire de nouveau chez le Radjah. M. Court était mandé avec moi ; mais j'arrivai avec le bon Fakir plus d'une heure avant lui.

Je trouvai Rendjit établi à peu près comme la veille et entouré des mêmes figures, mais moins nombreuses encore. Il avait devant lui un carreau couvert de fleurs, et il s'amusait de temps en temps à en effeuiller quelques-unes. Il me fit asseoir tout près de lui, et recommença une conversation aussi décousue que la veille. Le matin, il avait tenu conseil avec M. Ventura, pour savoir s'il me recevrait à cheval, à la tête de quelques régiments disciplinés. Il avait même fait avec lui la répétition d'une parade. Mais peu content de la tenue de ses troupes, il les avait congédiées, disant que je me moquerais de lui, si je voyais cela. Cependant il avait près de sa tente une compagnie d'élite qu'il fit venir, et qui fit l'exercice devant nous : très bien, à ce qu'il me parut. Mon admiration, qui s'exprimait au superlatif, me valut plus d'un salut du Radjah.

Il me demanda combien il y avait de soldats en France, combien de canons, de forteresses, de cavaliers ; la paye d'un chacun, etc., etc. – Je me gardai bien de dire la solde des généraux, car il aurait indubitablement songé à diminuer la paye de MM. Allard et Ventura.

Il me demanda si j'avais vu le roi de Delhi[1], et, sur ma réponse affirmative, quelles avaient été les cérémonies de ma présentation à son durbar. Je ris tout le premier du nombre infini de révérences que j'avais dû faire, et de la farce de mon déguisement, quand on me revêtit du khélat[2]. Elle mit Rendjit fort en gaieté. « Cependant, ajoutai-je, tout cela ne se fait que pour des personnes de distinction. » Et comme il paraissait un peu surpris que les Anglais s'y prêtassent, je lui dis « qu'en Europe la coutume était d'entourer d'égards et de respects extérieurs les princes détrônés, afin de les consoler de leur chute ; que toutes ces formalités ridicules, auxquelles les Anglais se prêtaient devant le Grand Moghol, ne tiraient point à conséquence, puisqu'elles étaient volontaires, car ce prince n'a pour vivre que la pension du gouvernement anglais ».

Avez-vous vu Schâh Schoudja et Schâh Zemân à Loudhiana ? – « Oui, le capitaine Wade m'a mené chez l'un et chez l'autre. »

Avez-vous fait autant de révérences qu'au vieil empereur de Delhi ? – « Non ; une seule en entrant. »

Vous a-t-il fait asseoir ? – « Non ; le capitaine Wade et moi, nous sommes restés debout. – *Vous étiez bien bons, ma foi !* – « Nous rions de cette étiquette asiatique entre nous, et nous nous y prêtons d'autant plus volontiers, que nous avons le pouvoir de nous y refuser. N'est-ce pas du capitaine Wade que leurs deux anciens rois de Caboul reçoivent tous les mois leur pension ? Votre Majesté croit-elle que si le Gouverneur général mettait à la continuation de cette faveur et de leur séjour sur

1. Muhammad Akbar Shâh (règne 1806-1837), avant-dernier empereur moghol, laissé en place par les Anglais à titre honorifique.

2. Habit d'honneur offert en cadeau diplomatique (voir la description qu'en donne Jacquemont ci-dessous).

le territoire anglais, la condition que le capitaine Wade et les autres Européens de distinction s'asseyeraient devant Schâh Zemân et Schâh Schoudja, tous deux n'y accédassent aussitôt ? » – *Ah ! tous ces rois de Dehli et de Caboul sont des imbéciles !... qui n'ont seulement jamais su être maîtres chez eux !...* – « Votre Majesté seule, entre tous les rois de l'Orient, a ce secret-là. » (Ici un salam jusqu'à terre, du Radjah.)

Et, pour servir de transition au sujet de la médecine dont il voulait reprendre le chapitre, défaisant ses pantalons, et me montrant la peau nue de son ventre : – *Voyez-vous ça,* me dit-il, *j'étais bien malade il y a 4 ans ; mais le docteur Murray m'a fait mettre ce bandage, et je me suis guéri.* C'était une hernie qui l'avait empêché de marcher et de monter à cheval, et pour laquelle après avoir essayé sans succès les recettes de tous les charlatans du Pendjâb, il s'était enfin résolu d'appeler et de garder près de lui, pendant quelques mois, le docteur Murray.

Comme tous les malades imaginaires, il a ses systèmes en médecine, et j'écoutais tranquillement ses raisonnements sur le chaud et le froid, le sec et l'humide, etc., etc. – Pour moi, je n'étais pas encore suffisamment éclairé sur la nature de ses maladies, pour lui prescrire des remèdes. Je lui tâtai le pouls, je lui fis tirer la langue, répondre à maintes questions, et lui promis de méditer de nouveau sur ce sujet et de lui préparer des remèdes.

M. Court était arrivé pendant ce temps-là et demeurait témoin presque muet de notre conversation, car il ne parle pas pendjâbi, et le Roi comprenait mieux mon hindoustani que son persan. Il ne semblait pas à son aise au durbar, comme MM. Allard et Ventura ; toutes ses manières étaient plus asiatiques.

Le Radjah prit l'initiative de mon voyage projeté et parla beaucoup de Cachemir, où, chose étrange ! il n'est jamais allé. Je le fis, moi, comme si j'avais toujours eu son consentement pour effectuer ce voyage.

C'est le paradis terrestre, me dit-il ; *mais prenez garde, les gens y sont de grands fripons, menteurs, voleurs,* etc., etc. ; *mais les filles y sont bien jolies : qu'en pensez-vous ?* – Et en finissant la phrase, il me montrait cinq filles charmantes qui sortaient d'une tente voisine et venaient vers nous. Le Radjah les fit asseoir devant moi, et insista, en riant, pour savoir comme je les trouvais.

Elles étaient incomparablement les plus jolies que j'eusse vues dans l'Inde, et je les aurais admirées dans tout le pays. Elles étaient parées avec magnificence et avec grâce, à l'exception des ornements d'or et de perles qui pendent avec trop de profusion sur leur front et de leurs oreilles. D'ailleurs, elles étaient complètement peinte à la mode du pays ; leurs lèvres étaient du rouge le plus vif, par l'habitude de mâcher du bétel ; le bord de leurs paupières était noirci avec de l'antimoine, et, en dehors de ce petit cercle, il y en avait un beaucoup plus large, barbouillé de blanc : leurs yeux, très grands et naturellement très beaux, empruntaient de là un éclat extraordinaire ; leur teint n'était que brun ; leurs joues rougissaient ; leurs traits étaient réguliers et nobles. – « Elles sont charmantes ! » m'écriai-je. – Et comme ma physionomie exprimait le plaisir, tandis que je regardais, Rendjit me plaisantait avec gaieté.

Ah ! ah ! dit-il, *voilà ce que c'est que d'être jeune !...* – « Mais avec de si jolies filles, repris-je, je suis persuadé qu'il n'y a pas besoin d'être jeune. »

Rendjit, là-dessus, se mit à rire, et la conversation fût devenue infiniment peu morale, si M. Court ne m'eût averti que je devais paraître tout de glace et affecter du mépris pour l'exhibition du Radjah. Mais je trouvais ces Cachemiriennes réellement si charmantes, et je m'étais tellement prononcé déjà, qu'il n'avait pas moyen de reculer.

« Savent-elles chanter ? » demandai-je au Radjah. – *Voulez-vous les entendre ?* – « Très volontiers. »

Et il les fit chanter à demi-voix plusieurs chansons en cachemiri, en penjâbi et en persan. J'ignore si c'est qu'elles chantaient à voix basse et sans l'accompagnement du tapage exécrable des musiciens qui les accompagnent ordinairement, ou bien si c'est que je les regardais plus que je ne les écoutais, mais leur chant me parut agréable. Je dis cependant d'un air dédaigneux que cela ne pouvait amuser un Européen que pendant quelques instants ; alors, voyant que je ne mordais plus à l'hameçon, Rendjit fit taire les filles, et peu après me congédia.

M. Court se retira avec moi. Il me raconta qu'une fois Rendjit l'avait emmené seul avec lui pour faire une promenade en bateau. Il essaya de le griser, et n'y pouvant réussir, il fit venir ces filles-là ou d'autres, et lui fit faire par elles toutes sorte d'agaceries. L'autre faisait le Joseph, et le Roi lui dit à la fin : « Ne sentez-vous donc rien auprès de jolies filles ? êtes-vous donc un eunuque ? » – « Oui, pour des filles publiques », répondit M. Court. – Et le Radjah, changeant de conversation, les fit retirer.

Peut-être, me dit M. Court, les enverra-t-il chez vous ; mais tenez-vous sur vos gardes. D'ailleurs, vous ne vous en amuseriez qu'aux dépens de votre dignité, de votre caractère.

Je craignais fort qu'il ne me les envoyât ; car je les trouvais si jolies, que ma vertu redoutait cette épreuve.

D'ailleurs, depuis Loudhiana, je suis encore réduit à ne boire que de l'eau et à ne manger que des légumes et des fruits sucrés. Le Radjah, qui est informé de mes moindres actions, savait cela, et tous les jours il avait la coquetterie de m'envoyer de nouveaux présents de raisins de Caboul. Mon régime frugal est connu de tout le monde, et comme la mode à Lahor est d'admirer tout en moi, il me donne presque un caractère de sainteté.

Rendjit, qui demande des remèdes à tout le monde, n'en prend de personne. Je le savais ; mais je savais aussi qu'il s'amuse ordinairement à les faire prendre à ses courtisans, à ses amis ou à ses domestiques. Je ne lui envoyais donc que des pilules très innocentes, et pour liqueur stimulante, un flacon d'eau-de-vie, auquel on n'eût point fait attention sous le nom de *Brandy cherâb*, mais que j'appelai vieille eau-de-vie de Cognac, *Pourana Coniac cherâb*, indiquant la manière d'en faire un punch agréable, en la mêlant avec un sorbet à l'eau de rose.

Le Radjah me fit remercier ; mais il voulait quelque chose de plus compliqué : du mystérieux, du sublime dans ses potions, de la poussière de pierres précieuses, etc., etc. Je le servis donc à son goût ; et comme il s'était plaint d'avoir quelque fois des aigreurs d'estomac, je lui prescrivis une préparation de perles calcinées, qui, en définitive, n'était que du carbonate de chaux, et plusieurs autres médecines, également innocentes ou utiles, faites par la voie la plus dispendieuse et la plus détournée ; j'y ajoutai quelques pilules de cantharides, en prévenant du danger d'en prendre trop. Cette fois il fut ravi, et son ministre médecin vint me dire que j'avais deviné tous les désirs du Roi. Le surintendant des jardins royaux arriva ensuite avec les fruits les plus rares en cette saison.

Le Radjah quitta les environs immédiats de Lahor, pendant deux jours, pour aller chasser. Il m'avait fait demander avant de partir si je désirais l'accompagner ; mais sachant qu'il m'eût fait crever de faim et de fatigue, je m'étais excusé, ajoutant d'ailleurs qu'il me tardait de prendre la route de Cachemir.

À son retour, le 18 mars, Rendjit me fit appeler,

avec M. Allard, pour me donner mon congé. Nous le trouvâmes campé dans ce qu'il nomme un autre jardin, c'est-à-dire près d'un autre carré de Coquelicots, plus loin de la ville, mais exactement de la même manière, et entouré de la même demi-douzaine de figures qui s'écartent rarement de lui.

Il ne me parla guère cette fois que de mon voyage, et des mesures qu'il avait prises pour me le rendre agréable ; insistant sur le plaisir qu'il avait à me témoigner ainsi son amitié pour le Gouverneur général. Il me présenta le khélat ou habit d'honneur, sans pompe ni cérémonie : cependant c'était celui de la plus haute distinction. Il se composait de 11 pièces, savoir : une paire de beaux châles de Cachemir ; deux autres châles moins beaux ; quatre pièces de superbe mousseline et trois pièces de soieries diverses. Ces étoffes lui furent montrées, et il les fit déposer près de moi dans les corbeilles qui les renfermaient. Il ne me donna de ses mains qu'un ornement en pierreries qui se pose sur le turban, le même qu'à Delhi l'empereur avait attaché au devant de mon chapeau. Rendjit habille pour de bon, comme on a le fait à Delhi, ceux de ses compatriotes auxquels il confère le khélat ; mais il a le bon goût d'épargner cette cérémonie aux Européens, dont la maladresse à se vêtir de ces habillements inaccoutumés, la rendrait toujours ridicule ; il leur présente les étoffes nécessaires pour faire un costume indien. Ainsi la mousseline sert à faire le turban, la chemise et la tunique qu'on met par-dessus ; la soie, pour les pantalons, selon l'usage des Sikhs ; et les châles pour jeter sur une épaule et passer autour du corps. Il remarqua avec plus de grâce que de vérité, qu'il n'y avait rien dans ce khélat qui ne fût fabriqués dans ses États. Il avait raison pour les châles qui viennent de Cachemir et les soieries de Moultan ; mais deux des pièces de mousseline sont de fabrique indienne, et deux autres, à mon grand étonnement, se trouvent être anglaises.

Avec le khélat, le Roi fit déposer près de moi deux grands sacs d'argent de 1 100 roupies (2 750,00 F), que je fis enlever pareillement par un domestique, sans y toucher, et un Mounchi lui remit plusieurs pervanas, qu'il me donna les uns après les autres. L'un était un ordre général, ou passe-port, qui commandait à tous les chefs de villages de pourvoir à tous les besoins de mon camp. Un autre, une sorte de lettre d'introduction pour le frère de son favori Thêann Sing, que je devais voir aux mines de sel de Pindaden-khan. Il lui enjoignait de m'en montrer tous les travaux, et de m'offrir, avec les sucreries d'usage, 500 roupies (1 250,00 F) ; de me fournir une escorte de soldats à pied et des porteurs, pour m'accompagner à Cachemir et y porter mon bagage. Enfin, il y avait un dernier ordre qui prescrivait au Gouverneur de Cachemir de me montrer toutes les attentions possibles, et de me compter 2 000 roupies (5 000,00 F). La totalité des présents d'argent que j'aurai reçus du Radjah s'élèvera ainsi à 5 000 roupies (12 500,00 F), et son intention est que le khélat qu'il m'a accordé ait la même valeur.

Je lui avais demandé un homme fidèle qui m'accompagnât partout, et lui répondît en quelque sorte de moi. Il a désigné à cet effet l'intendant de son favori Thêann Sing, qui n'est pas moins connu ni moins respecté ou craint que son maître dans les districts des montagnes que j'aurai à traverser, si je ne retourne pas à Simla par le Thibet. Cet homme ne doit me quitter que lorsque je sortirai des États du Radjah.

Je dis à Rendjit, pour lui témoigner ma reconnaissance, que j'espérais pouvoir lui indiquer quelques procédés plus avantageux dans l'exploitation de ses mines de sel, et que j'espérais découvrir d'autres mines dans les montagnes de Cachemir. Il me recommanda d'observer le climat de cette contrée et de lui écrire si je croyais que sa santé dût gagner à l'habiter pendant la saison des grandes chaleurs. Enfin si je voyais là quelque objet qui flattât ma fantaisie, je n'avais aussi qu'à le lui écrire, afin qu'il ordonna qu'on me l'offrit aussitôt en son nom.

Ce fut son dernier mot ; il me congédia alors par son salut accoutumé, et je me retirai avec M. Allard.

Le soir, mon nouveau Méhmendar vint, avec le Djémadar[1] de ma nouvelle escorte, prendre mes ordres. Mais pour partir, il fallait des chameaux, et j'avais oublié d'en demander : il fallut les envoyer chercher à 15 ou 20 lieues, et c'est ce qui me retient à Lahor quelques jours encore après mon audience de congé. J'aurais pu, sans cet oubli, ne rester dans cette ville que 8 jours. Wade, à Loudhiana, me menaçait d'y être retenu peut-être un mois par les caprices du Radjah. Il a donc surpassé de toutes manières, à mon égard, ce que j'attendais de lui.

J'avais été si bien servi près de lui ! MM. Allard et Ventura m'avaient fait un tel renom ! Quelques jours avant mon arrivée, il leur avait exprimé la crainte que je ne lui demandasse du service… « Lui ! vous demander du service !… Vous lui donneriez deux lacks (500 000,00 F) par mois, que vous ne réussiriez pas à le garder. C'est un homme qui ne voyage que pour la science, et qui ne regarde l'argent comme rien. Quand même vous le désireriez, n'y comptez pas. » Ils lui avaient fait bien d'autres contes. Le roi de France, par exemple, me faisait venir souvent près de lui, pour s'instruire par mes entretiens. Et quoique je ne fusse pas riche, ma grande réputation me mettait à l'égal de qui que ce fût en Europe !… Il paraît que je jouai assez bien mon rôle

1. Le jemadar est un grade d'officier (le plus petit) dans les armées indiennes.

moi-même, et je ne diminuai pas la haute opinion qu'on avait ainsi donnée au Radjah. Un jour, à son durbar (j'étais absent), Thêann Sing, son favori, remarqua que je souffrais beaucoup des yeux ; il dit qu'il avait envie de me proposer un excellent remède contre ce mal. Le Radjah se moqua terriblement de son idée de venir me proposer un remède, à moi ! – « C'est un homme sage, un demi-dieu. Imbécile ! allez donc le faire rire avec votre remède ! »

Rendjit Sing, malgré sa barbe blanche, n'a que 51 ans. Ce n'était au début de sa carrière qu'un Sirdar[1] ou seigneur sikh avec 400 à 500 cavaliers. Le Pendjâb, dans ce temps-là, était dans un état continuel d'anarchie par les guerres de village à village que se faisaient les Sirdars, et de temps à autre par les invasions de Schâh Zemân, qui descendait de Caboul avec d'assez grandes armées, pour marcher sur Dehli. Par son courage et son adresse, Rendjit se fit de bonne heure un nom parmi les chefs militaires de cette période. Il envahissait successivement tous les domaines voisins de son héritage et savait les garder ; pillait des districts éloignés sur lesquels il tombait à l'improviste avec une poignée d'hommes : il négociait avec les uns, il trahissait les autres. Sa domination et son influence s'étendaient ainsi. Généreux avec les compagnons de ses dangers, il avait les soldats les plus braves et les plus fidèles. Lorsque Schâh Zemân entreprit une dernière expédition contre l'Inde en 1801 (Elphinstone[2], tome II), il s'avança jusqu'à Lahor, où un grand nombre de Sirdars sikhs parurent

1. Le terme *sirdar* ou *sardar*, du persan « chef », « qui tient la tête (*sar-dâr*) », est un terme honorifique à l'adresse des personnalités sikhes. En Inde, de nos jours, on utilise la forme « *sardar-ji* » pour s'adresser à un membre important de la communauté sikhe.

2. Mountstuart Elphinstone (1779-1859), *An Account of the kingdom of Caubul and its dependencies in Persia, Tartary and India,*

à son durbar et reconnurent sa souveraineté. Bientôt le Schâh fut rappelé dans son pays par des troubles intérieurs : il quitta Lahor précipitamment, et en passant le Râvi (voir Elphinstone), il perdit quelques canons. Rendjit s'offrit à les faire retirer de la rivière, et pour la promesse de ce service et quelques autres qu'il rendit à Schâh Zemân dans sa retraite, il se fit céder par ce prince ses titres de possession sur Lahor, qu'il occupa ainsi sans combat et avec une sorte de légitimité. Dès lors commença sa suprématie sur tous les chefs sikhs qu'il déposséda ensuite successivement, sans beaucoup de résistance, mettant partout à leur place des soldats de fortune, qu'il choisissait parmi ses premiers compagnons d'armes. Dans la dissolution de la monarchie de Caboul, un des partis afghans lui demanda son aide dans une entreprise contre Cachemir, occupé par le parti opposé. Rendjit l'aida à faire cette conqête, mais il la garda pour lui-même. Il occupa ensuite la province de Moultan, soumit au tribut le Nawab de Bahawalpour, qu'il ne pouvait attaquer dans sa capitale située sur la rive gauche du Setludje (que les Anglais, par un traité, lui avaient imposée comme la limite future de ses conquêtes), mais qu'il pouvait facilement déposséder de quelques districts situés sur l'autre rive : enfin il passa l'Indus, saisit *Dheyra-Ghazi-khan*, et ne l'évacua qu'à condition d'une redevance annuelle. Dans ces dernières années, traversant de nouveau l'Indus à Attock, il envahit le district de Peschawer, resté tributaire de sa puissance : et il acheva la conquête de toutes les principautés des montagnes du versant occidental de l'Himalaya, situées entre le Setludje et l'Indus.

Ses revenus en argent sont actuellement de près de

---

comprising a view of the Afghaun nation and a history of the Dooraunee monarchy, London, Longman, 1815.

3 croures de roupies, environ 75 millions de francs. Mais il reçoit en outre un grand nombre de redevances en nature, des contingents de chevaux, de chameaux, d'étoffes, et de grains, et enfin de soldats que doivent lui fournir en cas de guerre tous les petits Radjahs de sa création. Il est difficile d'évaluer ces droits. L'estimation de ses dépenses est également difficile. Il est certain cependant qu'elles ne s'élèvent pas à la moitié de ses recettes. Il amasse des trésors. Il est à peu près certain qu'il a 8 croures (200 000 000 de francs) enfouis dans son palais de Lahor ; l'avarice est devenue sa passion, depuis quelques années.

Son règne est celui du caprice. Il n'a établi aucune règle. Il n'y a point de division dans les services publics, ni de spécialité dans les emplois. Aux gens de sa cour, à ceux qu'on appellerait des ministres, il fait faire aujourd'hui une chose et demain une autre. Il ne reçoit point de comptes des officiers financiers. Chacun est chargé de faire pour lui une recette déterminée. Si elle n'est pas versée tout entière à la fois, il règle à sa fantaisie le reste des payements : en cas de refus, la bastonnade, mais point d'autres tortures. Très souvent, à son durbar, il fait administrer par un de ses palefreniers quelques coups de fouet à des trésoriers qui lui semblent infidèles.

Rendjit descend d'une famille de *Djâtes*[1]. Il n'a pris aucun titre depuis son élévation, et se contente de son nom ; mais il ne souffre pas que d'autres le portent ; il a eu ainsi bien des gens à débaptiser, car il est fort commun parmi les Sikhs[2]. Il a une aversion de parvenu

---

1. Les Jats forment à l'origine une communauté d'agriculteurs établie dans l'ouest de l'Inde. Ils peuvent être hindous, musulmans ou sikhs.

2. Singh au Pendjab est en effet l'équivalent de Martin en France ou de Murray en Écosse...

pour ce que l'on pourrait appeler l'ancienne noblesse du Pendjâb. Il soumet à de fortes contributions ceux des anciens Sirdars qu'il n'a point chassés ; mais tous les seigneurs de sa cour, tous ses généraux, les Radjahs qu'il a créés à la place des anciens, n'étaient jadis que de simples cavaliers dans sa troupe. Il distingua les uns à cause de leur bravoure, il en avança d'autres pour leurs jolies figures et leurs complaisances. Telle est l'origine de la fortune du Radjah Thêann Sing et de son frère Goulâb Sing. Cependant, pour que rien ne manquât à ses nouveaux nobles, il obligea les anciens à leur donner leurs filles en mariage.

Au reste, ses favoris ne sont pas exempts des caprices de sa cupidité ; lorsqu'il a contre eux quelque sujet de mécontentement, il les taxe à des amendes proportionnées à leur fortune : un demi-lack, un lack, deux lacks de roupies, ou quelques milliers de roupies seulement. Ces amendes lui sont toujours payées avec le plus grand secret et la plus grande diligence, pour éviter, s'il est possible, la perte de crédit qui en résulterait pour ses courtisans, si leur disgrâce passagère était connue.

Parmi ses conseillers les plus intimes, il a trois frères musulmans qui cachent leurs richesses sous les dehors de la pauvreté, et se font pardonner leur intrusion par l'humilité de leurs manières. Tous trois portent le titre de Fakir, et leurs enfants le prennent après eux. Ils savent l'arabe et ont lu les ouvrages de médecine écrits en cette langue. De là leur réputation de science profonde. L'aîné, que je rencontrai près d'Amritsir, est en quelque sorte le ministre des affaires étrangères, c'est lui qui tient la plume dans toutes les communications de Rendjit avec le gouvernement anglais. Un autre est son homme de confiance à Govindghur ; le troisième, que je vois tous les jours ici, est quelquefois nommé gouverneur de la ville, lorsque le Radjah ne l'emmène pas avec lui dans ses excursions. Ces trois frères ont imaginé un chiffre qui leur sert à correspondre entre eux ; et cet artifice, que je crois inusité en Orient, les fait passer pour les plus habiles gens du monde.

C'est aussi par des amendes qu'il punit la plupart des crimes qui viennent à sa connaissance. Un pauvre homme en tue un autre, soit par malice, soit par accident, le Radjah le taxe 1 000, 2 000 roupies ; et s'il ne les a pas, il fait payer sa famille pour lui. Il semble qu'il répugne à son avarice de débourser du numéraire. Il ne tire guère d'argent de son trésor que pour la paye de ses troupes, et pour faire des présents. Mais le traitement fort irrégulier, fort précaire, qu'il accorde aux seigneurs de sa cour, il le paye soit en djaguirs[1], soit en bons royaux sur les débiteurs de l'État, sur les délinquants ou les criminels mis à l'amende. Ces effets se réalisent sans difficulté, grâce aux vexations que leurs porteurs ont le droit d'infliger à ceux qui doivent les acquitter.

Rendjit demeure rarement 15 jours dans le même lieu. Son activité, que l'âge n'affaiblit pas, et qui n'a plus l'excitation de la guerre depuis qu'il a soumis toutes les provinces dont il pouvait s'emparer, use maintenant à la chasse. Tous les matins, il tient son durbar comme je n'ai vu, et expédie ses affaires presque toujours en plein vent, à moins qu'il ne pleuve. Il écoute la correspondance avec les provinces, donne ses ordres de toute espèce. Il a toujours près de lui une douzaine de ses chevaux sellés et bridés, et, de distance en distance dans la campagne, autour de son camp, de petites tentes à son usage. Il lève son audience selon son caprice, monte à cheval, galope quelquefois tout le jour, suivi de tout son monde, et s'arrête dans le lieu qui lui plaît. Son dîner, qui se compose d'un peu de riz et une caille, ou la moitié

1. Les *jâgîr* sont des biens en pleine propriété.

d'une perdrix, avec quelques fruits ou des confitures, le suit partout au galop. Sur les 2 heures, il s'arrête souvent ; un tapis est aussitôt déroulé à terre ; il s'assied et mange sa petite ration d'opium (3 ou 4 grains). On fait cercle autour de lui, et il passe le temps à causer et à expédier de nouvelles affaires. C'est toujours à ce durbar de l'après-midi que je l'ai vu. Je l'aurais trouvé moins causeur, moins animé le matin, avant qu'il eût pris son opium. Jamais il ne donne d'ordres à l'avance, pour qu'on se tienne prêt à le suivre dans sa vie de nomade. Il ne fait avertir que les officiers français. MM. Allard et Ventura, pour l'y obliger, lui donnèrent, dans les commencements, une leçon un peu hardie. Ils ne tinrent aucun compte de son départ et demeurèrent où ils étaient avec toutes leurs troupes.

Souvent, il emmène plusieurs milliers d'hommes à la chasse, qui est presque toujours la chasse au tigre. Il le tire quelquefois à coups de fusil, monté alors sur un éléphant, ou bien l'attaque à cheval, le sabre à la main.

Sa passion pour les chevaux empêche que les gens de sa cour n'en aient de très beaux ; car il les leur prend aussitôt, en leur en payant le prix toutefois. C'est pour la possession d'un cheval qu'il a fait sa dernière guerre en Peschawer[1], qui lui a coûté plusieurs millions de francs.

Rendjit a environ 20 000 à 24 000 hommes de troupes régulières, tout infanterie. Il a essayé plusieurs fois d'entretenir aussi quelques régiments de cavalerie, et il en existe nominalement quatre dans son armée ; mais ils sont très inférieurs à tous égards aux corps irréguliers

1. Peshawar est une ville de l'ouest du Pendjab (de nos jours côté pakistanais), à la frontière avec l'Afghanistan, dans la région montagneuse qui sépare les deux pays. De l'autre côté de la Passe de Khyber, un long col qui fut le passage privilégié entre le Moyen-Orient et le sous-continent indien, se trouve Kaboul.

de la Compagnie, tels que celui du colonel Skinner. Il n'a jamais pu se résoudre à faire la grande dépense qu'exige une bonne cavalerie disciplinée à l'européenne ; et tandis qu'il se prive de cette force par son avarice, il continue de payer énormément quelques centaines de vieux cavaliers irréguliers, ses anciens compagnons. À quelques-uns il donne plus de 1 000 roupies (2 500,00 F) par mois, et aucun d'entre eux n'a moins de 500 roupies (1 250 F).

Aux cavaliers de ses régiments soi-disant réguliers, il donne 28 roupies (70 F) par mois, et les hommes doivent s'armer, s'équiper, se monter, et se nourrir, eux et leur cheval.

Ce serait 8 roupies (20 F) de plus qu'il n'est d'usage de donner à la cavalerie irrégulière dans l'Inde anglaise, s'il leur donnait réellement ce qu'il leur promet. – Mais toute son armée ne reçoit que 10 mois de paye par an, et elle est très irrégulièrement, très mal payée de ces 10 mois. La solde est toujours arriérée de 4, 5, 6 mois ; quelquefois un an, et même 14 mois : la cavalerie surtout. Il en résulte que tous les cavaliers sont criblés de dettes, et que lorsqu'ils reçoivent l'ordre de changer de résidence, ils refusent quelquefois de marcher, et cela par l'impossibilité de subsister sur les routes et dans des lieux nouveaux où, inconnus des marchands, ils ne trouveraient point de crédit.

L'infanterie a 7 roupies (17,50 F) par mois ; mais on lui fait des réductions pour son habillement et son armement, qui sont parfaitement uniformes, et, chose singulière dans l'Inde, pour sa nourriture. Il fallait que les préjugés des Sikhs fussent bien moins forts que ceux des Hindous, pour que Rendjit pût introduire un tel usage dans son armée. Chaque compagnie de 100 hommes a 4 cuisiniers qui préparent les aliments des soldats.

Chaque homme reçoit sa ration dans une écuelle, et mange séparément.

Il ne se passe jamais une année sans quelques révoltes militaires. C'est toujours l'arriéré de la solde qui les excite. Le Radjah compose avec les révoltés, les rappelle à la soumission par de belles promesses, fait fouetter les meneurs, et punit tout le monde par la confiscation d'un mois ou deux de solde. Quand il a gagné de la sorte quelques milliers de roupies, il s'en vante pendant huit jours à son durbar comme d'une affaire admirable.

L'infanterie, à l'exception des mois d'hiver, est vêtue de pantalons blancs étroits, d'une veste blanche et d'un petit turban bleu ; la buffleterie est noire ; elle est armée d'un sabre et d'un fusil à pierre avec une baïonnette ; en ligne, elle a fort bonne mine.

En hiver, elle a un habit de drap rouge, comme les Sipahis anglais ; mais ce costume plus dispendieux est rarement renouvelé. Quelques corps de Musulmans, et de ce qu'on appelle dans le Pendjâb de *Pourbiers* (Orientaux), c'est-à-dire d'Hindous venus de l'autre côté du Setludje et la plupart déserteurs, sont coiffés d'un shako. Les Sikhs se feraient tuer jusqu'au dernier plutôt que de recevoir cette coiffure.

Il n'y a point de règle pour la solde des officiers. Tel capitaine ne doit toucher que 28 ou 30 roupies (70 ou 75 F) par mois ; tel autre, 40 roupies (100 F).

Il y en a qui reçoivent jusqu'à 50 et 60 roupies (125 et 150 F). À certains colonels, le Radjah donne jusqu'à 50 roupies (125 F) par jour, tandis qu'à d'autres il n'en donne que 10 ou 12 (25 ou 30 F). Les officiers supérieurs sont payés encore plus irrégulièrement que les soldats.

Néanmoins, tel est le goût des Sikhs pour le métier des armes, que Rendjit trouverait assez de volontaires pour porter immédiatement son armée à 80 000 hommes. Il ne s'est pas encore avisé de vendre les grades militaires ; mais il y a une telle demande de service, et un tel désir d'avancement, que les acheteurs ne manqueraient pas.

MM. Allard et Ventura lui avaient fait créer une espèce d'ordre militaire ; mais il en fit bientôt une telle prostitution, qu'ils l'engagèrent à la supprimer.

Ce qui manque à Rendjit, c'est de l'artillerie. Il est très fier du nombre de ses canons, mais ils sont détestables et pitoyablement montés et servis. Tous sont de calibre différent ; chaque pièce a donc ses boulets qui ne peuvent servir à d'autres. Ces boulets sont de fer forgé ; leur forme est grossière. Les canons sont beaucoup plus lourds que des pièces d'un calibre double en Europe, et cependant ils se détruisent après quelques décharges : ils sont fondus à noyau et sans masselotte.

L'arsenal de cette misérable artillerie est dans le palais même du Radjah, à Lahor. C'est là aussi que l'on fait et que l'on répare les fusils de son infanterie. Ils sont également fort mauvais, et crèvent fréquemment entre les mains des soldats.

Au reste, telle est l'humeur des Sikhs, qu'on se garde bien de laisser jamais des cartouches aux soldats hors les jours de bataille ou d'exercice. On leur retire même la pierre de leurs fusils. On n'entendrait sans cela qu'une fusillade continuelle d'hommes ou de corps se battant les uns avec les autres. Ils sont comme ces léopards chasseurs que l'on mène à la chasse dans une cage de fer, et qu'on ne lâche qu'en face du gibier.

C'est à tort que j'ai dit précédemment que Rendjit avait formé quelques régiments d'Akhalis[1] qu'il opposait maintenant au Seyd. Ils sont ingouvernables, et le

1. Bataillon sikh d'« immortels » (c'est le sens du terme *akâlî*). Voir note ci-dessus.

seul moyen d'en avoir raison, c'est de les exterminer. Lahor est, après Amritsir[1], le lieu où ils l'établissent de préférence. On les voit surtout aux environs, parmi les ruines des palais mogols et des mosquées. C'est leur retraite. Presque tous sont montés sur une rosse et armés d'une lance ou d'un fusil à mèche ; d'autres n'ont qu'un arc avec un sabre. Ils sont vêtus de guenilles bleues, et portent pour la plupart un long bonnet pointu de cette couleur, entouré à sa base, sur le front, d'un cercle d'acier poli, comme le bord de nos chapeaux. Ils sont hideux. Ils vivent de ce qu'ils prennent, si on ne leur donne pas, et poursuivent d'injures ceux qu'ils n'osent pas rançonner. M. Allard, qui a eu la prudence de se faire leur ami par des libéralités, a été cependant attaqué par eux une fois à coups de pierres ; et dans une de mes courses aux environs de la ville, je les ai vus faire contre moi des démonstrations hostiles ; sans l'escorte qui me suivait, j'aurais été obligé de fuir à toute bride.

Ils se réunissent quelquefois par centaines et se mêlent au cortège du Radjah ; et lorsqu'ils se jugent les plus forts, ils menacent et demandent. Plus d'une fois ils l'ont mis à rançon de la sorte. Mais Rendjit n'a pourtant jamais osé prendre contre eux quelque grande mesure de vigueur. Il les excite à aller à la guerre, lorsqu'elle se fait quelque part, et il recommande à ses généraux de les pousser sur les points d'où il y a peu de chance de revenir, et ils en reviennent moins que d'autres, car ils se battent en désespérés.

C'est pendant les derniers jours de mon séjour à Lahor qu'il a osé, pour la première fois, les expulser de cette ville et de ses environs. Après m'avoir donné mon

1. Lahore (côté pakistanais) et Amritsar (côté indien) sont les deux grandes villes du Pendjab. Cette dernière accueille le Temple d'Or, centre spirituel de la communauté sikhe.

audience de congé, il passa le Râvi pour aller chasser à une vingtaine de lieues. Quand il fut de l'autre côté du fleuve, il envoya au général sikh, qui partage avec MM. Allard et Ventura le commandement des troupes régulières, l'ordre de leur faire vider leurs repaires et de les refouler sur Amritsir. Chaque nichée se trouva surprise, et par de telles forces que la résistance était inutile. On s'est battu pourtant, et il y a eu une vingtaine d'hommes tués. Dans quelques mois ce sera à recommencer.

Rendjit Sing est sceptique pour le moins. Cela ne l'empêche pas d'être superstitieux. Qu'il se lève quand un descendant de Naneck[1] s'approche de lui, qu'il aille deux fois l'an se baigner dans le bassin sacré d'Amritsir, tout cela peut n'être qu'une démonstration politique de respect pour les superstitions de la multitude ; mais il invente des dévotions qui ne sont que de sa fantaisie et qui ne doivent être vues qu'avec indifférence, si ce n'est avec déplaisir, par les Sikhs. Par exemple, il fait des pèlerinages à des tombeaux musulmans réputés d'une grande sainteté ; il fait des aumônes considérables, dont la charité n'est assurément pas le motif ; enfin, il marmotte souvent des prières auxquelles personne ne comprend rien. Je l'ai vu à son durbar, distrait en écoutant ; et alors qu'il devait répondre, silencieux, absorbé en lui-même : il y avait un mouvement sur ses lèvres, et ses courtisans disaient qu'il causait avec son esprit. L'idée de la mort l'épouvante, et jamais on n'en prononce le nom en sa présence. Quand on ne peut lui laisser ignorer plus longtemps celle d'un homme qu'il connaissait beaucoup, surtout la mort de l'un des compagnons de sa jeunesse, on dit *qu'il est parti* : le Radjah comprend

1. Guru Nanak (1469-1539), poète réformateur et fondateur du sikhisme.

ce que cela veut dire, fait une grimace, et jamais ne fait allusion à la circonstance.

Il est probable que c'est quelque idée religieuse qui l'empêche de condamner à mort qui que ce soit ; car ce n'est pas l'humanité. À un passage de l'Indus avec toute son armée, M. Allard le vit plaisanter et rire en regardant quantité de ses gens qui se noyaient, et dont le fleuve entraînait les cadavres. Je conclurais de tout cela qu'il croit au diable et le sert en jésuite.

On sait combien les Orientaux sont débauchés ; mais ils ont de la pudeur à leur manière. Rendjit est d'un libertinage déhonté. Qu'il ait eu et qu'il ait encore avec sa barbe blanche un grand nombre de catamites, il n'y a rien là de choquant en ce pays : mais indépendamment de ses femmes et de ses mignons, il a toujours vécu publiquement avec les filles publiques. Il est leur protecteur, leur patron. Dans les cérémonies les plus brillantes, il y en a plusieurs centaines à Lahor et à Amritsir, qu'il fait habiller ridiculement en Amazones, qu'il fait monter à cheval, et dont il se fait suivre ; ce sont ses gardes du corps dans les jours de pompe. Habituellement il en a dans son camp la charge de plusieurs éléphants : elles le suivent partout. Un de ses passe-temps, depuis qu'il ne peut mieux faire, est de regarder les ébats de ces filles avec les jeunes gens de sa cour, auxquels il ordonne de lui donner ce divertissement.

Dans sa jeunesse il s'était épris passionnément d'une de ces femmes. Il fallait qu'elle fût toujours près de lui. Les habitants de Lahor l'ont vu cent fois, à cette époque, avec elle, sur un éléphant, en usant comme dans son sérail ; et cela en plein jour, entouré d'une escorte nombreuse, causant et riant pendant ce temps-là avec les cavaliers qui l'environnaient.

Les Sikhs ont horreur du tabac ; jamais un Musulman ne fumerait dans le Pendjâb devant un Sikh de qualité.

Cette fille, qui fit faire à Rendjit de si grands tours de force de cynisme, fumait en sa présence, dans son Howda, et on l'a vu l'aider lui-même à allumer son houka ; monstruosité épouvantable à Lahor, et la plus grande qu'il ait faite !

Rendjit a deux fils ; l'aîné, Kurrul Sing, a 26 ou 28 ans, et ressemble beaucoup à son père extérieurement, mais il est fort bête. L'autre, Cheyre Sing, a moins de 20 ans et n'a aucune ressemblance physique avec Rendjit, mais il est très intelligent. Tous deux maintenant sont dans le nord du Pendjâb, occupés à faire la guerre au Seyd. Il est probable que la monarchie sikhe n'aura qu'un roi à la mort de Rendjit ; les deux princes sans doute se feront la guerre entre eux pour la succession, et les grands djaguirdars[1] se soulèveront pour redevenir indépendants. Si, dans la confusion générale, un parti de cavaliers passe le Setludje pour piller quelques villages de Patialah, ce sera sans doute pour les Anglais le prétexte légitime et l'occasion d'envahir le Pendjâb. Le Radjah manifeste la plus grande indifférence pour tout ce qui arrivera après lui, et il ne prend aucune mesure pour que l'ordre public lui survive[2].

Ses fils, ses femmes ont des djaguirs, et sont exposés comme tous les autres aux caprices de son avarice. Il y a deux ans qu'il a eu la vanité de faire deux nouveaux mariages avec deux enfants, les filles du Radjah de Kangrah, qu'il venait de déposséder de son territoire.

---

1. Les dignitaires qui ont reçu du roi un *jâgîr*, des biens de propriété.

2. Sa succession sera, comme promis, fort compliquée. Son fils aîné Kharak Singh lui succède à sa mort en juin 1839. Il est détrôné et emprisonné par son propre fils, Nau Nihal Singh, en octobre de la même année. Ce dernier règne jusqu'en novembre 1840, date à laquelle il trouve la mort. Sa mère Chand Kaur assure la régence jusqu'en janvier 1841, quand Sher Singh, le second fils de Ranjit Singh, prend enfin le pouvoir, jusqu'à sa mort en 1843.

Elles ont maintenant 12 à 13 ans. Les pauvres petites, à la mort de leur vieux mari impuissant, seront obligées de se brûler avec son corps. C'est de rigueur dans leur famille, qui est de la plus haute caste.

Au reste, les suttis sont rares dans le Pendjâb[1]. M. Allard m'en a raconté un dont il a été témoin à Lahor. La procession au milieu de laquelle marchait la veuve, faisait un vacarme épouvantable ; mais la victime semblait avoir gardé tout son sang-froid. Elle se coucha elle-même sur le bûcher, se dépouilla de ses ornements qu'elle distribua à ceux qui l'entouraient, et quand elle eut fini, elle chercha la position la plus commode, se releva plusieurs fois pour retirer ou placer autrement des bûches qui la gênaient ; et quand elle se trouva à son aise, elle se fit couvrir de bois, mais avec les mêmes précautions. On jeta une grande quantité d'huile sur le bûcher où elle était enterrée vivante, et quand on y mit le feu, il s'enflamma avec une telle violence qu'elle dut être étouffée presque aussitôt.

Il est évident que les Indiens ne songent pas à avoir de la pitié pour les femmes qui se brûlent ; les Babous[2] philanthropes de Calcutta, qui affectent ce sentiment pour elles, l'ont appris de nous, et ne font sans doute qu'en imiter l'expression. La perspective du bûcher s'offre aux femmes de ce pays pendant toute leur vie ; il devient à leurs yeux comme une nécessité naturelle, à l'idée de

1. Le rite de la *sâti* est rare dans tout le sous-continent indien. Il a été en tout cas au centre de plusieurs débats et enjeux au cours des siècles. Les missionnaires chrétiens jouèrent un rôle dans son abolition par le gouvernement britannique, quand les nationalistes hindous les plus extrêmes insistaient sur l'aspect « volontaire » de ce rite et du courage des veuves. Voir John Stratton Hawley (éd.), *Sati, the Blessing and the Curse : The Burning of the Wives in India*, Oxford University Press, 1994.

2. Babu est un terme honorifique pour s'adresser à des hommes à qui l'on doit le respect. Il dérive du terme « bapu » qui signifie « père ».

laquelle je conçois qu'elles puissent se faire, de même que nous prenons presque tous passablement bien notre parti de mourir de maladie. Il est vrai que nous ignorons quand la mort viendra. Nous la voyons du doigt nous montrer l'heure du départ, et les femmes qui se brûlent marquent elles-mêmes cet instant terrible. Mais elles savent, pendant toute leur vie, que quelque jour elles auront à le faire ; et quand vient ce moment, elles en ont vu d'avance presque toute l'horreur.

La position des Européens au service de Rendjit Sing n'est pas à envier pour celui qui vient de l'Inde anglaise. Les avantages pécuniaires dont ils jouissent ne sont pas assez grands pour compenser à mes yeux le désagrément d'obéir à un chef aussi capricieux ; et pour leur propre considération ils doivent vivre avec trop de magnificence pour pouvoir faire des économies considérables. Le Radjah, pour les attacher au pays, a eu soin de leur y faire enterrer un capital qu'ils perdront entièrement lorsqu'ils le quitteront : ce sont leurs maisons et leurs jardins. Ensuite il les tient au même régime d'arriéré de solde que le reste de son armée. – Il doit un lack (250 000,00 F) à MM. Allard et Ventura, les deux officiers qu'il paraît le plus jaloux de conserver. Tous deux désireraient retourner en Europe : déjà M. Allard parle souvent de son juge et de l'épuisement de sa santé ; mais le Radjah fait la sourde oreille à ces propos, et se contente de lui dire qu'il l'enverra à Cachemir l'année suivante.

Rendjit comprend mal les rapports qui existent entre les peuples de l'Europe, de nation à nation. Sur la foi des longues inimitiés de la France et de l'Angleterre, il craignait, lorsque le docteur Murray vint à Amritsir pour le soigner, de le laisser approcher des quartiers de M. Allard, de peur qu'ils ne se battissent ; et quand Murray lui dit un jour, qu'il avait reçu une invitation à dîner de cet officier et qu'il comptait s'y rendre le soir, son étonnement fut extrême. « Vous n'êtes donc pas ennemis ? », lui dit le Radjah ; et les soupçons qu'il avait toujours eus sur ces messieurs se modifièrent sans s'affaiblir. Il leur demeure cependant attaché, parce qu'il a l'expérience de leur fidélité et de leur dévouement. Il paraît depuis ce temps voir sans ombrage qu'ils sont entrés en correspondance habituelle avec Wade et Murray.

De ces relations amicales des officiers français avec les officiers anglais, il conclut sans doute que le Gouvernement anglais ressentirait les offenses qui pourraient leur être faites, et M. Allard, qui partage cette idée, se regarde comme plus en sûreté maintenant qu'avant l'établissement de ces rapports.

Quand le Radjah congédia M. Mevius, il le paya très exactement de tout ce qu'il lui devait, lui fit même un petit présent, et se fit donner par lui, non seulement un reçu, mais une sorte de certificat attestant qu'il n'avait jamais eu à se plaindre de lui, comme s'il craignait que M. Mevius ne fût allé se plaindre au Gouvernement anglais, pour être à même de se disculper de ses imputations par l'envoi de cette note.

Il vient dernièrement de M. Harland une attestation semblable, aux mêmes conditions de payement intégral, et au-delà.

Au rapport de ces messieurs, le nombre des officiers européens au service de la Perse est bien plus considérable ; ce sont des Français, des Anglais et des Italiens. Ils sont mal payés et n'ont aucune influence. Ils ne sont réellement que les instructeurs des régiments dont ils ont le commandement nominal. Tous ont des supérieurs persans. M. Allard pense que les Sikhs sont infiniment meilleurs soldats que les Persans.

Pour les discipliner, il a dû, dans les commencements surtout, frapper souvent ses hommes à l'exercice, et l'usage en est resté, mais sans excès. Un conscrit, moins intelligent que les autres, est le dernier à comprendre. L'officier sikh qui l'instruit s'emporte et le bat, et l'homme frappé n'imagine pas de tuer son officier. On m'avait induit en erreur à cet égard sur la fierté des Sikhs : ils n'ont pas les hauts sentiments de dignité personnelle des Hindous de caste élevée qui composent l'armée anglaise dans l'Inde.

En Perse, on bat tout le monde, et il n'y aucune disgrâce à être battu. Colonels et généraux reçoivent la bastonnade, et le premier ministre n'en est pas exempté. Après qu'il a reçu 50 coups de rotin sur la plante des pieds, il va faire sa cour au Schâh, qui lui confère un khélat, et il n'est pas moins respecté qu'auparavant.

La proximité relative de l'Europe, et la beauté du climat dans tous les districts montagneux, sont les seules choses à regretter de la Perse, disent les officiers qui y ont servi.

Ce qui m'a surpris beaucoup, ça a été d'apprendre que la vie était moins chère en ce pays-là que dans l'Inde. Les chevaux coûtent peu de chose à acheter, et presque rien à entretenir. Les domestiques ne se payent pas plus que dans l'Inde, et un petit nombre suffit. Chaque seigneur monte tous ses gens ; et quand il sort, il n'en reste qu'un ou deux à la maison : tous les autres le suivent à cheval. C'est aussi l'usage des Européens.

On est admis en présence du Schâh qu'en bas rouges et sans souliers. Les Russes sont les seuls qui aient passé par-dessus cette étiquette. Ils se présentent en bottes et découverts.

Au reste, la présentation au roi consiste à le voir, d'une cour fort éloignée, montrer un moment son nez à une des fenêtres de ses appartements. Chacun se venge sur ses inférieurs de l'humble rôle qu'il joue devant le chef suprême. Un colonel européen, par exemple, ne reçoit pas dans sa chambre un de ses capitaines persans : il se contente de l'écouter et de lui parler par la fenêtre.

La croyance à la possibilité d'une invasion russe de l'Inde s'accroît avec les occasions que chacun a eues d'en connaître les moyens. MM. Allard et Ventura disent que rien ne serait plus facile. Il y a deux routes par lesquelles pourraient marcher et sur lesquelles pourraient subsister de grandes armées européennes : celle de Boukhara et celle du nord de la Perse. Cette armée pourrait se grossir de 100 000 cavaliers irréguliers avant que d'arriver au Setludje, car l'Inde a conservé chez les Afghans son ancienne réputation de richesse. Tous ces peuples suivraient une armée européenne qui marcherait à sa conquête.

Mais c'est celle de leur pays qui n'offrirait que peu de difficultés ; avec un lack de roupies (250 000,00 F), il serait aisé de rassembler des forces assez considérables, pour mettre un homme résolu et habile à même de s'indemniser de cette avance, de se créer une principauté respectable et tout à fait indépendante.

La ville de Lahor. – Le Pendjâb est encore l'Inde ; et quand on a vu une ville de l'Inde, on a vu toutes les autres, excepté Bénarès. Des rues très étroites, tortueuses, où la boue séjourne souvent jusque dans les saisons les plus sèches ; quelques-unes garnies de boutiques dont l'étalage, protégé par un auvent, les rend plus étroites encore : toutes les mauvaises odeurs de ces petites fabriques, car la plupart des marchands font eux-mêmes, sur le devant de leurs boutiques, les objets qu'ils vendent, soit des vases ou des ornements de cuivre, soit des sucreries et des peausseries exécrables, soit enfin des teintures : des bœufs, des vaches, des chèvres, des ânes errant en liberté : des chevaux remisés sous un appentis qui empiète sur la voie publique, attachés par les pieds de derrière avec deux longues cordes à un pieu fixé au milieu de la rue : des chiens d'une maigreur et d'une voracité hideuses, couverts souvent de maladies dégoûtantes : çà et là de petites places où s'élèvent des monceaux de briques, débris des maisons qui les occupaient anciennement, et des tas de fumier que les habitants du quartier voisin y accumulent : des arbres, surtout des Bhœurs et des Pipuls qui poussent au travers, dépouillés de leurs feuilles par les chameaux et les éléphants qui passent auprès d'eux : voilà l'aspect intérieur de Lahor. – L'exercice public du culte musulman y est permis. Les Sikhs ont laissé debout plusieurs mosquées avec leurs minarets, bâties par Djéhanguir[1]. Elles sont revêtues du Grès rouge d'Agrah[2] ; les portails et les corniches sont ornés de mosaïques en marbre noir et blanc, ailleurs de mosaïques en faïence assez bien conservées ; les coupoles de quelques-uns de ces minarets sont dorées. Mais ces édifices, et par leurs dimensions, et par leurs proportions, ainsi que par le style de leurs ornements, sont très inférieurs à ceux d'Agrah et de Delhi.

Les Omrahs de la cour moghole avaient tous sans doute leurs maisons hors de la ville, car il n'y a au dedans aucune ruine de palais considérable. Les demeures des seigneurs sikhs qui suivent partout le roi, ne sont que grandes sans être belles, bâties, comme les maisons les plus communes, de briques mal cuites et mal cimentées, blanchies à la chaux et couvertes de mauvaises teintures.

Le palais du Radjah est compris dans l'enceinte des

1. Jahangir (règne 1605-1627), fils d'Akbar et quatrième empereur moghol.

2. Agra, au sud de Delhi, fut un temps capitale de l'empire moghol.

fortifications dont il a entouré Lahor, et il est à peine séparé par une muraille, des quartiers voisins. Il renferme plusieurs petits jardins et des cours spacieuses. L'ensemble est sans goût et sans magnificence. M. Ventura me montra la porte du quartier des femmes très négligemment gardée. Ce sont des femmes esclaves qui en font le service intérieur. Il n'y a point d'eunuques. Rendjit paraît fort peu soucieux à cet égard.

Je trouvai dans une cour quantité de vieilles voitures anglaises. Ce sont des présents diplomatiques faits au Radjah à diverses époques. Jamais il n'en fait usage. Il en est de même de presque tous les objets de fabrique européenne qu'on lui donne ; il les fait jeter dans un grenier. Pendules, télescopes, machines électriques, et même des fusils, il les y relègue ensemble. Quand il chasse, c'est avec un fusil à mèche. Les dépendances du palais sont occupées la plupart par des arsenaux. Au reste, jamais Rendjit n'habite quinze jours de suite son palais. Quand la saison des pluies l'y confine, il fait dresser une tente dans une des cours et s'y établit pour donner le change à son humeur nomade. Il n'y a point d'artillerie sur les remparts, mais j'ai vu dans la ville plusieurs casernements de canonniers avec leurs pièces.

La population est moins mêlée que celle d'Amritsir, parce qu'il y a beaucoup moins de commerce. Cependant il y a aussi beaucoup de Cachemiriens et d'Afghans, et quelques Persans ; point de Juifs ni de Grecs, mais des Arméniens venus de Caboul, où Nadir Schâh les avait fait amener de la Géorgie. Leur teint et celui des hommes de Caboul pourraient presque passer pour européen ; les Cachemiriens sont plus bruns. Le reste de la population sikhe, hindoue ou musulmane, est très diversement colorée, entre le teint des Cachemiriens et le noir de jais. Cette dernière teinte est moins rare chez les gens de basse caste, et j'ai fait la même remarque dans toute l'Inde. Est-elle devenue si noire parce qu'elle travaille plus que les autres, et qu'elle va presque nue ? ou bien ces gens si noirs n'appartiennent-ils aux plus basses castes que parce qu'ils descendent d'une tribu distincte des autres par sa coloration plus foncée, et condamnée, par cette raison, aux travaux les plus pénibles de la société ? Je suppose que la population est d'environ 50 000 âmes ; la moitié de celle d'Amritsir tout au plus.

Déjà, du temps de Bernier[1], Lahor était en décadence. La rivière, à cette époque (1663), s'était déjà éloignée notablement des remparts qu'elle baignait auparavant. Maintenant, il y a une grande plaine entre le sud de la ville et le Râvi. C'est le champ de Mars. Le palais du Radjah le commande, et vu du dehors, il se développe au-dessus des remparts, d'une manière pittoresque.

De toutes parts alentour ce sont des camps. Rendjit tient dans une activité trop constante ses troupes régulières, pour qu'elles s'amusent à se bâtir des huttes ou des baraques ; elles ne vivent que sous des tentes.

Il n'y en a qu'une petite partie qui éprouve les inconvénients d'une telle demeure pendant la saison des pluies ; l'armée presque tout entière est alors en congé : il ne reste guère sous les drapeaux que quelques corps de *Pourbis* (Hindoustanis). Le Pendjâb est tellement inondé alors, que les mouvements de troupes y sont impossibles.

---

1. François Bernier (1620-1688), célèbre médecin et voyageur français, un temps installé à la cour de Shah Jahan où il était le médecin privé de son fils, le prince Dara Shikoh, puis à la cour de son successeur Aurangzeb. Publication posthume, les *Voyages de François Bernier, contenant la description des États du grand Mogol, de l'Hindoustan, du royaume de Kachemire*, Amsterdam, 1699, sont une source importante d'informations sur l'Inde du XVIIe siècle.

Les empereurs moghols avaient construit à 2 lieues de la ville un superbe jardin appelé *Schâhlimar*[1]. Rendjit y va camper quelquefois, mais il le laisse sans entretien. Il est planté d'Orangers, de Cédrats, de Citronniers et de Pamplemousses qui y forment maintenant un taillis impénétrable. De longs bassins y sont creusés, revêtus du marbre blanc de Jaypour[2], qui a servi également à la construction de plusieurs jolis pavillons. L'eau jouait partout, et sa profusion devait rendre cette retraite délicieuse pendant les chaleurs. Le Mango atteint ici la taille de nos plus grands poiriers, et ses fruits sont très estimés ; mais sans doute parce qu'ils sont presque une rareté.

À Lahor comme à Amritsir, il y a une sorte d'octroi : non seulement à l'entrée des denrées, mais à la sortie de celles que l'on y fabrique. Il est aisé de penser combien est arbitraire son mode de perception : il y a quelques précédents dans ce genre, une coutume qui forme une espèce de loi ; c'est là tout. Rendjit, pour faire plus d'argent, a adopté un système ruineux pour le peuple. Il afferme toutes les perceptions d'impôts au plus offrant et dernier enchérisseur. C'est aux contractants à se tirer d'affaire, et ils le font rarement sans recevoir quelques coups de fouet à la fin de leur bail, et sans dégorger quelques lacks de roupies au-delà de leur marché, mais non sans en aider un bon nombre, reste de leurs extorsions. Ce reste, qui existe en *avoir*, après l'avanie royale, amène toujours, au renouvellement de bail de chaque ferme, de nouveaux compétiteurs. Mais le pays gémit sous le fardeau des taxes, et il accueillerait assez favorablement, je pense, une invasion anglaise. C'est qu'il y gagnerait beaucoup. Je crois que l'armée

1. La beauté de l'art du jardin à la moghole n'est plus à démontrer. Les « Shalimar Gardens » de Lahore ont été conçus en 1641.

2. Jaipur, importante ville du nord du Rajasthan.

elle-même n'y résisterait pas vigoureusement et se laisserait aisément persuader de changer de drapeau. Elle n'a aucune garantie pour ses grades ou pour sa solde, et point de pension de retraite. Elle sait avec quelle ponctualité sont payées les troupes de la Compagnie. Mais peut-être chaque soldat sikh regarde le caprice de Rendjit comme une loterie qui peut lui donner les épaulettes de colonel ou de général, tandis que, dans l'armée indo-anglaise, l'avancement, toujours très lent, s'arrête au grade normal de capitaine. Puis l'humiliation d'obéir à des étrangers, à des *Feringuis* !

Ces anciens compagnons de Rendjit, restés simples cavaliers, et auxquels il donne 500 et 1 000 roupies (1 250 à 2 500,00 F) par mois, sont des chevaliers du seizième siècle en Europe. Ils vont à la guerre armés d'un sabre, d'une lance et d'un bouclier, montés sur un excellent cheval, suivis de quelques domestiques sur des bidets, et ne reconnaissent de chef que le roi.

J'ai parlé de la débauche si commune chez les Sikhs. Dans l'armée, presque tous les soldats sont associés deux à deux ; de là les amitiés antiques, les dévouements sublimes de la Grèce, à la manière de Socrate et d'Alcibiade, de Nisus et d'Euryale. Rendjit, au lieu d'un ami de ce genre, en a plusieurs, et c'est la raison pourquoi il leur est moins attaché et leur fait quelquefois des avanies, quoiqu'il leur fasse d'ailleurs une fortune superbe. Théânn ou plutôt Dhéânn Sing est toujours près de lui, il ne sait s'en passer : cependant, et malgré le titre de Radjah qu'il lui a conféré, il ne lui accorde pas de siège. Le seul natif sans caractère religieux, auquel il accorde cette distinction, est Hera Sing, enfant de 10 ans, et fils de ce seigneur. Amitié désintéressée : elle s'explique par les relations qu'on dit avoir existé entre le Radjah et la mère de cet enfant, à une époque qui lui permettrait d'en être le père. S'il y a quelque objet précieux, une belle pierre, un beau cheval, c'est pour lui que le Radjah l'achète ; il lui donne en outre des sommes considérables, et en fait distribuer de très grandes en son nom comme aumônes. Cet argent, avant d'être distribué aux autres, est passé sur la tête de l'enfant.

Rendjit, recevant assis sur une chaise les officiers de la mission que lord Amherst[1] lui avait député, il y a 4 ans, pour le complimenter, les fit tous asseoir sur des chaises : cérémonial convenu d'avance par traité. Il est probable qu'il m'eût accordé cette distinction s'il m'eût reçu dans toutes ses pompes royales.

Un canal, dérivé du Râvi à sa sortie des montagnes, arrosait la campagne d'Amritsir et celle de Lahor ; mais tous les ouvrages publics des princes moghols ont été détruits ou demeurent abandonnés par les Sikhs.

Lahor et tout le Pendjâb sont sous l'influence des pluies périodiques du solstice. J'ai lieu de croire cependant qu'elles n'y ont pas la même continuité que dans l'Hindoustan. L'hiver y est plus froid ; mais le vent de N. O., qui prévaut alors comme dans l'Hindoustan, n'a point la même sécheresse qui le rend si irritant, si désagréable dans cette contrée ; c'est qu'il ne passe point sur le désert aride qui borde la rive gauche du Setludje. En revanche, les chaleurs de l'été sont plus fortes. Toute la population alors dort en plein air sur les toits des maisons ; les gens riches passent le jour dans des galeries sombres dont les arcades sont fermées par des Tattis, ou paillassons, mouillés constamment par des Bistis (serviteurs chargés de cette besogne) ou par une multitude de petits jets d'eau dirigés contre eux. Cette dernière disposition est invariablement adoptée autour des sérails. L'eau se joue librement aussi dans de petits

1. William Pitt Amherst (1773-1857), gouverneur général de l'Inde de 1823 à 1828.

bassins creusés dans le pavé de ces galeries. – Mais ce qui me semble donner au climat du Pendjâb un avantage sur celui de l'Hindoustan, c'est qu'il a une sorte de printemps. L'influence d'une latitude plus élevée se fait sentir manifestement. Le soleil, pendant l'hiver, n'est pas assez haut pour que sa chaleur soit désagréable. La dernière moitié de février et le mois de mars tout entier sont délicieux ; les jardins ont alors presque l'éclat et la fraîcheur que chaque printemps nous procure en Europe. Les Mûriers, les Melia et les Grenadiers, qui y abondent, reprennent leurs feuilles qu'ils avaient perdues. Les Orangers reverdissent d'une teinte plus tendre, et leurs boutons sont prêts à s'ouvrir ; c'est le temps de la floraison des Cognassiers et des Poiriers importés du Caboul et du Cachemir.

Les fruits sont tous très médiocres.

LA POSTÉRITÉ
DE VICTOR JACQUEMONT

Lettre au directeur de la *Revue de Paris*, par Prosper Mérimée[1]

Monsieur,

Vous m'avez demandé quelques détails sur la trop courte carrière de mon ami Victor Jacquemont, qui vient de périr si malheureusement dans l'Inde, presque au terme du périlleux voyage qu'il avait entrepris. Sa famille va faire imprimer sa correspondance, mais, en attendant la publication de cet ouvrage, qui ne peut manquer d'exciter un puissant intérêt, je vais chercher à vous donner une idée du voyage de Jacquemont, et des difficultés sans nombre qu'il a surmontées.

En 1828 il fut attaché au Jardin des Plantes en qualité de voyageur naturaliste, et chargé d'une mission dont le but était de recueillir, pour cet établissement, des objets d'histoire naturelle, et particulièrement de former des collections relatives à la géologie et à la botanique.

S'il n'eût été qu'à Delhi, ou même à Calcutta, et qu'il se fût occupé dans ces villes anglaises à rassembler des documents scientifiques, Jacquemont aurait déjà rendu un immense service à la science, mais il voulait faire plus ; c'est vers le nord de l'Inde que ses projets de voyage étaient dirigés. Les difficultés d'une expédition semblable avaient découragé les voyageurs les plus

1. *Revue de Paris*, tome 50, mai 1833, p. 252-259.

entreprenants, mais il sentait en lui cette persévérance et ce courage auquel tous les obstacles doivent céder.

L'Inde est encore peu connue ; bien que les Européens y possèdent depuis longtemps des établissements considérables, on n'a que des renseignements incomplets sur l'histoire naturelle de cette vaste contrée, et seulement sur la partie occupée par les Anglais. On peut dire que le nord est tout à fait inconnu aux savants. Quelques voyageurs, la plupart des militaires au service de la Compagnie, se sont avancés, il est vrai, dans différentes directions au nord des possessions anglaises, mais leurs expéditions ont été sans résultats pour les sciences par suite du défaut de connaissances des voyageurs, et surtout par la brièveté forcée de leurs excursions.

Les domaines de la Compagnie sont bornés au nord par l'empire chinois, dont l'entrée est interdite à tout étranger, et au nord-ouest par le Pendjab. Les montagnes de l'Himalaya, qui séparent le Thibet et la Tartarie de l'Inde, et qui s'étendent jusque dans le Pendjab, sont habitées par des hordes barbares, en état de guerre perpétuelle contre leurs voisins. Là, tout homme entreprenant qui peut réunir autour de lui une centaine de bandits ne reconnaît plus de maître, et peut, comme Attila, se nommer l'ennemi des hommes.

C'est la structure de ces montagnes et leurs productions que Jacquemont voulait étudier. Lorsqu'il partit, les uns lui annonçaient qu'il serait obligé de renoncer à son projet ; d'autres lui donnaient des conseils sur la manière de l'exécuter. Voici comment, parvenu dans ces lieux réputés inaccessibles, Jacquemont s'exprimait sur son entreprise :

« Il serait absolument impossible à un Européen de mon métier de voyager en ce pays à d'autres conditions que celles auxquelles j'y suis venu. Je me souviens de certains conseils qui me furent donnés avec bienveillance, par des gens qui avaient vu un petit coin de l'Orient ; rien n'était plus facile, suivant eux, que de traverser avec un lourd bagage toute l'Asie. On se mêle aux caravanes de marchands, etc., etc. Tout cela est du roman. Les marchands vont, il est vrai, à peu près partout (toutefois de Câchemyr à Téhéran, et même à Masched, ils vont par Lahore, Delhi, Bombay, Bouschir, Shiraz, etc., sans passer, et pour cause, par le Caboulistan). Les petits princes orientaux ne les volent qu'avec ménagement, c'est qu'ils sont de revue ; si on leur laisse quelques-uns des profits de leur commerce, ils sont, pour les chefs sur le territoire desquels ils passent, comme la poule aux œufs d'or de l'avare : il y en a peu d'assez fous pour la tuer. Mais celui qui passe et ne doit pas repasser est dépouillé de sa dernière guenille. Les voyageurs européens n'ont pas, comme de raison, de privilège à réclamer.

« La justice, dans celui qui a la force d'être injuste, passe pour un miracle dans ce pays. Dans toute la vice-royauté de Cachemyr, il n'y a aucune espèce de tribunal pour accorder avec une sorte d'équité les querelles privées ; mais, depuis un mois, il m'est venu plusieurs fois, et de loin, des gens qui voulaient m'avoir pour arbitre. On parle de mon *adaoloutte* (justice), et cela me plaît infiniment. »

Jacquemont écrivait cette lettre dans les montagnes du Cachemyr, où il était parvenu après d'incroyables fatigues. Parti de France au milieu de l'année 1828, il s'était d'abord rendu à Calcutta, où il avait été parfaitement accueilli par le gouverneur général, lord William Bentinck, dont la puissante amitié lui fut souvent utile. Il avait séjourné à Calcutta le temps nécessaire pour se perfectionner dans les langues persane et hindoustani, sans lesquelles il lui eût été impossible de tirer aucun fruit de son voyage, enfin pour recueillir tous les renseignements indispensables sur les mœurs et les usages des pays qu'il allait traverser. Il se dirigea ensuite vers Delhi, d'où il partit pour le haut Himalaya et le Thibet. Cette exploration ne peut manquer d'avoir les résultats les plus avantageux pour les sciences. La formation géologique de l'Himalaya était un problème dont la solution paraissait devoir être ajournée jusqu'à une époque fort éloignée. Les collections recueillies sur ces montagnes par Jacquemont vont faire cesser bien des incertitudes, et détruiront sans doute bien des hypothèses. Combien il est à regretter qu'il ne puisse publier lui-même le résultat de ses immenses travaux !

Après avoir pénétré à quelques journées dans les possessions chinoises, Jacquemont revint à Delhi pour y mettre en ordre ses collections, et en repartit bientôt pour entrer dans le Pendjab. Rundjet-Singh, roi de ce pays, le seul prince indien dont les Anglais n'aient point envahi les États, ou qu'ils n'aient pas forcé d'accepter leur protection, reçut Jacquemont comme Charlemagne pouvait accueillir les savants envoyés par le calife Haroûn-Al-Raschid. Rundjet-Singh parut oublier, à l'égard de Jacquemont, la défiance soupçonneuse des Orientaux ; il le traita avec la plus grande distinction, lui fit de riches présents et lui fournit tous les moyens de parcourir ses États avec autant de sécurité qu'il est possible dans une contrée habitée par un grand nombre de petits princes qui contestent l'autorité du souverain nominal. L'extrait d'une lettre de Jacquemont, que je joins ici, vous fera connaître et ce pays et ses habitants.

Après un long séjour à Lahor et à Cachemyr, et après plusieurs longues excursions dans les montagnes et dans les vallées de ce royaume, Jacquemont rentra dans les possessions de la Compagnie. Il s'arrêta d'abord à Poonah, où il fut quelque temps malade ; il se rétablit pourtant assez pour continuer son voyage ; mais sa santé se ressentait des fatigues extraordinaires qu'il avait endurées. Le changement subit de climat avait développé en lui les germes de la maladie de foie si funeste pour les Européens. Déjà les forces de son corps étaient épuisées, et il n'était plus soutenu que par l'énergie extraordinaire de son âme.

En quittant Poonah, il voulut voir l'île de Salsette ; la chaleur dévorante et les miasmes pestilentiels de ses forêts achevèrent de ruiner sa constitution. Il s'aperçut, mais trop tard, que le coup fatal était porté. Il arriva à Bombay à la fin d'octobre 1832 ; le lendemain de son arrivée il fut obligé de s'aliter. Alors, avec son sang-froid ordinaire il se prépara à la mort. Son premier soin fut de pourvoir à la conservation de ses collections et de ses manuscrits ; il fit ensuite ses adieux à sa famille dans une lettre où il paraît oublier ses souffrances pour consoler ceux que sa mort allait plonger dans la désolation. Enfin, après trente jours de maladie, il succomba à Bombay à l'âge de trente et un ans, le 7 décembre 1832. Pendant toute la durée de sa maladie, il reçut les soins les plus touchants de plusieurs Anglais qui ne le connaissaient que de réputation, et qui cependant furent pour lui comme d'anciens amis.

Jamais homme ne fut plus propre que Jacquemont à remplir la périlleuse mission dont il était chargé ; ses connaissances nombreuses et variées, son goût pour le travail, son amour pour la science, surtout sa présence d'esprit dans les circonstances les plus difficiles, ces qualités nécessaires dans un voyageur, il les possédait toutes. Le courage était chez lui comme instinctif ; il n'avait point de vaine témérité, mais il admettait à peine l'existence des dangers. C'est qu'il n'en avait jamais rencontré qui pussent jeter du trouble dans son âme.

Je n'essaierai pas de vous faire connaître Victor Jacquemont. Rigide pour lui-même et plein d'indulgence pour les autres, malgré un tact exquis pour découvrir le ridicule, il me représentait le philosophe stoïque de Lucien, son Ménippe, mais un Ménippe plein de bonté et d'une vraie sensibilité. Son voyage, ses travaux scientifiques, rendront son nom célèbre parmi les savants ; ses amis n'oublieront jamais la grâce et la verve de son esprit, la noblesse de son caractère et son dévouement à ceux qu'il aimait.

Prosper Mérimée

Extrait d'une lettre de Victor Jacquemont, datée de Pergunnah de Canneradge, dans les montagnes de Cachemyr, au bord du Pôhour, le 6 septembre 1831.

« À Bondépour, tandis que je disséquais de grandes bêtes des airs, des champs et des eaux, on m'annonça l'arrivée près de mon camp d'un vakîl ou envoyé du roi du petit Thibet, et celle d'un chef montagnard des environs, en guerre ouverte avec le gouvernement de Cachemyr. Le premier apportait, me dit-on, à ma seigneurie des présents du roi son maître, Ahmed-Chah ; l'autre venait seulement me faire hommage. Il avait deux cents montagnards avec lui ce qui me déplut beaucoup. Néanmoins je fis bonne contenance, et commandai qu'on les fît attendre au loin, jusqu'à ce que je fusse prêt à donner audience au vizir thibétain et au chef cachemyrien. Je repris mes habits européens, et m'assis majestueusement sur ma chaise, sous une espèce de dais dressé à la hâte. On étendit des couvertures à terre, et près de moi un tapis privilégié. Tous nos gens formèrent la haie de chaque côté, la plupart si déguenillés que vous n'avez jamais rien vu de tel dans les rues de Paris ; et quand je fus satisfait de l'arrangement de cette cour, l'officier musulman de mon escorte alla chercher le Thibétain.

« Le plénipotentiaire était un lieu commun de brigand de mélodrame, quant à la figure et au costume. Il me rendit tous les salons que je fis autrefois au Grand-Mogol, et, à genoux, me présenta la lettre de son roi, écrite en persan, et remplie de roses, de narcisses et de basilic, qui fleurissaient perpétuellement dans le jardin de l'amitié envers moi, qui occupe tout le cœur de cette majesté. Ahmed-Chah avait reçu ma réponse à sa première communication. Il m'écrivait cette fois que, pour m'être agréable, il avait fait faire une battue dans toutes ses montagnes, et que, malgré la saison si contraire à la chasse, on avait pris quarante-deux animaux vivants, mais la plupart blessés. Malheureusement presque tous étaient morts au bout de quelques jours de captivité, et il m'envoyait les deux seuls survivants. La lettre énumérait les objets qu'il m'offrait à titre de *khelah* c'est-à-dire d'habit d'honneur. Cet *habit* se composait de gros blocs de cristal de roche, huit sacs immenses de fruits secs, deux jeunes antilopes vivants et une pièce de l'étoffe dont s'habille sa majesté thibétaine, faite du duvet de ces espèces d'antilopes. Il décrivait son envoyé comme son vizir depuis trente ans, son homme de confiance, son autre lui-même. Aga-Cheragh-Ali-Chah (pour ne refuser aucun de ses titres à ce singulier personnage diplomatique) ne tarda pas à me faire savoir qu'il avait une mission toute confidentielle, et comme il me voyait entouré d'espions, il me dit qu'il avait à me consulter sur une maladie du radjah. Je l'engageai à m'en instruire sur-le-champ, afin que j'eusse plus de temps pour méditer sur le remède ; mais il me dit que c'était une maladie dont on ne pouvait parler que derrière les rideaux. L'invention n'était pas mauvaise pour écarter tous les témoins d'un entretien secret. Il s'est présenté depuis pour cela, mais après avoir mangé une telle quantité d'opium qu'il n'a su rien me dire, si ce n'est que son maître est passionnément amoureux des Anglais (qu'il n'a jamais vus, et qui sont à trois cents lieues de son chétif empire), qu'il est leur très humble serviteur, et que son pays, est le leur, etc., etc. Je lui ai répondu que j'avais pour Ahmed-Chah une passion furieuse, et que j'étais, avec toutes les tulipes, narcisses et roses du monde, son inviolable ami. Il est évident que mon homme me prenait pour un agent secret de la Compagnie.

« Deux hommes de la suite de mon ambassadeur, étaient morts de froid dans le voyage, un autre avait le bras cassé, un cheval était resté au fond d'un précipice ; mais Chiragh-Ali-Chah se sentait tellement vivifié par le soleil de ma présence qu'il ne doutait pas que, s'il eût amené ses morts, ils n'eussent ressuscité devant moi ; enfin il me broya de la couleur locale à satisfaire les plus exigeants.

« Après lui on introduisit le chef montagnard : c'était un homme de mon âge, parfaitement beau, et d'une physionomie douce et riante ; je l'aurais aimé de tout mon cœur sans les deux cents coquins qu'il avait amenés, et malgré cette adjonction, il me plut encore beaucoup. Je me hâtai pourtant, par prudence, de lui faire savoir mes intentions bienveillantes envers lui ; je lui dis que j'étais l'ami des opprimés et le promoteur de la paix, que je déplorais l'état de guerre et d'anxiété perpétuel où il vit, et que, s'il voulait me promettre de garder la paix désormais, je demanderais à Rundjet-Singh la liberté d'une de ses femmes, et de ses filles captives à Cachemyr. Il me conta son histoire, qui me toucha beaucoup, et certes je lui tiendrai parole quand je reverrai Rundjet-Singh ; mais je suis persuadé que le meilleur moyen pour lui de ravoir sa femme et ses filles était de m'emmener prisonnier dans son fort, et je lui sais bien bon gré de m'avoir laissé être l'instrument incertain de leur liberté, au lieu de m'en faire le gage assuré, comme il le pouvait. Mon projet était d'abord de visiter ses montagnes, mais je crus imprudent de prolonger l'épreuve de sa justice, et je me suis décidé hier à continuer ma marche le long du lac, sans pénétrer dans les vallées qui y descendent.

« Dellâveur-Mallik, c'est le nom de mon nouvel ami, m'accompagna jusqu'au bord d'un large torrent qui forme la limite de son domaine contesté ; je n'aurais pas souffert, dans l'intérêt de sa sûreté, qu'il vînt plus loin, et j'allais le lui défendre quand il descendit de cheval pour prendre congé de moi. Il me dit, en souriant, qu'il n'y avait pas de fusils plus justes ni plus longs de portée que ceux des deux montagnards qui marchent toujours à ses côtés, ni de sabre mieux affilé que le sien, ni de cheval plus vif que le sien. Je n'oublierai jamais cette figure-là, tant elle était belle et bonne et pittoresque ; Walter Scott n'imaginerait pas mieux. »

Introduction à la *Correspondance inédite*, par Prosper Mérimée[1]

Paris, le 20 octobre 1867

Cher Monsieur Michel Lévy,

Vous me demandez une notice biographique sur Victor Jacquemont pour l'édition de sa Correspondance inédite que vous préparez. J'y ai quelques objections. Et d'abord, pour le bien connaître, ses lettres ne suffisent-elles pas amplement ? Mort à trente-deux ans, Victor Jacquemont n'a pas laissé matière à ce qu'on appelle une biographie. Ses recherches assidues, ses efforts incessants pour rassembler les matériaux d'un grand travail scientifique, son long et périlleux voyage, voilà sa vie. Il la raconte à ses amis mieux que personne ne pourrait le faire. Pour moi, je crois inutile, je ne sais même s'il serait convenable, d'entretenir le public d'un certain nombre de faits sans importance, d'anecdotes d'un caractère tout à fait privé, qu'une longue intimité avec sa famille et lui ont pu m'apprendre. Je ne veux pas cependant que vous m'accusiez de paresse, et, pour vous prouver ma bonne volonté, je vais essayer de vous dire quelques

1. *Correspondance inédite de Victor Jacquemont avec sa famille et ses amis : 1824-1832*, tome 1, précédée d'une notice biographique, par V. Jacquemont neveu ; et d'une introduction, par Prosper Mérimée, Paris, Michel Lévy, 1867, p. i-xvi.

mots de son caractère et de ses habitudes. En entrant dans un salon, l'homme le plus aimable a besoin qu'on le présente.

Je vais présenter Victor Jacquemont à ceux qui n'ont encore rien lu de sa *Correspondance*. Ceux qui connaissent les précédentes éditions feront bien de passer cette Introduction et de commencer par la lettre première.

Victor Jacquemont était très grand ; il avait cinq pieds dix pouces[1], et sa taille paraissait d'autant plus haute qu'il était maigre et avait la tête petite. De longs cheveux châtain obscur et bouclés naturellement lui couvraient le front en partie. Il avait les yeux gris foncé, et, comme il avait la vue très basse, on trouvait quelque chose de vague dans son regard. Quant à l'expression de sa physionomie, elle variait tellement, qu'il était difficile de la définir, et les avis à ce sujet étaient très partagés ; les uns lui trouvaient l'air ouvert et prévenant, d'autres prétendaient qu'il avait une mine hautaine et de mauvaise humeur. Pour ma part, j'aurais eu assez médiocre opinion de ceux qui portaient ce dernier jugement, et j'en aurais conclu que Jacquemont s'était ennuyé avec eux. En effet, je n'ai connu personne aussi peu habile que lui à cacher les sentiments qu'il éprouvait. Autant il était aimable et causeur charmant avec les gens qui lui plaisaient, autant il se montrait taciturne et distrait avec ceux qui lui inspiraient quelque répugnance. Avec les premiers, il déployait une sorte de coquetterie aimable, « il faisait des frais », pour me servir d'une de ses expressions, et il réussissait sans peine à les intéresser et à gagner leur confiance. Les autres voyaient trop clairement qu'ils l'ennuyaient, et le prenaient en grippe.

Je vais vous donner un exemple de cette espèce de séduction qu'il exerçait, pour ainsi dire, à la première

1. Soit 1,78 mètre.

vue. Avant de partir pour l'Inde, il dut aller en Angleterre afin de s'y procurer des lettres de recommandation, sans lesquelles il lui eût été à peu près impossible de voyager dans les vastes domaines de l'honorable Compagnie. Il apportait à Londres des recommandations du ministre des affaires étrangères, des professeurs du Jardin des Plantes, des principaux membres de l'Académie des sciences.

On lui donna sur-le-champ des passeports et des lettres pour les autorités, et quelques dîners en outre. Il était déjà reparti pour Paris, lorsqu'un des directeurs de la Compagnie alla trouver M. Sutton Sharpe, membre distingué du barreau anglais et fort ami de Victor Jacquemont.

« Pourriez-vous, lui dit-il, me donner votre parole de gentleman que votre ami n'est pas un espion du gouvernement français ? – Assurément ! s'écria Sharpe. Mais pourquoi cette question ? – Parce que, s'il en est ainsi, je vais vous donner une lettre de recommandation pour lui. – Mais vous lui en avez déjà donné une douzaine pour des officiers de la Compagnie. – Oui, des lettres comme on en donne quelquefois ; maintenant, il en aura comme on n'en donne jamais. » Jacquemont n'avait vu que deux fois ce directeur obligeant et soupçonneux.

Son procédé pour plaire consistait à ne rien cacher de ses idées et de ses sentiments, à être parfaitement naturel. Peu de gens sont insensibles à cette franchise, lorsqu'elle est accompagnée d'un esprit original et d'une solide instruction. Je l'ai quelquefois entendu accuser de penchant pour le paradoxe. À mon avis, ce n'était nullement son défaut. Au contraire, dans toute discussion où il prenait part, il était, ou du moins croyait être, du côté de la vérité ; mais il donnait souvent à sa pensée un tour singulier, auquel pouvaient se méprendre ceux qui font plus d'attention à la forme qu'au fond. Le charme de son esprit était précisément de n'être jamais ni cherché ni apprêté. J'ajouterai que le timbre remarquablement agréable de sa voix était peut-être pour quelque chose dans ses succès de conversation. Je n'ai jamais entendu de voix plus naturellement musicale. Quand je l'entendais parler, je me rappelais ces vers de Shakespeare :

« Oh ! it came on my ears like the sweet south
That breathes upon a bank of violets[1]. »

Je ne veux pas oublier ses défauts. La bêtise – la sottise surtout – l'irritait d'une manière étrange. Il ne pouvait la supporter et s'en indignait. Beyle, qui, bien que très intolérant lui-même en cette matière[2], gardait toutefois plus de ménagements, lui reprochait d'en vouloir sérieusement à des gens qui avaient le malheur d'être bêtes. « Croyez-vous donc, ajouta-t-il, qu'ils le fassent exprès ? – Je n'en sais rien, » dit Jacquemont d'un ton farouche. Il eût été de l'avis de M. de M…, qui soutenait que le mauvais goût mène au crime.

Je n'ai jamais connu de cœur plus vraiment sensible que celui de Jacquemont. C'était une nature aimante et tendre, mais il apportait autant de soin à cacher ses émotions que d'autres en mettent à dissimuler de mauvais penchants.

Dans notre jeunesse, nous avions été choqués de la fausse sensibilité de Rousseau et de ses imitateurs. Il s'était fait une réaction, exagérée, comme c'est l'ordinaire. Nous voulions être forts, et nous nous moquions de la sensiblerie.

Peut-être Victor cédait-il involontairement à cette tendance de sa génération. Je crois pourtant que ses

1. Traduction donnée par Mérimée en note : « Sa voix arrivait à mon oreille comme le doux vent du midi qui murmure en passant sur un lit de violettes. »

2. Charmant portrait en creux de Stendhal.

dehors d'impassibilité tenaient moins à une mode qu'à une conviction. Il était stoïcien dans toute la force du terme, non par nature, mais par raisonnement, et, s'il ne niait pas la douleur, il croyait qu'un homme devait toujours trouver en lui la force de la supporter ; en outre, qu'il devait s'exercer sans cesse à se vaincre lui-même. Plus d'une fois j'ai assisté à des combats entre ses nerfs et sa volonté, et je crois que la victoire lui coûtait cher.

Il tenait de son père ce pouvoir de dominer ses émotions, et ce n'était pas leur seul point de ressemblance. Le dernier jour qu'il passa à Paris, je dînai avec lui, son père et son frère Porphyre. Le repas fut loin d'être gai ; mais un étranger ne se serait pas douté, je pense, que cette famille si unie allait se séparer pour longtemps d'un de ses membres. Lorsque l'heure du départ fut venue, Victor embrassa son père en lui disant : « Je compte que vous aurez soin de vous. Évitez les rhumes. – N'aie pas peur ; donne-nous de tes nouvelles quand tu pourras », répondit le père en ôtant ses lunettes et en prenant un volume de Walter Scott qu'il lisait alternativement avec quelque ouvrage de métaphysique. Une vieille servante fondait en larmes. Victor descendit l'escalier un peu plus vite qu'à l'ordinaire. Lorsqu'il fut installé dans la malle-poste de Brest, il me prit la main et me dit d'une voix aussi ferme qu'il put : « Vous irez le voir souvent. » Il était si jeune, sa santé me semblait si robuste, il y avait en lui un si heureux mélange de détermination et de prudence, que pas un pressentiment sinistre ne me vint à l'esprit.

Cette insensibilité de commande, qui, d'ailleurs, ne faisait illusion qu'à ceux qui ne le connaissaient pas intimement, était beaucoup plus apparente dans sa conversation que dans ses lettres. Le contraste m'a souvent surpris.

Mais d'abord Jacquemont ne s'est jamais douté que ses lettres seraient lues par d'autres que ses amis. Devant une feuille de papier, il n'avait pas l'inquiétude de surprendre un sourire ironique répondant à un mouvement de sensibilité. Seul, il n'avait plus de mauvaise honte.

Probablement encore, éloigné de ses amis, il était plus accessible à toutes les inquiétudes qui accompagnent une affection vraie, et il exprimait avec plus de force ses sentiments naturels.

Il ne s'était jamais occupé sérieusement de littérature. Il avait beaucoup lu, mais jamais en vue de se former le style. Jamais l'idée d'offrir au public ses pensées et ses impressions ne lui était venue à l'esprit ; je crois même qu'il y répugnait complètement. De sa part, il n'y avait ni orgueil ni modestie ; mais s'adresser au public lui eût paru aussi étrange que de parler de ses affaires à un inconnu. Je me souviens qu'à propos d'une scène d'amour dans un roman qu'on trouvait belle, quelqu'un disait que l'auteur avait si bien réussi parce qu'il racontait une aventure qui lui était arrivée : « Que penseriez-vous, dit Jacquemont, d'un chirurgien qui ferait une préparation anatomique de sa maîtresse, et l'exposerait dans le cabinet de l'École de médecine ? » Chacun se récriant d'horreur, Jacquemont dit que l'anatomiste valait pourtant mieux que l'homme de lettres : « Le roman de celui-ci n'apprendra à personne à faire l'amour, tandis que la femme disséquée sera utile aux étudiants. »

Victor Jacquemont a écrit quelques articles dans des revues sur des sujets scientifiques, un entre autres fort remarquable, en 1825 ou 1826, où il faisait le tableau des connaissances géologiques à cette époque. C'était un résumé fort exact, à ce que j'entendais dire à des savants, de tous les travaux déjà publiés en Europe. Le sujet était traité avec tant de méthode et de clarté, qu'il offrait de l'intérêt même aux gens du monde. Jacquemont me parut surpris de son succès. Il avait fait un article, comme M. Jourdain faisait de la prose, sans le savoir. Sa facilité était extraordinaire. J'ai eu entre les mains le manuscrit de son *Journal de voyage*, qui, imprimé, forme quatre volumes in-quarto. Malgré la rapidité avec laquelle il a été écrit, au jour le jour, souvent au bivac[1] ou sous une mauvaise tente, on a peine à y découvrir quelques ratures ; et, en revoyant les épreuves, je n'ai eu à corriger que les fautes d'impression. Ce talent d'écrire bien, sans ratures, était un talent de famille.

Son père n'a jamais biffé un mot, que je sache, dans ses volumineux ouvrages[2]. Victor se servait indifféremment de la première plume venue ; tout papier lui était bon, depuis le *foolscap* anglais jusqu'aux immenses feuilles semées de paillettes d'or sur lesquelles il écrivait à Cachemire. Son manuscrit, toujours très lisible, ferait un spécimen curieux de toutes les variétés de papier en usage dans les Indes.

Il ne me semble pas qu'il eût pour les sciences naturelles une vocation particulière. Je crois qu'il aurait réussi dans toutes les carrières qu'il eût embrassées ; car dans toutes il aurait apporté son esprit pénétrant, ainsi que l'application et la persévérance qu'il mettait à tout ce qu'il considérait comme un devoir. Plusieurs circonstances le déterminèrent à se consacrer exclusivement à l'étude de la botanique et de la géologie.

Très jeune encore, travaillant dans le laboratoire de M. Thénard[3], il faillit être empoisonné dans une expérience

1. Bivouac.

2. Son père et son frère Porphyre étaient les ayant droit désignés par Victor Jacquemont pour s'occuper de son œuvre et de ses collections.

3. Louis-Jacques Thénard (1777-1857), chimiste, professeur au Collège de France (1804-1845) et à l'École polytechnique (1795-1835), membre de l'Institut, Académie des sciences, membre de l'Académie

faite sans les précautions convenables. Sa santé en fut fortement altérée, et ne se rétablit qu'après plusieurs années d'un régime sévère. On lui avait recommandé de vivre le plus possible en plein air et de voyager à pied ou à cheval. Le remède réussit. La botanique et la minéralogie, qui d'abord n'avaient été pour lui qu'une distraction au milieu de ses courses souvent très pénibles, devinrent bientôt l'occupation sérieuse de sa vie. Dans ses explorations, il se lia avec des naturalistes distingués, dont la conversation, mieux que tous les livres, abrégea pour lui l'ennui des premières études. Une excellente mémoire, une heureuse disposition à bien observer, comparer, analyser les objets qui passaient sous ses yeux, lui firent faire de rapides progrès et prendre un intérêt véritable à ce qui n'avait été d'abord qu'un amusement pour sa solitude. En même temps, il étudiait la médecine, plutôt avec une curiosité philosophique qu'en vue d'en faire un jour sa profession, car il y trouvait deux objections considérables : en premier lieu, l'incertitude de la science et la responsabilité qu'on ne peut éviter d'encourir dans la pratique, où les erreurs sont très faciles ; puis le charlatanisme à peu près inévitable, peut-être même nécessaire au succès du médecin, répugnait complètement à sa nature fière, honnête et vraie. Il se dit qu'en se livrant tout entier à l'étude des sciences naturelles, il n'aurait ni à redouter des distractions dangereuses, ni à s'occuper de se faire une clientèle, et que cependant il pourrait être utile.

Être utile était pour lui un principe absolu dont il était pénétré et dont il n'admettait plus l'examen. Esclave de ce qu'il considérait comme le premier devoir de l'humanité, il tenait pour coupable celui qui ne faisait pas emploi pour le bien général des facultés qu'il possédait.

---

de médecine, baron, pair de France. Jacquemont avait suivi ses cours au Collège de France dès les années 1815.

Cette opinion était chez lui le résultat d'un instinct généreux beaucoup plus que d'un raisonnement philosophique, encore moins d'une croyance religieuse, car en bien d'autres matières il était complètement sceptique.

En partant pour l'Inde, il ne se dissimulait pas qu'il allait employer les plus belles années de sa vie seulement à recueillir des matériaux qu'à son retour il aurait à mettre en œuvre.

Bien qu'il ne fût pas insensible à la gloire, il ne se faisait pas d'illusion sur celle qu'il pouvait espérer. « Le mérite d'un savant, disait-il, demeure toujours à peu près incompréhensible à la foule. Elle n'y croit que sur le passeport que lui donnent quelques savants patentés ; mais leurs arrêts sont bien incertains. Beaucoup, par jalousie, maltraitent ceux qui se distinguent ; et, parmi les plus honnêtes, il y en a peu qui voient avec plaisir qu'on découvre quelque chose de nouveau dans le sentier qu'ils ont parcouru. Combien plus heureuse est la carrière d'un homme de lettres ! C'est à tout le public qu'il s'adresse ; tout le monde le comprend et peut l'apprécier, sans aller demander l'opinion de tel ou tel juge plus ou moins suspect. Mais l'homme de lettres est-il aussi utile que le savant ? L'inconnu qui inventa la hache ou la scie n'a-t-il pas plus de droits qu'Homère à notre reconnaissance ? » Quant à la fortune, Jacquemont savait qu'il n'en prenait pas le chemin ; mais il n'estimait l'argent que pour la liberté qu'il donne. Avec ses goûts simples et son mépris pour les jouissances de vanité, il ne demandait qu'à s'assurer une existence de philosophe.

La jeunesse de la Restauration : Victor Jacquemont, par Charles de Mazade[1]

I. Correspondance de Victor Jacquemont pendant son voyage dans l'Inde, *2 vol. in-8°. – II.* Correspondance inédite de Victor Jacquemont avec sa famille et ses amis, *précédée d'une introduction par M. Prosper Mérimée ; 2 vol. in-8°, 1867.*

Il y a des générations heureuses, il y a des générations qui n'ont pas de bonheur. Celles qui n'ont pas de bonheur, ce sont ces générations venues aux heures mauvaises, serrées, étouffées pour ainsi dire entre deux crises, quand tout paraît s'alanguir ou se troubler, quand les événements semblent faits pour décourager les convictions et les espérances, en dérobant tout à coup un but longtemps poursuivi, en bouleversant subitement la direction des choses. Pour celles-là, il n'y a guère de souffle favorable. On dirait que l'air et l'espace leur manquent. Elles sont réduites à cette suprême infortune de se perdre dans le torrent des frivolités vulgaires et des ardeurs subalternes, ou de lutter sans cesse avec un obscur héroïsme contre un courant qui les emporte. Filles d'un temps de déception et de confusion, elles

1. *Revue des Deux Mondes*, décembre 1867, deuxième quinzaine, tome 72, p. 966-984.

portent la marque de l'heure où elles sont arrivées à la vie publique ; elles sont sceptiques ou chimériques, peut-être l'un et l'autre à la fois, et si elles ne font pas tout ce qu'on leur demande, c'est qu'aussi rien ne les soutient, rien ne les rallie dans l'action. Elles ressemblent à une armée bariolée et confuse, marchant à l'aventure sans lien et sans drapeau. Telles qu'elles apparaissent, elles sont assurément plus malheureuses que coupables, puisqu'après tout cette situation déprimée et troublée dont elles sont les premières victimes, elles ne l'ont pas créée. Et cependant elles sont comme si elles étaient coupables, et les seules coupables, puisque c'est sur leur tête que se résout l'orage. Ce sont des générations sacrifiées qui ne sont pas plus pauvres de caractère et d'intelligence que d'autres, qui, elles aussi, auraient pu facilement avoir leur rôle et leur éclat, mais à qui l'air vivifiant et salubre de la liberté a manqué. Supposez, si vous voulez, purement imaginaire ce portrait des générations qui n'ont pas de bonheur.

Une génération heureuse, c'est celle qui se levait vers 1815, au lendemain des excès de la force, dans cette trêve laissée au monde après vingt-cinq ans de batailles. Génération heureuse, dis-je, plus heureuse même que celle de 1789, qui n'apparaissait que pour sombrer aussitôt dans des catastrophes inouïes, plus heureuse aussi que celle de l'empire, que cette génération soldatesque qui grandit par les armes et périt par les armes, allant à la gloire et à la mort, silencieuse, obéissante, au mot d'ordre d'un maître. Pour la génération poussée sur la scène vers 1815 une carrière nouvelle s'ouvrait. Je ne dis pas qu'elle ne ressentît l'amertume cuisante de la défaite sous laquelle pliait la fortune guerrière de la France, et que ce désastre militaire n'ait laissé des traces profondes. Au premier instant du moins, l'empire en s'évanouissant tout à coup semblait délier les langues et laisser reparaître une

France nouvelle, presque inattendue, intelligente, animée à toutes les luttes de l'esprit et de la science, disposée à chercher dans la liberté la généreuse et féconde compensation de la gloire meurtrière des armes. Pour cette génération donc, tout semblait propice, tout jusqu'à cette fatalité intime, mystérieuse, qui rendait impossible après Napoléon un despotisme continu, – et en effet, s'il fallait caractériser d'un mot cette période des quinze ans de la restauration, on pourrait dire qu'il y eut assez de velléités de réaction pour enflammer les esprits, pour les discipliner au feu du combat, sans qu'il y eût jamais dans le gouvernement assez de puissance pour enchaîner un mouvement né de la force des choses. Il y avait tout juste ce qu'il fallait pour donner à chaque progrès la saveur d'une victoire sur une résistance décousue et sans avenir. De là cette marche en avant, cet entrain universel d'une génération brillante, originale, pleine de jeunesse et d'essor, prenant possession de la vie comme de son bien. Elle avait tout pour elle, la faveur des circonstances et le ressort intérieur, la vivacité de l'enthousiasme, la sincérité des émotions généreuses, la confiance en elle-même et ce désir ardent de tout renouveler qui la poussait à la fois dans tous les domaines, dans l'histoire et dans la philosophie, dans l'art et dans la science comme dans la politique. Elle avait ce que rien ne remplace, l'unité du but dans la variété des efforts et des talents. C'est ce qui faisait sa force. Je ne sais s'il y eut jamais une génération entrant dans la vie d'un air plus conquérant, sachant mieux arriver au succès.

Elle n'a pas tout conquis, cela est bien clair, ou elle n'a pas su garder ses conquêtes, ou elle n'a pas eu cet autre grand art de se préparer des successeurs pour défendre son œuvre. Ce fut dans tous les cas à son avènement la génération la plus brillante, la plus favorisée depuis la révolution française, la plus féconde aussi par tout ce qu'elle a produit et par ce qu'elle a laissé entrevoir. D'autres sont venus depuis ; il est resté malgré tout une sorte de reflet particulier et attachant sur les hommes de cette période, même sur ceux qui n'ont pas eu le temps de remplir jusqu'au bout leur destinée, et dont le nom retentit quelquefois sans qu'on sache bien au juste ce qu'ils ont fait, ce qu'ils représentent, comme il arrive de Victor Jacquemont, une des figures de ce monde d'autrefois. Qu'a fait réellement Victor Jacquemont ? Peu de chose : il a passé sans laisser des traces bien distinctes, il a commencé une carrière de savant interrompue par la mort, il a écrit au courant de la plume des lettres qu'on a recueillies, qu'on achève de recueillir aujourd'hui, et dont les dernières, sans être dénuées d'intérêt, n'égalent pas peut-être celles qui ont été publiées il y a quelques années. C'est tout ; mais dans cette vie si brusquement brisée, dans ces lettres écrites pour ses amis, pour ses parents, apparaissent justement cette verve, cet esprit, cette curiosité inassouvie, cette ardeur intrépide d'un homme qui est sans le vouloir et sans y songer un des types les plus curieux et les moins connus de cette jeunesse d'avant 1830.

Victor Jacquemont ne croyait nullement être un écrivain, et M. Mérimée, qui a tracé son portrait avec une fidélité affectueuse, ajoute même qu'il ne s'était jamais occupé sérieusement de littérature, qu'il avait lu beaucoup, mais sans songer à se donner une forme littéraire, et surtout sans avoir l'idée de livrer ses impressions et ses pensées au public. Chose étrange, c'est cependant comme écrivain qu'il survit, et sur ces pages intimes, courantes, faciles, datées de Delhi ou de Lahore, de Cachemire ou des hauteurs glacées de l'Himalaya, sur ces pages s'étend pour en doubler l'intérêt l'ombre d'une mort prématurée. S'il n'eût pas songé à écrire à ses amis, il ne serait rien de plus qu'un voyageur obscur et oublié, victime inconnue d'un dévouement scientifique. Ses lettres font de lui un de ces jeunes morts qui ne s'en vont pas tout entiers, qui méritent d'éveiller autour d'une attachante mémoire toutes ces questions nées d'une curiosité sympathique : qu'auraient-ils fait, s'ils n'eussent été arrêtés dans leur épanouissement, s'ils avaient vécu assez pour tenir tout ce qu'ils promettaient ? Quelle eût été leur place définitive parmi les hommes de leur âge et de leur pays ?

Certes, à ne prendre que les événements extérieurs, rien n'est plus simple que l'existence de Victor Jacquemont. Il était né avec son siècle en 1801, il a vécu de la vie de son siècle tant qu'il a été de ce monde, et il est allé mourir sur une plage de l'Inde, ayant à peine dépassé trente ans. Fils d'un père qui avait été directeur de l'instruction publique, un des membres du tribunat éliminés par Napoléon, et qui passait son temps à édifier des systèmes philosophiques sans trouver beaucoup d'écho parmi ses contemporains. Victor Jacquemont avait reçu une sévère et forte éducation. Après ses études littéraires, il s'était livré aux sciences avec Thénard, et il ne fut distrait des travaux de laboratoire que par un accident qui, en mettant sa vie en danger, le rejeta vers l'étude plus libre de la botanique, de l'histoire naturelle. Il entrait du reste dans le monde par la meilleure porte, admis familièrement chez Lafayette, chez M. de Tracy, lié de bonne heure avec Mérimée, Stendhal, Jules Cloquet[1] et bien d'autres hommes de son âge ou même plus âgés, dont il partageait les idées et les plaisirs. Que se passa-t-il

1. Le marquis de La Fayette (1757-1834), « Héros des Deux Mondes », chez qui Jacquemont se rendait occasionnellement, comme chez Victor Destutt de Tracy (1781-1864), à Paray-le-Frésil dans l'Allier, département dont il était député. Le fils du premier avait épousé la sœur du second. Jules Germain Cloquet (1790-1883) était un médecin et chirurgien parisien, élu à l'Académie nationale de médecine en 1821.

à un certain moment de cette jeunesse à la fois studieuse et orageuse, vers 1826 ? Ses amis remarquèrent d'abord son humeur sombre, puis le virent disparaître et apprirent tout à coup qu'il venait de s'embarquer au Havre. Il était parti pour les États-Unis, pour Saint-Domingue, qu'il visita successivement en volontaire naturaliste, et où il se trouvait encore lorsque se nouait déjà la grande affaire de sa vie, son voyage dans l'Inde. C'est du Muséum, où il comptait des amis, qu'il recevait cette mission inattendue. Il revint en France, organisa son voyage à Paris et à Londres, et il s'embarqua pour ne plus revenir. En apparence, c'est donc la simple existence d'un jeune savant envoyé à la découverte des combinaisons géologiques et des plantes de l'Inde avec un modique traitement alloué par le Muséum ; en réalité, ce qu'un voyage de ce genre mettait surtout en lumière, c'était un homme épris de science sans doute, mais en même temps d'une trempe supérieure, d'une humeur virile et enjouée, d'une vive et ferme sagacité, d'une industrie merveilleuse pour faire face à tout avec des ressources ridiculement insuffisantes sans s'abaisser jamais. Là est le charme de ces lettres, où, ce qui est le plus intéressant, c'est l'homme même se révélant dans son caractère, dans sa nature morale, dans son originalité indépendante et libre.

C'est par cette nature morale que Victor Jacquemont est de son temps et de sa génération. Il en a tous les instincts, les idées, les préoccupations, les impulsions. Quand je dis qu'il se méprend sur lui-même en se croyant si peu un écrivain et si exclusivement un savant, je ne prétends pas qu'il se trompe doublement, et que, rentré en France, il n'eût réussi à tracer une description de l'Inde qui eût pu l'élever au rang des naturalistes supérieurs. Jacquemont fait son métier d'explorateur vigoureusement, consciencieusement, sans craindre les fatigues, sans reculer devant le danger, en livrant noblement sa vie ; mais ce qu'il est le moins assurément, c'est un savant confiné dans son domaine, un homme de spécialité, se désintéressant de tout ce qui n'est pas l'objet direct de ses études, oubliant tout, la vie, le monde, pour l'analyse d'une superposition de terrains ou d'une plante. Il y a des hommes, et non seulement des savants, des écrivains même, des artistes, qui sont la proie de leur vocation ; il en est qui la portent avec aisance, sans se laisser absorber. Victor Jacquemont, et c'est la marque de sa supériorité, était de ceux qui échappent, par le ressort de leur nature flexible, à la tyrannie de la spécialité. Lui, il ne se désintéressa de rien, il a le goût de tout, de la société comme de l'étude, de la science, de la politique surtout, de la géologie, de l'art, de la musique ; il cultive Mme Pasta aussi bien que Cuvier, et on pourrait, ce me semble, donner pour épigraphe à son voyage dans l'Inde ce qu'il écrivait un jour à Mme Victor de Tracy au sortir d'une représentation de *Tancrède* : « L'homme courageux qui, dans un généreux enthousiasme, promet le sacrifice de sa vie, éprouve sans doute alors une jouissance de cœur bien profonde. Qui n'a pas connu cette jouissance en se sentant plein de mépris pour le danger et animé d'une noble confiance à la veille d'une entreprise aventureuse ? Eh bien ! c'est là ce que je sens en entendant le – *si, morte affrontero*, – dans *Tancrède.* » Une mélodie de Rossini servant de prélude à une expédition de naturaliste dans les solitudes sauvages de l'Himalaya, ce n'est pas très ordinaire.

D'ailleurs cette vocation scientifique à laquelle obéissait Victor Jacquemont, d'où lui venait-elle, ou du moins dans quelles circonstances se révélait-elle pour décider de sa vie ? Je ne veux pas en diminuer la gravité : elle était réelle chez lui, et surtout, une fois acceptée, elle devenait très sérieuse ; mais enfin cette humeur sombre que remarquaient ses amis à un certain moment, ce départ soudain pour les États-Unis qui le jetait dans la carrière des explorations scientifiques, tout cela tenait à une mystérieuse et profonde blessure du cœur, à une de ces passions romanesques qui sont le privilège et le tourment des âmes délicates faites pour sentir plus vivement et pour souffrir plus que les autres. Il partait pour chercher l'oubli, la guérison, dans l'absence et le travail. Il n'avait eu pour confidents que son père et son frère aîné, Porphyre Jacquemont, qui était un autre père pour lui, et c'est avec eux seuls qu'il laisse échapper durant son voyage quelques éclairs de cette flamme invisible pour tous. « J'aurais voulu t'écrire du Havre avant de partir, dit-il à son frère ; je voulais aussi écrire à notre père, et puis je n'y ai pas eu le cœur. Là j'étais encore trop près de vous ; mais en Amérique je vous écrirai, car, tu le vois bien, ici encore que te dis-je ? Voici quatre grandes pages déjà, et de quoi t'ai-je parlé ? De choses sans doute bien indifférentes dans notre position ; mais, pour t'exprimer tout ce dont mon cœur est plein, il me faudrait de la solitude, du silence autour de moi, du recueillement. Porphyre, ce que je ne te dis pas, mon ami, je ne le sens que plus fort… – Voici un mois aujourd'hui que je suis parti, et à peine me semble-t-il qu'il y ait huit jours que je t'ai quitté, mon ami. Pourtant le temps s'est écoulé tristement, mais les jours se succédaient avec uniformité ; rien pour moi n'emplissait le temps, rien n'en marquait la durée. Il ne me reste de tout ce mois que le souvenir confus de pensées tristes et indécises, des sentiments vagues et irrésolus qui m'ont agité tour à tour. Il me tarde à présent d'arriver. » Victor Jacquemont ne sacrifiait pas du tout à la mode de la mélancolie et de l'amour désespéré ; par inclination et par système, il était, je crois bien, le moins mélancolique des hommes. Pour qu'il parlât ainsi, il fallait qu'il eût l'âme profondément ébranlée dans cette première heure, et ce n'est que quelques mois plus tard, après avoir savouré l'oubli dans un monde si différent de celui de la France, qu'il pouvait écrire avec une tranquillité mal reconquise : « Adieu, mon ami, adieu, mon cher frère, ma pensée ne doit plus être pour vous un sujet de tourment. Je suis mieux, presque bien, j'espère en l'avenir... » Je ne sais si je me trompe, mais quand la vocation de voyageur scientifique serait venue un peu, même tout à fait là pour Victor Jacquemont, quand elle serait née du trouble d'un jeune cœur déchiré, elle n'aurait pas une origine moins noble et moins sérieuse, elle proviendrait d'une source tout humaine qui lui donnerait une sorte de poésie émouvante allant se confondre avec cette autre poésie d'une carrière prématurément brisée.

Ce qu'il y a de plus grave dans ces crises invisibles et inavouées, c'est qu'elles laissent des traces profondes qui vivent encore même quand la cause première a disparu. Elles disposent l'âme et l'esprit d'une certaine façon, et qui sait si cette déception qu'avait eue Victor Jacquemont n'était pas pour quelque chose dans cette humeur taciturne, dans ces affectations de dédain ou ce penchant au paradoxe qu'on voyait en lui quelquefois ? C'était peut-être au souvenir de ce qu'il avait éprouvé qu'il manifestait ces répugnances dont parle M. Mérimée pour la littérature trop intime de ceux qui mettent en roman leurs aventures d'amour, qu'il se cuirassait de cette apparence d'insensibilité qu'on lui reprochait quelquefois, qui le faisait accuser d'indifférence et d'égoïsme. Sous cette fatuité d'homme fort se cachait peut-être encore la faiblesse secrète. Au fond, c'était une nature simple, droite, virile, facilement séduisante, affectueuse aussi dans l'intimité, et ce qu'on ne voyait pas chez le causeur préoccupé de ceux qui l'écoutaient, on le voit mieux dans ses lettres, parce que là Jacquemont ne se contraint plus et se livre sans effort à l'inspiration du moment, parce qu'il écrit pour son père, pour son frère, pour des amis devant lesquels il ne songe point à se cacher, et c'est lui-même qui donne la plus juste idée de cette ingénieuse et substantielle correspondance quand il dit : « J'écris beaucoup, sur tous les tons, sans effort, selon la disposition de mon esprit, l'état de mon estomac et la qualité de ma plume. Personne n'est tout sublime, tout digne, tout gai et riant. Après une description géologique vient une page confidentielle que nul autre que moi ne doit relire. Je craindrais de mentir, si j'écrivais autrement… » On ne peut pas dire précisément que Victor Jacquemont ait une philosophie et une politique. Sa politique et sa philosophie sont des instincts bien plus que des raisonnements réfléchis et coordonnés. Il y a eu évidemment à cette époque de la restauration, même dans cette portion de la société française plus particulièrement envahie par l'esprit de la révolution et du libéralisme, il y a eu, dis-je, deux courants très différents, l'un tout spiritualiste, l'autre qui n'était en définitive que la tradition survivante du sensualisme, du scepticisme, en un mot des idées du XVIIIe siècle. Jacquemont est franchement et même quelquefois assez crûment de cette dernière école avec son ami Stendhal et aussi, je crois bien, avec son père.

Chose étrange, cet homme qui commence par les orages d'une passion romanesque ouvre son esprit à tout ce qui semble la négation de ces choses idéales, immortelles du cœur. En sa qualité de naturaliste, de demi-médecin, de savant accoutumé à l'analyse, il est volontiers sceptique, incrédule ; il frise un peu le matérialisme, il a du goût pour une science toute positive et utilitaire. Au fond, il ne faut pas s'y fier. Avec ces natures sincères et vives, on risque toujours de se tromper en les prenant au mot. Jacquemont est un de ces hommes qui passent leur vie à démentir par une réelle élévation morale ce qu'il y a d'étroit et de corrupteur dans leurs systèmes, – qui valent mieux que leur philosophie, ou qui se font une philosophie à leur usage, plus large, plus humaine que celle qu'ils reçoivent toute faite. Sceptique, il l'était à coup sûr ; mais en même temps il croyait à l'amitié, au dévouement, à tout ce qui ennoblit la race humaine ; il se faisait une haute et sévère idée du devoir ; il ne voyait pas dans la vie un jeu futile, il pensait que tout homme était tenu de se rendre utile à ses semblables ; il se créait à lui-même une sorte de stoïcisme sans morgue par lequel il se plaçait au-dessus des contrariétés vulgaires, et c'est l'homme qui justement avec cette idée qu'il se faisait du devoir allait vivre des mois entiers au milieu des déserts de l'Inde, seul, campé sous sa petite tente de voyage, gaîment d'ailleurs et sans se croire un héros. C'est l'homme qui, séparé du monde, de son camp de Hinguelisse, à 340 milles de Calcutta, écrivait[1] : « Ma solitude est loin de me peser ; je suis très assuré de passer sans tristesse mes six mois de retraite aux montagnes, sans voir un seul Européen. Des pensées pleines de douceur et de tendresse emplissent tous les instants de ma vie que l'étude n'occupe pas. Je ne sens plus les choses du passé, je me les rappelle seulement, et juge ainsi ce qui fut jadis en moi comme ce qui est en dehors… Quoi qu'il puisse m'arriver de contraire, vous me saurez pourvu d'une arme de résistance qui est en moi dans un principe bizarre de satisfaction intérieure, dans une simplicité de goûts qui, n'est pas de mon temps ni de mon éducation, dans une sorte d'orgueil sauvage qui me consolera aux mauvais jours, s'il en vient. Il y a mille degrés de malheur au-dessus de la possibilité desquels je me suis désormais placé… » Ce n'était pas évidemment dans un scepticisme vulgaire que

1. *Correspondance de Victor Jacquemont avec sa famille et ses amis*, édition de 1869, lettre XXI, p. 159.

Jacquemont puisait cette vigueur d'âme qui le soutenait au milieu des épreuves d'une campagne où il pouvait à chaque instant rencontrer une mort obscure et sans gloire.

Et quand il parle de servir l'humanité, quand il prononce ce mot de philosophie utilitaire, il faut s'entendre encore, il ne faut pas laisser à cette expression un sens étroit et bas. Il y a des utilitaires pour qui toute la science consiste à bien nourrir, à bien vêtir les hommes, à leur procurer le plus de satisfactions matérielles possible, sans s'occuper de tout ce qui peut relever leur esprit et leur âme, sans songer que cette humanité ondoyante et diverse a une nature morale à côté d'une nature physique. Victor Jacquemont ne l'entend pas ainsi, il se fait une autre idée des instincts et des besoins multiples de la race humaine ; il élargit le cadre de l'utilité pour ainsi dire, et y fait entrer toute sorte de choses dans lesquelles se résume en définitive la civilisation elle-même, l'art, la science, l'instruction, le perfectionnement moral et intellectuel, les plaisirs les plus exquis et les plus nobles de l'esprit. Je ne sais ce qu'avait pu lui écrire un étranger dont il s'était fait l'ami, un colonel espagnol réfugié dans l'Inde à la suite des révolutions de son pays et réduit à faire le commerce de l'indigo pour refaire sa fortune ou, plus simplement, pour vivre. Ce n'était pas un homme vulgaire ; Jacquemont s'entretenait avec lui de tout, de commerce, de philosophie ou de politique ; et il lui répondait un jour du fond de l'île de Salsette : « Walter Scott était mourant aux premiers jours de juillet ; Cuvier était mort. Voilà les hommes utiles ! J'y ajouterai Canova et Rossini. Que de millions d'hommes doivent à Scott un grand nombre d'heures d'un plaisir économique et innocent ! L'art de Canova parlait à un plus petit nombre, mais que de plaisirs et quels plaisirs nobles ses ouvrages ne donneront-ils pas toujours à tous ceux qui pourront les voir ! Que serait la géologie, si Cuvier n'avait pas existé pour créer l'anatomie comparée ? Quelle masse énorme de sensations agréables à versée Rossini dans les sociétés humaines ! Il est, ne vous en déplaise, mon cher Hezeta, beaucoup plus utile que vous, oui, utile. Ce que vous faites, mille autres le pourraient faire, et si vous ne le faisiez, ils le feraient. Quel substitut aurons-nous pour Cuvier et Scott ? Les hommes qui sont cause pour d'autres de sensations agréables sans l'être pour personne de sensations pénibles, voilà les hommes utiles par excellence. Ce n'est pas la doctrine des *utilitarians* anglais. Il n'y a d'utile pour eux que ce qui sert à la satisfaction des besoins physiques. L'homme qui engraisse les bœufs, celui qui fait le dîner, le manufacturier qui fabrique de bons chapeaux, de bons habits, de bonnes chaises percées, ce sont là les hommes utiles. Scott, Cuvier, Rossini, ne sont que des superfluités agréables, et c'est profaner le nom d'*utile* que de le leur donner. Le père de sir Robert Peel[1] a filé plus de coton et fabriqué plus de pièces de calicot dans sa vie que qui que ce soit : *ergo* c'était l'homme le plus utile ; mais s'il n'avait pas existé, son voisin, M. Thompson ou M. Smith en aurait filé autant pour satisfaire aux demandes du marché, tandis qu'en supposant que Scott et Cuvier n'eussent pas existé, il ne s'ensuit pas que *Wawerley* eût été écrit par quelque autre auteur, ni qu'un autre eût inventé l'anatomie comparée… » Convenez du moins qu'il y a de la ressource avec cet utilitaire, ce positif se moquant des *utilitarians*, faisant de ces *superfluités agréables* qui s'appellent l'art, la science, le nécessaire de la vie, se

1. Robert Peel (1788-1850), conservateur britannique, nommé deux fois Premier ministre (1834-1835 ; 1841-1846). Son père, Robert Peel (1750-1830), était un riche industriel du textile lors de la première révolution industrielle.

souvenant dans l'île de Salsette que Canova et Rossini existent, et les comptant comme les premiers serviteurs, comme les serviteurs utiles, bienfaisants de l'humanité. L'esprit, le goût de Jacquemont, échappaient ainsi à la tyrannie des philosophies subalternes, des systèmes faits pour rabaisser la race humaine en l'asservissant aux besoins faméliques du corps, et par là il revenait à ce spiritualisme qu'il raillait quelquefois comme ayant la prétention de remplacer les idées de l'autre siècle.

Ce que je disais de la philosophie au temps de la restauration, je pourrais le dire de la politique. Là aussi il y eut au sein du libéralisme deux courants qui au premier moment se confondaient, et qui n'étaient pas moins distincts. Dans le camp de l'opposition des quinze ans, il y avait deux genres de libéralisme, l'un s'abritant en quelque sorte sous la gloire de l'empire, évoquant sans cesse les souvenirs de cette époque d'écrasante et pompeuse grandeur, s'armant du sentiment national offensé en 1815, aussi bien que de tous les sentiments d'égalité mis en défiance par des velléités de réaction plus bruyantes que réellement dangereuses ; – l'autre, remontant plus haut, se rattachant de préférence aux traditions du premier essor révolutionnaire, caressant plus ou moins une idée de république et sans enthousiasme pour l'empire, qu'il ne comptait pas précisément comme un allié nécessaire dans une campagne poursuivie au nom de la liberté. Victor Jacquemont, jeune encore, était de ce dernier groupe par ses idées aussi bien que par ses relations avec Lafayette. Il n'était pas plus insensible qu'un autre aux désastres nationaux de 1815, mais il résistait absolument à la fascination de la gloire militaire. La gloire, à ses yeux, ne se sépare pas de la moralité des actions qui la donnent, et dès que cette moralité manque, dès que tout se réduit à une question de courage matériel, de périls à braver, il n'y a plus, selon lui, une grande différence entre les victorieux ravageurs de peuples et les malfaiteurs en guerre avec les gendarmes. Il trouve « fort vulgaire la gloire telle que le vulgaire la comprend, la gloire brillante, éclatante, sans que ce soit nécessairement par la moralité ou même par l'esprit ». C'était un jeune philosophe très libre quelquefois, très irrévérencieux pour les grandeurs de ce monde.

Le fait est que, soit par tradition de famille, soit sous l'influence d'un sentiment exalté de la moralité en politique, Victor Jacquemont apparaît dans cette époque de la restauration comme un des jeunes libéraux peu nombreux qui refusaient de subir la dictature des souvenirs napoléoniens. La légende de Sainte-Hélène ne l'éblouissait pas, et il prenait pour l'expression de sa propre pensée ces mots de l'Américain Channing[1] au sujet de l'empereur : « il avait agi toute sa vie en dehors de toute loi, il s'était mis lui-même au-dessus des lois, aucune d'elles n'avait à le protéger ». Victor Jacquemont traitait Napoléon fort durement, en homme qui avait vu de ses yeux d'enfant s'abattre sur son foyer cette domination impériale qu'on colorait de libéralisme. « Je hausse les épaules, écrit-il un jour, quand on veut s'apitoyer sur le sort de Bonaparte à Sainte-Hélène. Il avait huit domestiques, quatre courtisans, 12 000 guinées par an, dix chevaux dans son écurie, etc., etc. ! Quand j'avais huit ans, – il y en a vingt de cela, – des gens de la police, munis d'un ordre de Fouché, vinrent un dimanche envahir notre maison. Ils enlevèrent les livres, les papiers, fouillèrent partout pour trouver des traces de conspiration, puis emmenèrent mon père. Pendant

1. William Ellery Channing (1780-1842), prédicateur unitarien, avait publié un essai sur Napoléon, *Memoirs of Napoleon Bonaparte with an Introductory Essay*, London, Walker, 1840, traduit en français sous le titre *Vie et caractère de Napoléon Bonaparte*, Bruxelles, 1857.

onze mois, il resta renfermé dans une chambre étroite et obscure que je me rappellerai toute ma vie, y étant allé pendant les onze mois deux fois par semaine, c'est-à-dire autant que cela était permis. C'est là que j'appris à lire et à écrire… Au bout de onze mois, mon père sortit enfin, mais pour subir un exil qui dura autant que l'empire. Il est vrai qu'il n'avait pas eu, comme son persécuteur, la gloire de désoler le monde. Ce n'était qu'un obscur patriote, qu'un penseur innocent. Son crime secret était d'avoir gardé les opinions et les amitiés qui l'avaient fait exclure du tribunat avec Benjamin Constant, Say, Daunou, Laromiguière, Andrieux, etc., car il est sans doute inutile de vous dire que ces arrestations, ces emprisonnements, ces exils et quelquefois ces meurtres n'étaient ordonnés que par la police. Mon père n'a jamais vu la figure d'un juge d'instruction ni d'un procureur impérial. Cependant les lois sur la liberté individuelle étaient alors les mêmes qu'aujourd'hui. Le code édictait contre les auteurs de détentions arbitraires les mêmes peines qu'aujourd'hui ! »

Cette haine du despotisme impérial est une partie de la politique de Jacquemont. Pour le reste, il ne dépasse pas évidemment dans ses idées, dans ses vœux, le programme de la société née de la révolution et attachée à tout ce qui vient de 1789. C'est un type réussi de libéralisme bourgeois formé dans la familiarité de M. de Lafayette, n'ayant aucun goût pour le bonapartisme, en ayant peu pour les doctrinaires, très froid pour la légitimité ou même la quasi-légitimité, – et sans reculer devant la république, en la considérant au contraire comme la forme à peu près inévitable de l'avenir, il se montre peu impatient. Il ne veut pas qu'on la traite de *chimère*, mais il écrit : « Je suis de ceux qui ne veulent pas de la république jusqu'à ce que tout le monde sache lire en France et soit un peu décrassé, besogne d'un demi-siècle au moins. » Voilà ce que pensait un jeune libéral de 1829, un des représentants de cette jeunesse d'autrefois qui a eu le mérite d'avoir du feu, de la passion, la foi en elle-même, et le bonheur plus grand encore de voir clair devant elle, de ne pas connaître la défaite sans combat, de ne pas se débattre indéfiniment dans l'obscurité des situations sans issue. Victor Jacquemont avait à peine vingt-huit ans quand il partit pour l'Inde, ignoré du monde, mais singulièrement apprécié, suivi avec une affectueuse confiance par tous ceux qui le connaissaient, simple explorateur naturaliste en apparence, mais lié par ses idées, par ses instincts comme par son âge, à la fortune de la cause libérale française et de la génération à laquelle il appartenait, allant conquérir une renommée qui n'était pas au-dessus de ses facultés et portant avec lui partout le feu d'une nature brillante, d'un esprit plein de ressources. Il avait bien besoin d'avoir ces ressources dans l'esprit, puisqu'il ne les avait guère d'une autre façon. Il partait, ai-je dit, avec une mission du Jardin du Roi, beaucoup de lettres de recommandation et un médiocre traitement de 6 000 francs qui n'égalait pas celui du plus humble officier de la compagnie anglaise des Indes. Tout autre eût échoué ou se serait inévitablement découragé au milieu des difficultés d'une entreprise ainsi engagée. Victor Jacquemont réussit du premier coup par son esprit, par son naturel hardi et simple, par sa franchise indépendante et habile, portant sa pauvreté avec une bonne humeur fière au milieu des opulences asiatiques, sceptique et incrédule au milieu d'une société à l'extérieur rigide, aux mœurs empesées, gai au milieu de gens ennuyés, et la première conquête qu'il fit avant tant d'autres fut celle du gouverneur des Indes lui-même, lord William Bentinck, et de lady William Bentinck. Il était à peine arrivé qu'il devenait leur hôte à Calcutta et à leur campagne aux bords du Gange. « C'est un vieux militaire, écrivait-il de lord William, diplomate aussi pendant longtemps, qui a gardé une sainte horreur de la guerre et un mépris vraiment bourgeois pour les finesses obligées de la politique. Il ne ressemble pas mal à un quaker de Philadelphie, beaucoup plus assurément qu'au fils d'un duc anglais, grand mogol temporairement. Il y a dans ce caractère une bonté vraie, une droiture, une simplicité qui m'ont séduit. » Jacquemont avait un procédé bien simple, qui n'est pourtant pas à l'usage de tout le monde, pour gagner et pour garder les bonnes grâces de lord et lady Bentinck : il écoutait le vieux soldat diplomate avec le respect qui lui était dû, en l'intéressant à son tour par sa conversation ; avec lady William, il causait librement, ingénieusement, en homme de bonne compagnie placé auprès d'une femme d'esprit qui connaissait la France, Paris, et trouvait du plaisir à en parler. « Pendant huit jours, dit Jacquemont, elle n'eut d'autre compagnon de promenade que moi. Je passai plusieurs longues journées en tête-à-tête, causant du bon Dieu, elle pour et moi contre, – de Mozart, de Rossini, de peinture, de Mme de Staël, – de bonheur, de malheur, à ce sujet d'amour, de toutes choses enfin qui requièrent sinon de l'intimité, du moins bien de la confiance et de l'estime réciproque, surtout de la part d'une femme anglaise, religieuse et sévère, avec un homme jeune garçon et Français. Nous ne parlâmes jamais de choses insignifiantes... » C'est sous la protection de cette bienveillance si rapidement conquise et conservée jusqu'au bout que, pendant trois ans, Victor Jacquemont battait toutes les routes de l'Inde, poussant jusqu'à la Tartarie chinoise[1], jusque chez les tributaires ou les alliés de la puissance anglaise, laissant des amis un peu partout, passant des mois sans voir un visage

1. Les régions tibétaines (voir note ci-dessus).

européen, herborisant en chemin ou lisant sur son maigre bidet persan, et le soir, sous sa tente, écrivant sur toutes les variétés de papiers indiens ces lettres charmantes où il revit dans la vérité expressive de sa physionomie, au milieu des portraits et des scènes de mœurs dont il parsème ses pages.

Les portraits sont fins et piquants ; les scènes pittoresques sont vivement enlevées ; le voyageur donne à tout l'originalité de son esprit et de son humeur, et il y met tant d'aisance qu'en vérité on finit presque par oublier avec lui que ce n'est pas tout à fait une partie de plaisir. Ce ne sont pas les épisodes qui manquent dans cette odyssée aussi merveilleuse que dangereuse à travers des contrées où la puissance anglaise a fait bien des progrès depuis quarante ans, où bien des souverainetés locales ont disparu, et si je voulais montrer Victor Jacquemont dans la variété de ses aventures et de ses impressions ; je n'aurais qu'à choisir. Un des plus curieux de ces épisodes assurément est son voyage à Lahore et à Cachemire, l'histoire de ses relations avec ce potentat asiatique, cet aventurier couronné qui s'appelait Rundjet-Sing[1]. Arrivé à la frontière de l'Inde anglaise, Jacquemont avait bonne envie d'aller plus loin, de visiter le Pundjâb, qu'il avait devant lui et dont Rundjet-Sing s'était fait roi, de pousser jusqu'aux mystérieuses régions de Cachemire ; mais il avait à surmonter tout à la fois les répugnances des autorités anglaises, qui n'aimaient guère ces sortes de voyages faits par des étrangers, et les répugnances de Rundjet-Sing lui-même, prince fort peu au courant des missions scientifiques, fort disposé à se défier de tout ce qui venait de chez ses terribles voisins les Anglais. Ce n'est

1. Sujet de l'extrait du journal de Jacquemont que nous avons donné à lire ci-dessus.

pas sans diplomatie qu'il réussit. Il fut aidé surtout par le général Allard, cet officier français qui était passé dans l'Inde après l'empire, qui s'était mis au service du roi de Lahore et lui avait fait une armée à l'européenne. Les premiers soupçons dissipés, Rundjet-Sing fut enchanté ; il reçut Jacquemont comme un prince, sans trop savoir ce qu'il était, croyant voir en lui un homme doué de la science universelle.

C'était, à vrai dire, dans le monde indien de ce temps-là, un personnage singulier que ce roi, cynique tout naturellement, fort dépravé, complètement ignorant, curieux, spirituel, coquin sans pudeur au demeurant. « J'ai passé plusieurs fois, dit Jacquemont, une couple d'heures à causer avec Rundjet *de omni re scibili et quibusdam aliis*. Il est à peu près le premier Indien *curieux* que j'aie vu, il paie de curiosité pour l'apathie de toute sa nation. Il m'a fait cent mille questions sur l'Inde, les Anglais, l'Europe, Bonaparte, ce monde-ci en général et l'autre, l'enfer et le paradis, l'âme, Dieu, le diable, et mille autres choses encore… Ce roi asiatique modèle n'est pas un petit saint, il s'en faut. Il n'a ni foi ni loi lorsque son intérêt ne lui commande pas d'être fidèle et juste ; mais il n'est pas cruel. À de très grands criminels, il fait couper le nez et les oreilles, mais jamais ne prend la vie. Il a pour les chevaux une passion qui va jusqu'à la folie. Il a fait les guerres les plus meurtrières et les plus dispendieuses pour saisir dans un État voisin un cheval qu'on refusait de lui donner ou de lui vendre. Il est d'une bravoure extrême, qualité assez rare parmi les princes d'Orient, et quoiqu'il ait toujours réussi dans ses entreprises militaires, c'est par des traités et des négociations perfides que de simple gentilhomme de campagne il est devenu le roi absolu de tout le Pundjâb, de Cachemire, etc. » Les relations de ce « successeur de Porus » et du voyageur sont du meilleur comique.

Rundjet dit à bout portant à Jacquemont qu'il est le « Platon du siècle » ; Jacquemont lui répond sans sourciller qu'il est le « Bonaparte de l'Orient, » moyennant quoi ils sont les meilleurs amis du monde. Le fait est que Rundjet-Sing comble Jacquemont de présents, qu'il pourvoit à toutes ses dépenses, qu'il lui envoie chaque jour des raisins de Kaboul, des grenades délicieuses et des sacs de roupies, qu'il le laisse aller passer quelques mois à Cachemire, où il le loge dans un joli pavillon au milieu d'un jardin, et pour dernier trait de royale munificence il lui offre, quoi donc ? c'est Jacquemont qui le dit : « savez-vous ce que j'ai refusé hier ? D'être vice-roi de Cachemire. Rundjet-Sing me l'offrit et me pressa beaucoup d'accepter. Cela rapportait au seigneur pundjabi qui y était dernièrement cinq cents roupies par jour de traitement et environ quatorze lacks de susdites roupies par an de profit, comme on dit de ce côté du Sutledje. J'ai pouffé de rire, au mépris de l'étiquette, dont un *aflatoune* (Platon) n'est guère esclave, et j'ai dit au roi que c'était besogne fort ; au-dessous de moi, les *aflatounes* ne s'entendant qu'aux choses du ciel et de l'esprit. Rundjet me fit presque des excuses pour l'inconvenance de sa proposition… ». Et voilà comment le petit envoyé du Jardin du Roi, devenu l'hôte de lord Bentinck et de Rundjet-Sing, pouvait attendre patiemment les subsides qu'on ne lui prodiguait pas de Paris.

Ici c'est la vie indienne du voyageur, je veux dire que tout est asiatique dans cet épisode où il se joue. Voici où la France ressaisit Jacquemont : c'est en plein empire indien qu'il reçoit la nouvelle de la révolution de 1830 ! Il y a dans la vie des voyageurs d'étranges combinaisons. Au moment où cette révolution s'accomplissait à Paris, Jacquemont était quelque part du côté de l'Himalaya, non sans souci de la situation de la France, mais ne songeant guère que tout était décidé à l'heure où il en était encore à herboriser tranquillement. Il y avait près de six mois que la révolution était faite lorsque la nouvelle allait éclater à Delhi, où se trouvait Jacquemont. Est-ce une illusion qu'il se faisait ? est-ce la vérité vraie qu'il voyait ? Ce qui est certain, c'est que dans l'enthousiasme du premier moment Jacquemont se hâte d'écrire : « Amis, inconnus, tous venaient à moi et me félicitaient d'être Français. Mon hôte, – un colonel de cavalerie qui seul de son régiment échappa à Waterloo, non sans une balle au travers du corps, – pleurait de joie en m'embrassant. L'enthousiasme avait mis en déroute l'étiquette rigide des mœurs anglaises. Je pourrais jeter au feu mes passeports, mes lettres d'introduction, changer de nom, ne conserver que ma nationalité française et me mettre en route pour le cap Comorin : il n'y a pas un Européen dans l'Inde qui ne me reçût à bras ouverts. »

Puissance singulière de ce mot écrit sur un journal à l'extrémité du monde : une révolution en France ! voilà la fibre libérale qui s'émeut sous la gravité anglaise elle-même, et cette révolution va être célébrée comme un événement domestique, comme une date heureuse pour la liberté universelle dans une ville indienne, à Delhi, en présence d'une ombre d'empereur à barbe blanche, d'un fantôme de grand mogol laissé debout par la puissance anglaise et qui ne sait pas même s'il y a un roi en France, ni ce que c'est que la France. Victor Jacquemont était le héros de ces fêtes de Delhi où on portait des toasts : *France and England for the world !* Il était tout entier d'âme et d'esprit avec cette révolution par laquelle sa génération semblait revêtir la robe virile et consacrer son avènement définitif. Au premier instant cependant, sa joie ne fut pas sans mélange ; il éprouvait un sentiment bizarre, quelque chose comme un refoulement d'héroïsme bourgeois non satisfait. « Les ordonnances du 25 juillet, écrivait-il, attaquaient les droits de toute la nation ; mais leur attaque était plus directe contre les classes plus riches et plus instruites, qui avaient le privilège exclusif du droit électoral, et que les habitudes de l'aisance et de l'éducation faisaient jouir plus particulièrement des bienfaits de la liberté de la presse. C'était donc aux classes les plus riches et les plus éclairées à marcher les premières au combat. Il me semble que, dans les trois journées, elles se sont tenues derrière le peuple. C'est le peuple qui a fait la révolution, le peuple plutôt que nous. Cependant c'était à nous à la faire plutôt qu'au peuple ; c'était à nous plutôt qu'au peuple que la guerre était déclarée. »

Visiblement Jacquemont attendait beaucoup de cette victoire populaire qui émancipait la France. Bientôt, à mesure que la suite des choses se déroulait et que de loin il voyait la révolution se régler, se discipliner, il n'était plus aussi satisfait intérieurement, et il en venait à craindre pour l'idéal qu'il s'était créé. « Je rêvais après cette grande victoire, disait-il, une ère nouvelle de probité politique, un ordre nouveau de relations entre les peuples, une éloquence nouvelle pour la tribune et pour la presse… Je faisais une utopie !… » À la place de tout cela, il voyait des choses qui l'inquiétaient, des luttes intimes et stériles, des disputes mesquines, des efforts pour diminuer la portée du victorieux mouvement des trois jours, des émeutes dans la rue. Au fond il était très combattu, plein de perplexités, car il avait autant de bon sens que de hardiesse d'esprit et d'énergie de cœur. Chaque courrier d'Europe le mettait dans un *état nerveux*. Tantôt il regrettait pour la France le rôle d'initiation libérale qu'on lui faisait perdre et se laissait pousser vers la possibilité d'une *république prématurée* par dégoût de ce qu'il appelait le *mezzo termine* ; tantôt la raison l'emportait, et il sentait que ses amis du mouvement allaient trop loin, qu'ils créaient sans profit des difficultés à un gouvernement qui, même quand il le voudrait, ne pouvait devenir despotique. Quelquefois, quand il contemplait de loin cette agitation de Paris, il se demandait ce qu'il pourrait y faire, quel serait son rôle. « Les nouvelles sont fort tristes, écrivait-il, elles sont même décourageantes. Il y a une anarchie complète d'opinions ; il y a haine, envie du pouvoir qui existe, et aussitôt qu'il fait place à un autre, le nouveau est odieux à son tour. Je doute de la stabilité des choses ; la plupart de mes amis sont du parti des enragés. Ils regrettent sans cesse que je ne sois pas là ; je ne sais ce qu'ils voudraient faire de moi, s'ils pouvaient faire quelque chose, mais le pouvoir n'est pas à eux ; sans doute ils l'espèrent prochainement ; mais je doute qu'ils le saisissent. Si je les y trouve à mon retour, peut-être leur demanderai-je de m'envoyer à Washington, s'il y a moyen de placer ailleurs notre ministre en Amérique. J'aimerais à rester quatre ou cinq ans aux États-Unis pour parfaitement connaître le mécanisme de cette société singulière et de ses mœurs nationales, et en faire un tableau fidèle pour les gouvernements et les gouvernés de l'Europe. Cet ouvrage serait très utile. » Chose curieuse, il y a eu vers le même temps ou à peu d'intervalle deux esprits bien différents, inconnus l'un à l'autre et attirés par les mêmes sujets d'études. Lorsque Jacquemont parlait ainsi, Tocqueville méditait déjà son œuvre sur l'Amérique, et un peu plus tard il songeait aussi à un travail sur l'Inde ; il avait rassemblé des matériaux, il a laissé des ébauches. Je ne compare pas les deux esprits. L'un a promis, tout au plus ce que l'autre a tenu, au moins pour l'Amérique. Jacquemont en est resté au rêve qu'il caressait dans sa vie indienne.

Les lettres de Jacquemont sont l'histoire fidèle de ces préoccupations, de ces perplexités, de ces impressions qui faisaient de lui un acteur lointain du drame d'une révolution ; mieux encore elles sont l'histoire fidèle de l'homme, de ce naturaliste singulier qui se demandait comment, vivant d'herbes et de pierres, il se trouvait si fort engagé dans la politique. Après cela, ne croyez pas qu'il vive seulement d'herbes et de pierres, ni même de politique. C'est le propre de sa nature d'être d'une élasticité merveilleuse, de se plier à tout, de tout sentir, de tout comprendre et de tout dire. Un jour il écrit une lettre d'une mâle vigueur ou bien il trace une scène du plus savoureux comique ; un autre jour il se laisse aller à quelque caprice de cœur ou d'imagination, et s'il n'est Yorick[1], s'il a bien soin de se défendre de toute ressemblance avec ce héros sentimental, il a des histoires à la Yorick. Je n'en voudrais d'autre preuve que cette lettre charmante, écrite de Calcutta et où il explique ce qu'il appelle sa théorie du galop à cheval.

« Par un brouillard pareil à celui d'hier matin, mais d'où ne devait pas sortir un soleil aussi chaud, car c'était en France au mois de novembre, je me souviens d'avoir galopé comme les fashionables de Calcutta avec un vif sentiment de bonheur. D'abord il faisait froid, et par la rapidité du mouvement je repoussais cet ennemi, le froid ; puis j'étais seul dans des lieux solitaires et sauvages. Il y avait encore quelques fleurs tardives, dans les prairies, mais pâles et sans parfum. Les feuilles jaunes des peupliers couvraient déjà la terre, et les bois offraient les riches teintes de l'automne. Je cherchais à résoudre le problème suivant : Mme ***, m'aime-t-elle ou ne m'aime-t-elle pas ?

1. Personnage d'*Hamlet* de Shakespeare dont on déterre le crâne (acte 5, scène 3 : « Hélas ! Pauvre Yorick !... Je l'ai connu, Horace ; c'était un garçon qui avait toujours le mot pour rire ; d'une imagination fertile, d'une fantaisie charmante », traduction de François Chatelain, 1864).

« Quand je penchais pour l'affirmative, je laissais mon cheval aller au pas, je ne m'occupais plus de lui ; quand au contraire la négative l'emportait, pour fuir une idée si horrible, je galopais dans les sentiers étroits et pleins de boue. Tant galopai-je ainsi qu'à la fin, je me perdis au milieu des bois et des bruyères. J'entendis alors le bruit de deux chevaux qui s'approchaient au galop, et dans le sentier que j'avais perdu je vis passer comme deux ombres, une grande figure blanche de femme suivie d'un valet paysan avec son large chapeau : c'était Mme ***. Elle montait un poney, moi j'étais sur un noble cheval qui avait laissé son maître à Waterloo. Je fus bientôt près d'elle. Alors je me demandai pourquoi je l'abordais, et je regrettai, amèrement ma démarche. Il était trop tard cependant pour reculer.

« Je parlai, surpris de la trouver seule par un jour si froid, allant si vite, elle qui aimait à aller doucement. Elle me dit qu'elle avait, comme moi, perdu son chemin dans le brouillard ; mais je vis qu'elle avait pleuré. Je descendis de cheval pour sangler le sien, car sa selle n'était pas solidement assujettie ; elle me tendit la main pour me remercier. Je remontai, et nous revînmes ensemble aussi lentement que possible. Quand nous rentrâmes au château, nous trouvâmes le feu presque éteint au salon. Il y faisait un froid de loup, et nous avions grand besoin tous les deux de nous réchauffer. Dans ma chambre, il fumait ; je restai avec elle dans la sienne tout le jour, jusqu'au dîner.

« Nous nous sommes promenés depuis bien des fois ensemble, mais depuis ce jour-là nous n'avons jamais galopé. Voilà ; mon ami, la théorie du galop ! »

Et voilà, dirai-je à mon tour, comme un naturaliste sait s'amuser aux histoires de sentiment quand il a la fibre humaine et l'imagination vive sous son extérieur de savant et de sceptique.

Quand il était parti pour l'Inde, et même après trois ans d'excursions, Jacquemont croyait bien revenir en France, où tout le rappelait. Il se fiait à sa bonne constitution, à sa sobriété et un peu aussi à ce bonheur qui l'avait constamment suivi depuis son débarquement. Il se trompait. Au moment où il voyait déjà l'heure de regagner la France, il était arrêté subitement à Tanna. Il s'était trop exposé à des soleils torrides. En allant chercher des superpositions de terrains, comme il le disait, il avait puisé la fièvre dans les marais pestilentiels de l'île de Salsette, et, qui pis est, à cette vie de fatigue que sa jeunesse trouvait légère, il avait contracté une maladie au foie. Il put à peine se faire transporter à Bombay, et il ne se fit pas longtemps illusion. Même en ce moment du reste, surtout en ce moment, il était entouré des soins les plus dévoués, les plus affectueux, car si Jacquemont était apprécié de ses compatriotes de Paris, qui le connaissaient depuis longtemps, il s'était fait aimer aussi de tous les Anglais de l'Inde avec lesquels il s'était trouvé en relation. Il était connu de tous. La protection de lord Bentinck avait commencé sa bonne renommée dans l'Inde ; il l'avait achevée lui-même par la droiture et la sûreté de son caractère, par la séduction de son esprit. Jacquemont connaissait son mal, il en sondait la gravité, il le suivait avec une sagacité inexorable, préparé à tout, opposant à la mort un stoïcisme tranquille mêlé parfois d'un viril attendrissement au souvenir de ceux qu'il aimait. Il avait à peine quelques heures à vivre lorsqu'il écrivait de Bombay à son frère : « Il y a trente-deux jours que je suis arrivé ici fort souffrant et trente et un que je suis au lit ; j'ai pris dans les forêts empestées de l'île de Salsette, exposé à l'ardeur du soleil dans la saison la plus malsaine, le germe de cette maladie, dont au reste j'avais reçu des atteintes sur lesquelles je m'étais fait illusion… Ma fin, si c'est elle qui s'approche, est douce et tranquille. Si tu étais là, assis sur le bord de mon lit, avec notre père et Frédéric, j'aurais l'âme brisée et ne verrais pas venir la mort avec cette résignation et cette sérénité. Console-toi, console notre père, consolez-vous mutuellement, mes amis. Je suis épuisé par cet effort d'écrire. Il faut vous dire adieu. Adieu ! Oh ! que vous êtes aimés de votre pauvre Victor ! Adieu pour la dernière fois ! »

Ces morts prématurées ont toujours une gravité triste ; elles ne sont point cependant sans de secrètes et amères compensations. Elles épargnent du moins à ceux qu'elles poussent à l'improviste dans l'inconnu la cruelle épreuve des espérances brisées, des plus nobles rêves déçus. Elles laissent sur ces existences enlevées dans leur fleur le charme suprême et émouvant des belles choses inachevées. Vivant, que serait devenu Victor Jacquemont ? Il eût certainement dans tous les cas joué un rôle, et il aurait eu la destinée de tout le monde. Il aurait vu passer encore les révolutions et les gouvernements, et il serait arrivé au bout de sa carrière avec ce sentiment un peu amer que rien n'est jamais définitif, qu'il faut sans cesse recommencer. Dans son petit tombeau de l'Inde où il a été scellé à trente et un ans, il reste avec cette fleur de jeunesse qui poétise sa mémoire, avec ce reflet de courage, de bonne humeur et d'esprit qui fait de lui un des représentants d'une génération brillante éprouvée par les déceptions après avoir été formée aux grandes espérances.

Charles de Mazade

Étude sur Victor Jacquemont, par Cuvillier-Fleury[1]

Le 26 août 1828, la corvette de Sa Majesté *la Zélée* appareillait de Brest, en destination pour le Bengale, ayant à bord M. de Meslay, nommé gouverneur de Pondichéry, et Victor Jacquemont, jeune naturaliste français, envoyé par le gouvernement pour entreprendre un voyage scientifique dans les Grandes Indes.

Nous laisserons voguer *la Zélée*, cap au sud et vent arrière, sans l'accompagner dans le cours de sa longue navigation ; *la Zélée* est un fort respectable bâtiment, très sûr et très solide, mais lourd marcheur ; nous perdrions bien du temps à la suivre. Nous n'avons mot à dire non plus de l'équipage, excellents marins, qui savent prendre la hauteur du soleil à midi, mesurer la distance de cette astre à la lune, calculer leur point sur le chronomètre, mais qui, pour le moment, ne nous apprendraient pas autre chose, si ce n'est peut-être à chanter des chansons de Béranger du matin au soir.

Il est un des passagers de *la Zélée* que cette musique n'amuse pas : c'est Victor Jacquemont. Victor Jacquemont consacre à ses livres, à ses cahiers, tout le temps qu'il ne passe pas à philosopher sur le pont avec M. de

1. « Victor Jacquemont », in *Correspondance de Victor Jacquemont avec sa famille et ses amis : pendant son voyage dans l'Inde, 1828-1831*, nouvelle édition, Paris, Michel Lévy, 1869, p. I-XXXV.

Meslay, le seul philosophe du bord après lui. Jacquemont lit, écrit, compulse, dessine, travaille sans relâche ; « mais, dit-il, je ne sais pas le faire bien sur le pouce, comme les maçons déjeunent. Un peu de tranquillité m'est nécessaire. Cet abominable charivari dont Béranger fournit la matière première me le fait prendre en horreur ». Victor Jacquemont est, d'ailleurs, un marin très inoffensif et très commode, du moins pour ses correspondants ; il leur fait grâce de toute poésie descriptive, à propos de la mer, de la lune et des étoiles ; la mer l'ennuie ; il est sans passion, sans poésie, sans illusions devant ce spectacle éternel d'un horizon monotone qui, chaque jour, recule sans se renouveler. En revanche, toutes ses lettres datées de *la Zélée* sont remplies d'observations positives, d'ingénieux récits, de réflexions neuves et piquantes sur tous les pays où le bâtiment relâche, Sainte-Croix de Ténériffe, le Brésil, le Cap, l'île Bourbon[1] ; Jacquemont visite ces contrées en courant, et il en parle avec savoir et profondeur.

Nous arrivons dans l'Inde. *La Zélée* vient de mouiller devant le fort William de Calcutta ; c'est le 5 mai 1829, huit mois après son départ de Brest. Victor Jacquemont, habillé de noir de la tête aux pieds, et dans la plus grande tenue, saute sur le rivage, se jette dans un palanquin avec un énorme paquet de lettres de recommandation, crie aux porteurs : *Pirsonn sahêbka ghoeurmê*[2] *!* Et le voilà parti pour la maison de M. Pearson, avocat général, par laquelle il commence le cercle de ses visites aux notables Anglais de la grande ville.

Il nous faut connaître maintenant avec plus de détails ce jeune Français, ainsi jeté par un vaisseau du roi sur

1. Actuelle île de la Réunion.

2. En hindoustani. Littéralement « À la maison de Monsieur Pearson ! ».

une terre étrangère, à quelques mille lieues de son pays, seul, absolument seul, avec tant de dangers, tant d'aventures, tant de misères en perspective ; il nous faut le connaître tel qu'il est ; car nous avons bien peur qu'avec son habit noir, ses deux mille écus de haute solde[1] et son bagage épistolaire, il ne soit médiocrement recommandé auprès des nobles représentants de la royale Compagnie, s'il ne paye de sa personne, s'il n'a du cœur, de l'esprit, beaucoup de bonne humeur, de la science, des qualité solides, des mœurs élégantes, l'indépendance de l'âme et du caractère. – Fort heureusement, Victor Jacquemont a tout cela.

Victor Jacquemont était un de ces jeunes hommes, nés avec le siècle, qui n'avaient connu de l'Empire que sa gloire militaire pour l'avoir maintes fois gâtée en vers latins au collègue ; que la Restauration, un instant libérale, avait ensuite comprimés quand ils avaient voulu prendre leur essor, et qui s'étaient franchement associés à toutes les espérances de progrès qu'avait inspirées l'avènement du ministère Martignac. Passionné pour l'étude, avide d'émotions scientifiques, impatient de trouver une carrière à la généreuse activité de son esprit ; mais obscur, sans autres antécédents que quelques essais de critiques et des voyages de recherches géologiques en France, en Suisse et en Amérique, où de cruels chagrins l'avaient quelque temps exilé ; sans autre fortune qu'une instruction sérieuse, Victor Jacquemont avait accepté de grand cœur la mission que lui avait confiée le Conservatoire du Musée d'histoire naturelle. Il avait compris que sa destinée, en le conduisant aux Indes pour y faire collection de couches coquillières et

1. Le traitement annuel du Muséum s'élevait à 6 000 francs, relevé à 8 000 francs en janvier 1830. Voir Emmanuel de Margerie, p. 396, note 8.

d'animaux rares, le chargeait aussi d'y représenter la France, et particulièrement cette génération ardente à laquelle il appartenait. – Ce qu'on appelait alors la jeune France, c'était toute cette jeunesse intelligente qui se pressait autour des chaires illustrées par M. Villemain et par M. Cousin ; qui assiégeait le laboratoire de M. Thénard et l'amphithéâtre de Cuvier ; qui se passionnait pour Talma, pour madame Pasta, jusqu'aux larmes ; à qui le dernier siècle avait légué le scepticisme religieux ; qui pourtant, chemin faisant, et grâce aux écrits des grands orateurs de cette époque, M. Guizot, M. de Broglie, Royer-Collard, se recomposait une morale ; qui avait ses sages pour la délibération, ses guides pour la marche, ses héros pour le combat… L'infortuné Georges Farcy avait été le type et l'exemple de cette jeunesse au 29 juillet ; Victor Jacquemont fut, pendant trois ans, son véritable représentant, son plénipotentiaire habile et fidèle aux Grandes Indes.

Suivons-le maintenant.

La première découverte que fit Victor Jacquemont après avoir parcouru pendant quelques jours les salons anglais de Calcutta, ce fut qu'avec sa lettre de change de six mille francs, il était effroyablement pauvre. En effet, qu'allait-il faire aux Grandes Indes ? Voyager. Or, à quel prix voyage-t-on dans les Indes ? Telle fut la première question que notre jeune compatriote se posa ; voici ce qu'il apprit : un capitaine d'infanterie anglaise ne se met pas en route sans être accompagné de vingt-cinq domestiques pour le moins, savoir : un pour sa pipe, un pour sa chaise percée, sept ou huit pour planter sa tente, trois ou quatre pour sa cuisine ; plus un relais continuel de douze hommes pour porter le palanquin dans lequel le héros s'étend lorsqu'il est las d'aller à cheval. Un collecteur anglais en tournée emmène sa femme, son enfant. Il a un éléphant, huit chariots pour les bagages, deux cabriolets, six chevaux de selle et de voiture, et, pour le transporter d'un *bungalow* (auberge officielle où il y a les quatre murs) à l'autre, soixante ou quatre-vingts porteurs, indépendamment d'une soixantaine de domestiques de sa maison. Il fait trois toilettes par jour, déjeune, *tiffine*, dîne, et, le soir, prend son thé comme à Calcutta, sans en rien rabattre ; cristaux, porcelaines sont dépaquetées, empaquetées du matin au soir, argenterie brillante, linge blanc, tout le reste à proportion.

Ce train de vie coûte cher, et pourtant un Anglais qui se respecte ne peut voyager à moins de frais. Mais « la vieille dame » (c'est la Compagnie anglaise, dans le langage des Indiens) a généreusement pourvu à ces dépenses. Un capitaine anglais a trente mille francs de traitement ; le surintendant du Jardin botanique a quatre-vingt mille ; un collecteur en a cent mille, sans compter les profits ; le *chief-justice*, deux cent mille ; l'avocat général, le respectable M. Pearson, de quatre à cinq cent mille ; le gouverneur de l'Inde a plus d'un million. Lord William Bentinck voyage avec trois cents éléphants, treize cents chameaux, huit cents chars à bœufs ; et deux régiments, l'un d'infanterie, l'autre de cavalerie, lui servent d'escorte.

Victor Jacquemont fut très émerveillé de tant de magnificence ; puis il calcula ce qu'il lui en coûterait pour voyager comme le moins magnifique de ces seigneurs ; mais, s'apercevant que le plus modeste équipage dépasserait encore ses moyens, il résolut de solliciter du gouvernement français le mieux justifié de tous les crédits supplémentaires, et d'attendre à Calcutta l'effet de cette demande, que devaient appuyer à Paris les plus honorables amitiés. Il attendit, il attendit longtemps… !

Le récit de son séjour à Calcutta pendant cette longue attente est l'histoire de la plus engageante hospitalité dont un voyageur ait jamais fait mention ; et c'est ici que nous allons commencer à nous admirer, toute modestie à part, dans les prodiges de cet esprit français dont Victor Jacquemont est un modèle si achevé. Le premier miracle qu'opéra l'esprit français de Victor Jacquemont, ce fut de rendre les Anglais aimables. « Que ma fortune est bizarre avec les Anglais ! écrit-il. Ces hommes qui paraissent si impassibles, mon abandon les détend aussitôt ; ils deviennent caressants malgré eux, et pour la première fois de leur vie. » En effet, Jacquemont est admis, recherché, caressé, dans les plus grandes maisons de Calcutta : on l'invite chez le gouverneur, il loge chez le grand juge ; il passe des mois entiers chez l'avocat général ; il est l'ami, le commensal, le confident du commandant de l'armée ; on le demande partout, et partout il rencontre ce luxe tout nouveau de bienveillance britannique ; partout sa gaieté spirituelle, sa noble franchise, lui ouvrent le cœur de ses hôtes. Et pourtant Jacquemont ne sait guère flatter leurs habitudes : à table, tandis que les Anglais s'abstiennent religieusement de tout mélange d'eau avec les vins les plus recherchés d'Espagne et de Portugal, il ne boit, lui, que de l'eau sucrée ; les Anglais font trois repas par jour, il déjeune avec du thé et il dîne avec du riz. Le dimanche, jour d'observance ascétique, il s'en vient jouer très déterminément aux échecs avec sir Charles Grey, le *chief-justice*, qui n'oserait une pareille énormité avec d'autres. Il dort la nuit, ce qui n'est pas, comme on sait, une habitude anglaise, surtout dans l'Inde ; il se lève au petit jour quand les Anglais se couchent ; il fait une guerre à mort aux plates conversations de leurs interminables dîners, les questionne, les contredit sur tout, sur leur commerce, sur leur administration, sur leurs revenus, sur leur marine ; et, malgré son audace, malgré sa pauvreté, Jacquemont n'en est pas moins l'enfant chéri de toute cette société de sensualistes anglais. « Toute leur glace, dit un ingénieux biographe, vient se fondre à son ardente sensibilité. » On l'héberge, on le voiture ; il a maison de ville et maison de plaisance, tout un musée pour lui seul ; il entre, il sort à tout propos. « J'ai fait révolution chez eux, dit-il, y introduisant l'usage des visites à toute aventure, le soir, après dîner, à l'effet de causer, etc. » C'est donc la causerie française importée aux Indes, la causerie selon le cœur et selon l'esprit, sceptique, enthousiaste, enjouée, sévère, mobile, universelle ; cette inimitable causerie des salons parisiens, avec son charme, son abandon, sa liberté. Mais rendons justice aux Anglais de Calcutta ; c'est par cette liberté même, en portant sa pauvreté avec une fière indépendance, que Victor Jacquemont parvint à plaire à ses hôtes, et à se concilier cette délicate estime qui ne le flattait si fort que parce qu'elle rejaillissait sur le nom français.

Cependant, le temps s'écoulait dans ce doux commerce ; les suppléments demandés n'arrivaient pas. Jacquemont, humilié d'attendre si longtemps l'aumône législative, résolut enfin de partir. Avec les économies qu'il avait apportées de France et ses épargnes depuis six mois, il se trouvait, comme il le dit, à la tête de douze mille francs, et il ne lui en fallait pas davantage pour voyager un peu moins bien qu'un sous-lieutenant de l'armée anglaise. Il se mit en route.

Nous allons le suivre jusqu'à sa première étape ; car de ce jour seulement nous sommes dans l'Inde. Tout à l'heure nous étions encore en Europe ; Calcutta, c'est une ville anglaise. Maintenant, nous allons voir des Indiens, des Indiennes ; nous pourrons juger d'un voyage indien.

Jacquemont voyage à cheval, suivi de son service, de ses bagages et de ses chariots traînés par des bœufs. Il est enveloppé d'une grande robe de chambre de nankin, avec une grosse étoffe de soie bien chaude pour ceinture ; le tout surmonté de sa figure pâle, éclairée par des lunettes et coiffée d'un énorme chapeau de paille couvert de taffetas noir. Cet accoutrement fait de notre savant compatriote un objet de curiosité très vive pour les naturels du pays, lesquels, en toute rencontre, lui rendent avec usure l'attention indiscrète et quelque peu sotte que nous accordons à leurs pareils dans les rues de nos villes d'Europe. Jacquemont chevauche, en tête de sa caravane, avec deux pistolets de calibre dans ses fontes ; mais, ce qui est un grand scandale pour les Anglais, il ne porte ni fouet ni éperons ; car son cheval, impatient de revoir les cimes de l'Himalaya, d'où il est venu, lui fait mille tours pendables, et Jacquemont n'a pendant quelque temps d'autre souci que de se maintenir en bonne intelligence avec lui. Le service du cavalier et de sa monture est réparti entre six domestiques, dont trois pour le cheval : le premier l'étrille, le second lui coupe de l'herbe, le troisième lui apporte à boire. Viennent ensuite le grand maître de la garde-robe, préposé à la garde des bagages, le maître d'hôtel qui fait la cuisine et sert à table (quand Jacquemont trouve une table) et enfin le laveur d'assiettes (Jacquemont a deux assiettes). Chacun de ces domestiques est armé ; les deux premiers, ceux du cheval, courent à côté de leur maître, la carabine au poing, quand il lui plaît de galoper ; et ils font avec lui, en suivant toutes ses allures, de six à sept lieues par jour. Le soir, tous ces pauvres diables soupent comme ils peuvent, puis se couchent autour de la tente de leur seigneur, et dorment habituellement d'un profond sommeil, pendant que d'honnêtes sipahis font sentinelle à la porte.

C'est une vieille coutume indienne, entretenue par le laisser aller de l'opulence anglaise, qui a réglé, ainsi que nous venons de le voir, le service des hommes à gages. Chacun a sa charge, travaille le moins possible, est paresseux, stupide et menteur, et refuse très décidément tout service qui n'est pas dans son emploi. Ainsi, le cheval mourrait de faim sans le *gassyara* (coupeur d'herbes), ou de soif sans le *beetcheti* (porteur d'eau). Les deux assiettes de Jacquemont risqueraient fort de n'être jamais lavées sans l'utile serviteur qui est revêtu de cette charge ; ainsi des autres. Ce respect pour la spécialité du service fait partie des privilèges de la nation indienne ; et il ne serait pas prudent d'y manquer. Jacquemont en est persuadé, et, pendant quelque temps, il se tient dans la règle avec toute rigueur. Mais, un matin, il lui prend fantaisie de faire une révolution parmi ses gens ; il appelle le *beetcheti*, lui ordonne de déposer son outre sur un des chariots et de l'accompagner dans un taillis voisin, avec un herbier sous le bras : « Non pas, dit l'Indien, ce n'est pas mon affaire » ; et il prononce ces paroles d'un ton très suffisant. « Alors, écrit Jacquemont, je n'hésitai pas à lui allonger sur-le-champ un grand coup de pied dans le derrière. » Ce coup de pied dans le derrière fit à lui seul une révolution. La domesticité indienne capitula ; le porteur d'eau mit bas son outre, apprit à sécher des plantes entre deux feuilles de papier ; et, quant à Jacquemont, cette grande manière d'imposer le respect à des domestiques lui concilia tout d'un coup, et au-delà de tout ce qu'on pourrait croire, la considération des Indiens[1].

Notre intention, comme on le pense bien, n'est pas de suivre Victor Jacquemont dans son voyage de sept cents lieues à travers l'Indoustan, non plus que dans son pénible et aventureux pèlerinage de l'Himalaya, véritable entreprise que conçoit le génie scientifique, que dirige le bon sens, que soutient la patience, que le courage exécute et mène à terme. Signaler au lecteur les mille

1. Après un tel passage en force dans le système des castes – socle de la société indienne –, cette considération reste à prouver…

incidents, les infinies variétés de cette vie nomade où chaque pas est un progrès, une découverte, où la plus spirituelle originalité se mêle à la plus austère constance, ce serait le priver du plaisir de les rechercher lui-même, et dénaturer cette intéressante histoire en voulant l'abréger. Noire tâche, à nous, c'est de suivre à la trace toutes les manifestations de l'esprit français dans ce voyage que Victor Jacquemont lui fait entreprendre aux Indes, et elle dépasse encore de beaucoup (tant ces deux volumes sont remplis) l'espace que nous pouvons lui donner. Nous laisserons donc notre infatigable compatriote cheminer lentement, en tête de sa caravane, flanquée de droite et de gauche par une imperturbable escorte de sipahis en habit rouge, faire ses deux repas matin et soir avec l'éternel pilau[1], descendre de cheval cinquante fois par jour pour étudier les plantes et les cailloux du chemin, dormir la nuit sous une tente dont les vents déchaînés lui disputent bien souvent la possession ; nous le laisserons traverser Bénarès, la sainte ville, Mirzapoor, Callinger, et tout ce pays de sel et de salpêtre, au sol sablonneux, à l'atmosphère pulvérulente, à la végétation rabougrie, qui s'étend depuis Agrah, le long des deux rives désertes de la Jumna, jusqu'à Delhi, la ville impériale ; et nous nous arrêterons un moment dans cette magnifique résidence où notre voyageur se repose quelques jours et où de nouveaux honneurs l'attendent. Nous ne parlons plus de l'hospitalité anglaise ; elle est prodigieuse, là comme ailleurs. Jacquemont habite une maison somptueuse, environnée de jardins superbes. Qu'il sorte en voiture, en palanquin, ou sur un éléphant, il est suivi par une brillante escorte de cavalerie. Mais il s'agit bien des Anglais ! C'est le Grand Mogol lui-même, l'illustre descendant de Tamerlan, le respectable

1. Plat de riz assaisonné (notre « pilaf »).

Châh-Mohammed-Akber-Rhazy-padischàh, qui veut recevoir dans son palais impérial de Delhi notre modeste compatriote. Ce fut dans le voyage de Jacquemont une mémorable circonstance...

II

« Savez-vous ce qui a failli m'arriver ce matin ? écrit Jacquemont à son père. J'ai manqué d'être *la lumière du monde*, ou *la sagesse de l'État*, ou *l'ornement du pays* ; mais heureusement que j'en ai été quitte pour la peur. Vous allez rire. Le Grand Mogol, auquel le résident anglais avait adressé une pétition pour me présenter à Sa Majesté, tint gracieusement un *durbar* pour me recevoir.

« Conduit à l'audience par le résident avec une pompe des plus passables,... je présentai mes respects à l'empereur, qui voulut bien me conférer un *khelat* ou vêtement d'honneur, lequel me fut endossé en grande cérémonie sous l'inspection du premier ministre, et, affublé comme Taddeo en caïmacan (si vous vous rappelez *L'Italiana in Algeri*[1]), je reparus à la cour. L'empereur n'avait jamais vu de Français, et parut faire infiniment d'attention à la burlesque figure qui résultait de mes cinq pieds huit pouces, sans beaucoup d'épaisseur, de mes grands cheveux, de mes lunettes et de mon ajustement oriental par-dessus mes habits noirs. Les tambours battirent aux champs quand je passai devant les troupes avec ma robe de chambre de mousseline brodée. Que n'étiez-vous là pour jouir de votre postérité ! »

Échappé aux honneurs du palais de Delhi, Victor Jacquemont voulut courir le danger d'une chasse au tigre ; et il suivit dans les steppes déserts de Kithul de jeunes

1. Opéra-comique de Rossini (1813) sur un livret d'Angelo Anelli.

officiers anglais de la résidence, traînant après eux une armée d'hommes, de chevaux et d'éléphants, avec un attirail de comestibles, de drogues et de *comforts* de toute espèce. La chasse devait durer six semaines et coûter dix mille francs. Était-ce trop pour chasser des tigres ? Jacquemont ne vit pas un tigre. On eut beau battre le pays dans tous les sens, remuer tous les buissons, mettre sur les dents hommes et bêtes, et se désoler ; Jacquemont et ses compagnons ne tuèrent que quelques centaines de lièvres et de perdrix, comme ils auraient pu faire dans la plaine Saint-Denis. Ainsi finit la chasse aux tigres.

Bientôt après, le 12 avril 1830, Jacquemont pénétra dans l'intérieur de l'Himalaya, avec une suite de près de cinquante personnes, tant domestiques que porteurs et soldats d'escorte. Alors commence pour lui cette longue série de fatigues, de privations et de misères qu'il supporta pendant plus de cinq mois avec une constance si exemplaire. C'est dans sa correspondance seule qu'on peut se faire une idée de ses souffrances et de son courage ; mais nous, comment les peindre ? Il souffre de la faim, de la soif ; il est assailli de violentes tempêtes, inconnues sous le ciel d'Europe : il a de longues nuits, glacées, sans sommeil ; ses gens se révoltent, et il est seul pour les réduire à l'obéissance ; il y parvient, grâce à son énergie et à la solidité de son bâton. Une nuit, sous les cimes neigeuses de Kidar-Kanta, dans une forêt élevée à dix mille pieds au-dessus du niveau de la mer, il est saisi de douleurs d'entrailles si atroces, qu'il en a le délire. Le froid le torture. Pour échapper à ce supplice, il est obligé de se déguiser de la tête aux pieds. « Je ressemble à un ours blanc, écrit-il, enveloppé dans de grandes couvertures de laine, la tête enfoncée dans plusieurs bonnets de soie, les jambes cachées dans de grosses guêtres, et le visage orné de très longues moustaches. »

Parmi toutes ces épreuves, sa constance ne l'abandonne pas ; il poursuit son œuvre, ses collections se complètent, la sphère de ses idées s'agrandit, son esprit semble s'élever comme ces montagnes qu'il gravit si péniblement. Chaque jour ajoute plusieurs souvenirs à son journal, plusieurs pages à sa correspondance qu'aucune adversité n'interrompt. Si parfois son âme est triste, c'est quand il songe à sa famille, à ses amis ; quand il interroge autour de lui cette sauvage solitude, sans y trouver un être sensible, un visage bienveillant, un écho qui sache répéter des mots affectueux, un langage sympathique ! Alors, il s'écrie : « Vivre seul ! être seul à sentir ! » Cette mélancolie ne dure pas, d'autres pensées lui succèdent ; l'esprit français, la gaieté française, se font jour à travers tous ces regrets, comme un rayon de soleil vient percer les brouillards de l'Himalaya ; et il écrit, pour rassurer ses amis, tandis que d'orageuses rafales menacent de déraciner sa tente et de renverser la table où il s'appuie : « Dites que je suis dans un pays aussi salubre que l'Europe, mangeant des pommes et du raisin, buvant du vin du cru (qui est détestable), et enfin,

Sachez, sachez que les Tartares
Ne sont barbares
Qu'envers leurs ennemis ! »

C'est en effet chez les Tartares, dans le pays de Kannawar, sur les limites de la Chine, que Jacquemont passa l'été de 1830. Étant si près du Céleste Empire, il ne put résister au désir de le visiter ; et, par un beau matin, sans autre passeport que ses cinquante montagnards bien armés, il franchit la frontière. Il avait à traverser tantôt d'interminables déserts, tantôt des populations hostiles ; puis il fallait gravir des montagnes plus hautes que la mer de dix-huit mille pieds, et jusqu'alors inaccessibles.

Le seul M. Moorcroft avait pénétré dans cette partie du Thibet, et, quoiqu'il eût emprunté le déguisement d'un fakir, il avait péri victime de son zèle, empoisonné, dit-on, par l'ombrageuse police de l'empereur. Jacquemont le prit de bien plus haut avec Sa Majesté Chinoise, et fut aussi plus heureux. Ayant mis le pied sur le sol thibétain, et trouvant sur son passage le fort de Bekar qui faisait mine de l'arrêter, il ordonna à ses gens de se former en colonne serrée, et s'avança très résolument à leur tête. Arrive le commandant du fort, qui se plaint de cette violation du territoire impérial ; mais, comme il approchait beaucoup trop près de Jacquemont sans mettre pied à terre, l'impertinent ! notre digne compatriote se sentit tellement blessé de ce manque de respect, que, transporté de colère, il saisit le drôle par sa longue queue tressée, et le précipita à bas de son cheval. Cette façon de parlementer eut plein succès. La garnison chinoise se rangea tout aussitôt pour laisser passer le *Francis saheb*[1] avec sa troupe, et les portes de Bekar (si Bekar a des portes) s'ouvrirent respectueusement devant lui.

Jacquemont, avant de quitter le territoire chinois, eut encore à livrer deux ou trois grandes batailles comme celle de Bekar. Mais toujours sa présence d'esprit, sa décision silencieuse et froide, ou violente et impétueuse, selon le vent qui soufflait dans le désert, le tirèrent d'embarras ; quand il ne réussit pas à frapper de stupeur ses ennemis, il les culbute et il passe. Il fit tant, qu'après avoir visité avec une patience de savant tous les lieux qu'il désirait voir, après avoir reconnu la source du Sutledje et celle de l'Indus, sur les bords du célèbre lac Mansarower ; ajouté à ses collections une

1. « Monsieur le Français ». Sur les lieux traversés et les personnages rencontrés, voir les notes données ci-dessus dans l'édition des lettres et du journal de Jacquemont.

quantité considérable de plantes nouvelles et de débris organiques ; étudié géologiquement un espace immense, à une hauteur à peine croyable, et conduit toute cette expédition, moitié militaire, moitié scientifique, assez rapidement pour que l'empereur, auquel il était venu faire si lestement la guerre, n'eût pas le temps d'user de représailles, il quitta le Thibet, repassa la frontière, chargé de dépouilles opimes, et redescendit dans les plaines de l'Hindoustan.

Il suivait la route de Delhi. Un soir, à Saharunpoor, sur la fin de novembre 1830, et par une belle nuit, comme il venait de se coucher et de s'endormir, après une journée d'étude et de fatigue, le galop d'un cheval le réveilla. Sa tente s'ouvrit, un homme y entra précipitamment. C'était un messager apportant une gazette de Calcutta, imprimée dans une forme inaccoutumée, avec ce titre : *the New French Revolution !*

Une révolution en France ! Jacquemont se jeta sur le précieux bulletin, le dévora des yeux... Oui, c'était bien une révolution ! commencée le 27 juillet, consommée le 29 ! La réaction vaincue, la loi maîtresse, l'ordre dans Paris, un ordre admirable sous la protection des baïonnettes de l'insurrection victorieuse !... Telle était la nouvelle qui était venue réveiller Jacquemont ; il ne se rendormit pas, mais il crut rêver.

Et qu'on nous permette de demander ici à beaucoup d'honnêtes témoins de cette grande révolution, qui l'avaient vu faire sous leurs yeux, qui avaient entendu gronder le canon et mugir le peuple soulevé, si, le lendemain de leur victoire, ils se croyaient beaucoup plus éveillés que Victor Jacquemont. Il faut bien l'avouer, Paris vainqueur fut comme étourdi de la chute du trône qu'il renversait. La révolution de Juillet fut sauvée par sa soudaineté même ; cette merveilleuse audace, mise au service d'une si bonne cause, fit sa force contre ceux qui ne l'aimaient pas. Pendant que les rois absolus se frottaient les yeux, la révolution s'établit ; elle prit racine.

Jacquemont passa la nuit dans ces pensées ; puis, le matin, il s'endormit, « sans crainte, écrivait-il, d'être réveillé par de nouveaux coups de fusil » ; réflexion jetée négligemment dans son récit, et pourtant profonde ; car elle prouve que, du fond de l'Indoustan, il nous jugeait bien.

La position était délicate. Jacquemont reconnut, aux empressements de la foule, aux félicitations qui l'accueillirent, et surtout à l'attention sérieuse dont il devint l'objet de la part de ses hôtes anglais, que la révolution de Juillet l'avait grandi et que l'importance politique de ce prodigieux événement se résumait en ce moment dans sa personne. « Je défie M. de la Fayette lui-même, écrit-il à son père, d'avoir donné en un jour plus de poignées de main. »

Jacquemont en conçut un légitime orgueil ; il comprit aussi que l'enthousiasme de ses hôtes pour la nouvelle révolution couvrait je ne sais quelle anxiété tout anglaise qui avait besoin d'être calmée. L'occasion s'en offrit bientôt ; les Anglais la firent naître. Victor Jacquemont était arrivé à Meerut, la plus grande station militaire de la Compagnie dans l'Inde. Les Anglais lui donnèrent une fête. En Angleterre, toute fête est un banquet, tout banquet une réunion politique, toute table où l'on dîne une tribune aux harangues. Jacquemont savait tout cela de longue date ; il n'en accepta pas moins avec confiance le dîner qu'on lui offrait, et auquel avaient été invités, en nombre considérable, les officiers civils et militaires de la résidence : séance toute diplomatique, malgré la chaleur des protestations, et cachant plus d'un piège sous une joie bruyante ; car tous ces convives qui sont réunis là pour boire à la révolution de Juillet sont sujets de la Grande-Bretagne ; lord Wellington est son ministre[1] ; et ce jeune homme qui va parler est un enfant de la France, un ami de ceux qui ont reconquis sa liberté à coups de fusil.

Curieux spectacle qu'une pareille fête donnée à notre spirituel compatriote par cette foule d'Anglais à la fois impatients et inquiets de l'entendre, comme si de la bouche de ce jeune étranger, si renommé dans l'Inde pour la maturité de son esprit, devait sortir quelque prédiction de la destinée de deux grands peuples ! Qu'on se représente ensuite, comme un accessoire de ce tableau, au fond, le ciel de l'Inde avec son azur éblouissant ; d'un côté, les crêtes sourcilleuses et sombres de l'Himalaya, de l'autre, Delhi, la ville impériale, avec ses toits dorés et ses pagodes étincelantes ; au milieu, une table immense, chargée de bronzes, de cristaux, de magnifique argenterie ; des mets exquis dans des porcelaines de la Chine, des vins de France dans les glaces du Thibet ; tout autour, les officiers de la résidence, vêtus de leurs brillants uniformes, avec des rubans tricolores à la boutonnière ; aux quatre coins de la salle, les couleurs de la France flottant en nobles pavois, confondues avec les drapeaux tant de fois ennemis de la vieille Angleterre ; et, sur le premier plan, à la place d'honneur, un jeune homme en simple frac, Victor Jacquemont, le héros de la fête. Les santés, les *vivat*, éclatent sur lui de toutes parts ; honneur à la France ! le Champagne coule par torrents, l'enthousiasme est à son comble...

Jacquemont se lève au milieu de ce tumulte : quelle occasion pour faire un discours de propagande ! Jacquemont fit un discours raisonnable et mesuré, tout brillant

---

1. Field Marshal Arthur Wellesley, premier duc de Wellington (1769-1852), Premier ministre britannique de janvier 1828 à novembre 1830.

de métaphores locales qui n'excluaient pas le bon sens, préparé avec une adresse qui s'alliait à la dignité. Nous voudrions pouvoir citer en entier ce *speech* vraiment remarquable, le citer dans sa langue, la langue anglaise, avec tout ce luxe de phraséologie orientale, si éloigné de la manière habituellement simple et précise de l'orateur, et qui empruntait au climat, au lieu, à la circonstance, un singulier éclat ; mais ce discours est fort long : c'est tout le programme de cette politique libérale et pacifique qu'a suivie la France depuis la révolution de Juillet, et qu'une sorte de divination révélait en ce moment à notre jeune compatriote. On le trouvera à sa date, dans la correspondance dont nous essayons de donner seulement une idée[1].

Parlant ainsi, Victor Jacquemont avait prédit l'alliance anglaise. Il l'avait prédite du fond de l'Hindoustan, à quelques mille lieues du théâtre des événements, et plus de trois ans avant que lord Palmerston eût fait entendre, dans le Parlement, ces paroles mémorables : « Les relations qui unissent la France et l'Angleterre deviennent de jour en jour plus amicales. À mesure que les deux gouvernements se connaissent mieux, ils s'apprécient davantage, et c'est pour moi, je l'avoue, un véritable sujet d'orgueil et de satisfaction de songer que les préjugés qui divisaient les deux pays sont presque entièrement effacés[2]. »

Ainsi, le bon sens de Victor Jacquemont devançait les événements, et du premier coup frappait juste sur leurs résultats les plus cachés. Nous le demandons :

1. Son discours en anglais, avec une traduction française, est inséré dans la lettre à son père du 10 janvier 1831 (*Correspondance de Victor Jacquemont avec sa famille et ses amis*, édition de 1869, tome 1, lettre XLI, p. 326-329).

2. Note de Cuvillier-Fleury : « Séance du 15 mars 1834. »

qu'eût fait de mieux, à sa place, le diplomate le plus consommé ?

Il n'eût fait aucune prédiction, de crainte de se tromper…

III

Il est de toute nécessité maintenant que ceux de nos lecteurs qui se trouvaient fort bien dans l'Inde anglaise, se décident à passer le Sutledje, c'est-à-dire à laisser derrière eux ces bonnes tables, ces brillantes réceptions et toute cette vie élégante dans laquelle éclatent la politesse et le génie de l'Europe, pour courir les aventures, dans un pays inconnu, à moitié barbare, sur la foi de la jeunesse et de l'audace de Victor Jacquemont.

Le Sutledje descend des hauteurs inaccessibles de l'Himalaya (inaccessibles, non pas à Victor Jacquemont), et coule de l'est à l'ouest dans un espace de près de trois cents lieues jusqu'à son embouchure dans l'Indus. L'immense delta formé au nord-est par la chaîne de l'Himalaya, au midi par le Sutledje, à l'ouest par le rapide courant de l'Indus, et dont la pointe est précisément le point de jonction de ces deux fleuves, c'est le Pundjâb (*Pen-Jab*, *Penta-Potamis*[1]), qui reçoit son nom des cinq grands cours d'eau qui le traversent et le fertilisent. Le Pundjâb est divisé en deux royaumes qui portent le nom de leurs capitales, Lahore et Cachemire, anciennes villes, autrefois riches, commerçantes et populeuses, l'une et l'autre situées au milieu d'une vaste campagne, et séparées par deux chaînes successives de

1. Le latin de Cuvillier-Fleury est meilleur que son hindoustani : Penjab se décompose plutôt en *penj-ab*, la terre des cinq (*panj, pañc*) eaux (*ab*).

montagnes qu'on peut considérer comme deux degrés descendants du versant méridional de l'Himalaya ; de telle sorte que, tandis que l'Indus et le Sutledje, au sud, entourent tout le pays comme avec deux bras immenses, l'Himalaya semble compléter, au nord, le magnifique encadrement de cette contrée.

Au-delà du Sutledje, je voudrais montrer un peuple ; mais il y a là je ne sais combien de peuples qui diffèrent par les mœurs, par la religion, par le costume, les uns vivant des autres, les uns cruels et sauvages, les autres abâtardis, corrompus. Ce sont les Moghols, premiers conquérants de ces belles provinces ; les Afghans, qui ont dépossédé les Moghols ; les Sikhs, qui ont chassé les Afghans. Les Sikhs gouvernent, rendent la justice, font la police et la guerre, vont en recette le sabre au côté, le pistolet au poing ; le reste de la population obéit, si elle habite la plaine, ou végète, rebelle et misérable, dans la montagne. C'est ensuite une confusion de sectes religieuses à défier toute analyse. Il y a des mahométans en extase devant un cheveu, qu'ils appellent *Son Excellence le poil de la barbe du Prophète* ; puis des brahmistes et des bouddhistes à proportion ; puis les akhalis, espèce de moines armés qui vous détroussent sur les chemins, mendiants sacrés qui reçoivent l'aumône du voyageur au bout de leur fusil. La population de Cachemire se distingue dans cette foule par l'éclat de son histoire et la renommée de son industrie, si chère à notre vieille Europe. Comme chez toutes les nations dont la conquête et le pillage ont épuisé la sève, ses mœurs sont douces, sa physionomie est triste. C'est comme une autre Italie[1] : un peuple ingénieux, brillant, habitant une riche contrée, qui comptait une longue suite de rois et plusieurs

1. Note de Cuvillier-Fleury : « Écrit en 1834, au moment où parut la première édition de cette *Correspondance*. »

siècles d'indépendance, qui avait rendu le monde entier tributaire de son industrie, succombant après de cruelles guerres, ruiné par l'avidité de ses vainqueurs, corrompu par leurs vices et s'endormant dans l'esclavage, comme pour en rendre le joug plus léger. « À Cachemire, dit Jacquemont, il n'y a guère plus de chance de souper pour celui qui laboure, file ou rame tout le jour, que pour celui qui, en désespoir de cause, dort tout le jour à l'ombre d'un platane. » Au Cachemire, comme en Italie, c'est donc à peu près la même cause qui condamne les peuples à dormir et les rois à veiller.

Rundjet-Singh, le fameux roi de Lahore et de Cachemire, est, heureusement pour lui, un roi très éveillé ; et il ne faut pas moins que son activité, son génie entreprenant, et les talents militaires de quelques-uns de nos compatriotes qui ont discipliné ses armées, pour maintenir dans l'ordre tant de populations si diverses, et donner une apparence d'unité à cette confusion. Je ne sais pourquoi un géographe d'un rare mérite, M. Adrien Balbi, veut que Rundjet-Singh soit mort en 1827 ; c'est une erreur. Rundjet-Singh n'est pas mort ; il vivait à l'époque du voyage de Jacquemont, et tout porte à croire qu'il vit encore (1834)[1]. Rundjet-Singh n'est pas un roi très légitime ; c'est un soldat heureux. De simple gentilhomme de campagne devenu chef de bandes, de général passé roi par la grâce de vingt mille bandits intrépides et pillards, il est parvenu à soumettre à son joug toute la confédération des princes sikhs, jadis ses égaux, et une partie considérable de l'ancien royaume de Caboul. Ceux qu'il n'a pu réduire encore lui payent tribut très religieusement avec l'argent qu'ils volent aux voyageurs.

1. En effet, Ranjit Singh meurt le 27 juin 1839. Adrien Balbi (1782-1848), géographe et démographe, avait collaboré à la *Revue des Deux Mondes* dans les années 1830.

Rundjet-Singh, même en Europe, ne serait pas un homme ordinaire ; au milieu de son peuple, c'est un grand homme. Pour Victor Jacquemont, c'est tout simplement un original. Rundjet Singh a cinquante et un ans ; il est de moyenne stature et porte une longue barbe blanche. Il est d'une santé chétive, mais d'une grande vivacité d'esprit. Il met son âme en règle tous les ans une fois, en faisant un pèlerinage au saint temple de Gourou-Govind Singh, à Umbritsir[1] ; mais, pour lui, la dévotion n'est qu'un masque dont il ne fait pas abus. Rundjet-Singh est brave, rusé, gourmand, et d'une curiosité qui contraste singulièrement avec l'apathie du caractère indien. Il aime les drogues, et il en commande par centaines qu'il s'amuse à faire prendre à ses amis et à ses domestiques. Il a pour les chevaux une passion véritablement furieuse ; il a fait des guerres meurtrières pour saisir chez un voisin un cheval qu'on lui refusait. Il a un régiment de femmes, casernées dans un sérail, dressées à monter à cheval, et qui manœuvrent au soleil, jambe de-ci, jambe de-là, comme nos hussards. Voilà Rundjet-Singh ; dans le Pundjâb, c'est un homme heureux, roi absolu, général habile, exacteur effronté, ayant une armée de quarante mille hommes, un budget de cinquante millions, un cuisinier à l'épreuve, et les plus mauvaises mœurs du monde. Tel est le pays, peuple et roi, que va visiter Victor Jacquemont.

Deux circonstances lui procurèrent bon accueil. D'abord, il était Français, et Rundjet-Singh aime passionnément les Français. C'est un officier français, M. Allard, qui commande ses armées… M. Allard est, de

1. Le Temple d'Or d'Amritsar se nomme « Harmandir Sahib ». Guru Gobind Singh (1666-1708) est le dernier des dix maîtres (*guru*) du sikhisme. Sa crémation eut lieu à Nanded, au Maharashtra, lieu de dévotion pour les Sikhs.

plus, un excellent receveur des finances. Voyez plutôt : « La mère d'une nichée de petits radjahs (princes) montagnards vient de mourir, écrit Jacquemont, en laissant neuf lacks de roupies (deux millions deux cent cinquante mille francs) ; les enfants se battent pour l'héritage, et Rundjet-Singh vient d'envoyer M. Allard sur les lieux, pour leur ôter tout sujet de querelle, c'est-à-dire les neuf lacks. » Le compatriote d'un si habile financier est sûr d'une réception distinguée auprès du roi de Lahore ; mais il a un autre titre à sa considération : Rundjet-Singh s'est mis en tête que Victor Jacquemont est un envoyé secret de l'Angleterre. Or, savez-vous quelle est la grande préoccupation de Rundjet-Singh quand il ne fume pas le houka, sur le dos de son éléphant, en compagnie de quelque courtisane, au nez de son bon peuple de Lahore, ou qu'il ne court pas la campagne en quête de quelque bonne aventure ? L'unique pensée de Rundjet-Singh, c'est que la Compagnie des Indes doit finir, tôt ou tard, par engloutir son royaume ; et Rundjet-Singh a bien raison. C'est ainsi que son royaume finira[1].

En effet, le Sutledje, qui borne l'empire anglo-indien du côté du Pundjâb, est pour les Anglais une détestable ligne de défense militaire ; mais, en remontant l'Indus par la vapeur depuis Bombay jusqu'à Dheïra-Ghazi-Khan, les bâtiments anglais feraient échec à toute armée russe venue de la Perse avec des intentions hostiles, et qui oserait traverser l'Afghanistan. Il est donc du plus haut intérêt pour l'Angleterre d'assurer le cours de l'Indus à sa navigation ; et, pour cela, il lui faut, de deux choses l'une, ou se concilier le Pundjâb ou le conquérir. Le conquérir est plus sûr, et je le lui conseille ; car

1. Note de Cuvillier-Fleury : « On sait que la prédiction n'a pas tardé à s'accomplir. » N.d.E : Le Pendjab sera annexé après deux guerres anglo-sikhes de 1849.

la civilisation et l'humanité n'ont qu'à gagner à cette conquête. Qu'on attende seulement que Rundjet-Singh soit mort ; mais qu'on ne s'y fie pas ! « C'est un rusé coquin ! » écrit quelque part Victor Jacquemont.

Toute la politique de Rundjet-Singh se réduit donc, en définitive, à ceci : se défendre contre une invasion anglaise. Mais le roi de Lahore est au gouverneur général de l'Inde, le Pundjâb est à l'établissement anglais comme deux millions sterling sont à vingt-cinq. La liste civile de Rundjet-Singh est donc la très humble servante du gros budget de lord William Bentinck ; il faut qu'elle le caresse, qu'elle le flatte, en attendant qu'elle le trahisse. Aussi Victor Jacquemont fut très bien reçu ; Rundjet-Singh le prit pour un espion anglais.

Il n'en était rien, Dieu merci ! Jacquemont, à aucun titre, n'eût accepté une mission anglaise et secrète. Si Jacquemont a fait un discours politique à Meerut, c'était au grand jour ; il n'avait reçu mission que de son zèle patriotique. Tout le reste du temps, dans le Pundjâb comme en Chine et ailleurs, il n'a été que l'envoyé du Jardin des Plantes, beaucoup plus occupé des intérêts de la science que des querelles de la politique, et ne dressant d'embûches qu'aux animaux qui pouvaient entrer dans ses collections.

Jacquemont voyageait donc pour la science, en dépit des soupçons de Rundjet-Singh ; mais, bien qu'il ne cherchât pas les aventures, son voyage en fourmille : à chaque instant, l'aventure se présente et dispute le pas à la science, qui est bien souvent obligée de céder. Heureusement, Jacquemont, qui est un grand savant, est aussi un homme supérieur dans l'imprévu. J'en ai déjà cité quelques preuves ; mais nulle part sa présence d'esprit ne se montre avec plus d'éclat que sur cette *mer de montagnes*, comme il l'appelle, qui sépare la province de Cachemire de celle de Lahore. Là, les épreuves sont de tous les jours. Il y a des bandits qui vous rançonnent sur toutes les routes, de longs fusils à mèche qui vous couchent en joue au coin de tous les bois, des voix formidables qui vous crient : « On ne passe pas ! » Jacquemont avait beau tirer de sa poche un firman terrible de Rundjet-Singh, par lequel celui-ci enjoignait à ses âmes et féaux de la plaine et de la montagne, non seulement de laisser passer et circuler librement le *Platon de l'époque*, autrement dit le *seigneur Victor Jacquemont*, mais encore de pourvoir de foin et de paille la suite dudit seigneur, et d'obtempérer à toutes ses réquisitions ; lecture faite de ce sublime passeport, les mêmes voix répétaient : « On ne passe pas », appuyant leur défense de quelque énergique menace ; et il fallait, je vous l'assure, bien du mérite pour passer malgré cela.

Jacquemont passait. Une fois cependant, il fut pris au piège chez un damné coquin, lequel commandait pour le roi une méchante forteresse dans la montagne. Neal-Singh était son nom. Ce jour-là, Jacquemont n'avait pas trouvé d'obstacle ; bien au contraire, des soldats apostés au pied de la forteresse lui avaient servi de guides. À peine arrivé, il se vit entouré de quatre cents brigands qui lui demandèrent l'aumône à bout portant. Leur chef lui déclara que sa volonté était de le retenir prisonnier jusqu'à ce qu'il fût agréable au roi de Lahore de payer, pour sa délivrance, une somme considérable : il s'agissait de trois ans de solde arriérée que Sa Majesté devait à la garnison.

Jacquemont, tombé dans ce guêpier, vit bien qu'il n'y avait qu'un moyen d'en sortir, et qu'il fallait lutter non de force, mais d'impertinence avec cette canaille. « Mon mépris les accabla, écrit-il ; j'emmenai Neal-Singh comme pour l'entretenir moins publiquement, et, tandis que j'avais fait préparer pour moi une de mes chaises, je le fis asseoir par terre, pour réfléchir en silence sur la grandeur du crime qu'il allait commettre. »

Le temps s'écoulait.

Jacquemont gagnait du temps. Neal-Singh subissait, sans dire mot, l'ascendant irrésistible que prenait insensiblement sur lui son audacieux prisonnier. Enfin, celui-ci, croyant le moment favorable, et voulant faire la part du feu, offrit de donner une somme d'argent à titre de cadeau. « Eh bien, oui ! donnez-moi deux mille roupies », s'écria Neal-Singh transporté. Les fusils à mèche criaient : « Dix mille ! – Non pas dix mille, ni deux mille, ni même mille, répliqua Jacquemont, par la raison que je ne les ai pas ; mais, en considération de votre position malheureuse, je vous donnerai cinq cents roupies. »

Ce fut le dernier période de la crise. Neal-Singh résista quelque temps. Jacquemont tint bon, et le prit de si haut, que son voleur accepta les cinq cents roupies « en se prosternant à terre et en s'écriant qu'il était le plus fidèle, le plus reconnaissant, le plus dévoué de mes serviteurs, et, si je lui permettais de prendre ce nom, le plus inviolable de mes amis ». Après cette comédie, Neal-Sing laissa partir son prisonnier, non sans lui avoir fait, à voix basse, la demande d'une bouteille de vin. Jacquemont lui donna une bouteille de râkh, qui lui servait d'esprit-de-vin pour ses préparations anatomiques, et qui était de force à prendre feu dans le gosier du mécréant. Puis il tourna les talons, et redescendit la montagne.

Il nous faut ici prévenir ceux de nos lecteurs qui trouvent que Jacquemont a payé un peu cher le plaisir de mystifier un misérable, que ces roupies données si libéralement ne lui coûtent absolument rien, que la peine de les recevoir ; encore est-ce l'office de son trésorier. Du jour où Victor Jacquemont a mis le pied sur le sol du Pundjâb, il tombe une pluie d'or dans sa cassette. Rundjet-Singh, quand il veut témoigner sa considération aux gens, n'y met pas tant de façons. Au lieu de vous envoyer son portrait ou toute autre bagatelle inutile, il vous fait donner un sac de roupies. Ces bienheureux sacs contiennent cent roupies, à savoir deux cent cinquante francs. Arrivé à Cachemire, Jacquemont avait ainsi reçu, en témoignages solides de la considération de Sa Majesté, en preuves sonnantes de son amitié, environ quinze mille francs sans compter les approvisionnements de toute espèce, une quantité innombrable de moutons, de poules, de sacs d'orge, de riz et de farine, et, comme il l'écrit plaisamment : « une charge de cachemires à faire trembler tous les maris ». C'est ainsi qu'on traite les Français dans le royaume de Lahore. Cela ne ressemble-t-il pas un peu à l'Eldorado ?

Je me suis souvent demandé, en lisant ces curieuses lettres, d'où pouvait naître cet incontestable ascendant qu'exercent les Européens sur les indigènes de l'Asie, ascendant tel, que la politique bien entendue des gouvernements de ce pays consiste surtout à nous en défendre la frontière ; et j'ai pensé qu'on pouvait l'expliquer par une cause toute générale, la supériorité du bon sens sur l'imagination. Cette vérité, que je ne veux qu'indiquer ici, éclate à chaque pas du voyage de Jacquemont. Son bon sens triomphe précisément par le côté qui frappe l'imagination des Asiatiques, par sa fermeté, par sa soudaineté, par sa justesse. Les Français ont quelque chose de plus encore, qui les rend considérables en Asie ; ils sont gais, ils sont frondeurs. Je ne sais qui a dit : « Les femmes ne plaisent que par leurs défauts. » On peut le dire aussi des Français qui voyagent en Asie. Leur esprit léger, railleur, satirique, horrible défaut en présence de la gravité asiatique ! c'est par ce défaut qu'ils plaisent, qu'ils dominent. L'Asie est triste et rêveuse, notre gaieté est étourdissante ; l'Asie est formaliste, notre esprit, libre-penseur, saute à pieds joints par-dessus les formes ; l'Asie est superstitieuse et fataliste, l'audace de notre philosophisme brave la destinée et ne s'arrête pas même devant Dieu ! Je l'avouerai, il m'est arrivé quelquefois de trouver Victor Jacquemont bien impertinent. Je tremblais en le voyant jouer ainsi avec les redoutables préjugés de ses hôtes, ou bien exiger des honneurs qui, de temps immémorial, n'appartiennent qu'aux têtes couronnées. Mais il m'en donnait ensuite de si bonnes raisons, il me prouvait si bien que sa considération comme Français, que sa vie même était intéressée à ce manège, que j'aurais été désolé de le trouver plus modeste[1]. « Si dans le Pundjâb, dit-il quelque part, un seigneur quelconque se fût présenté chez moi sans laisser sa chaussure à la porte, je ne l'aurais pas reçu, et j'aurais écrit sur-le-champ à Lahore pour demander à Rundjet satisfaction de cette insulte ; mais c'est une énormité qui ne pouvait venir à l'idée de personne. »

Victor Jacquemont passa en Cachemire tout l'été de 1831. Il y vécut en seigneur : logé dans un pavillon royal, sur le bord d'un lac, au milieu d'un jardin planté de lilas et de rosiers ; ayant une cour, un gentilhomme de la chambre à six roupies par mois, une compagnie de gardes du corps qui protègent sa porte contre la mendicité cachemirienne ; tour à tour médecin, savant, haut justicier, philosophe, aumônier infatigable, correspondant favori de Rundjet-Singh, qui l'accable de présents, l'inonde de roupies et lui tend des pièges perfides, qui le traite de demi-dieu et le fait espionner ; mangeant

1. Il y a là en effet un paradoxe : le manque de modestie de Jacquemont le rend parfois difficile à lire de nos jours, mais c'est en même temps sur ce défaut qu'il bâtit son œuvre et que nous pouvons avoir autant d'informations sur l'Inde du Nord au début du XIXe siècle.

des cerises, des abricots et des raisins comme à Paris ; lisant Sterne pour tenir lieu de l'esprit qui manque à ses courtisans ; faisant chasser, pour défendre l'intégrité de son caractère européen, des bandes innombrables de jeunes filles impudiques qui assiègent son palais ; courant dans les montagnes après les ours et les panthères, qui le lui rendent bien souvent ; péchant des poissons pour M. Cuvier dans le beau lac qui entoure sa maison ; assistant à une émeute religieuse, suivie d'une répression orientale, c'est-à-dire d'un massacre, d'un pillage et d'un incendie. « Enfin, dit Jacquemont dans une piquante lettre qui résume son séjour à Cachemire et son expédition dans le Pundjâb, j'ai été pendant huit mois un fort grand seigneur, fort riche, fort magnifique, fort bienfaisant, et, moyennant cela, aussi pauvre aujourd'hui qu'avant ce singulier voyage. Mon portefeuille est plein de lettres de rois. Le successeur de Porus m'écrivait tous les huit jours… »

Ajoutons, comme dernier trait à ce tableau, qu'au moment où Jacquemont allait quitter le Pundjâb, le successeur de Porus lui proposa très sérieusement la vice-royauté de Cachemire. Quand Jacquemont vit que son ami Rundjet-Singh le prenait avec lui sur ce ton-là, il n'eut rien de plus pressé que de plier bagage ; et, le 9 novembre 1831, il repassa le Sutledje.

IV

Ceux qui voudraient juger de la puissance des Anglais dans l'Inde par les hauts salaires que la Compagnie paye à ses employés civils et militaires, par la force de ses armées, par la grosseur de son budget, ou même par le luxe de ses fêtes, la richesse de ses modes, la somptuosité de ses banquets, n'en auraient, suivant moi, qu'une idée fort imparfaite. Leur puissance n'est pas là ; elle est presque tout entière dans l'esprit civilisateur et dans l'habileté administrative qui caractérisent cette nation. La Compagnie anglaise des Grandes Indes, quoique la nécessité l'ait obligée de conquérir d'immenses provinces depuis cinquante ans, n'est pas essentiellement conquérante. Ses conquêtes commencent toujours par l'appauvrir. Il n'y a pas une des provinces envahies par elle qui paye ses frais de gouvernement et d'occupation militaire. Madras est en déficit ; Bombay ne couvre pas ses dépenses ; les provinces ouest et nord-ouest, récemment acquises, sont au-dessous de leurs revenus. Le Bengale paye pour tous. Quel est donc l'intérêt principal de la Compagnie dans ces immenses conquêtes ? Évidemment, un intérêt de civilisation. Que ce motif en cache un autre, que l'esprit de lucre, d'abord armé en guerre, prenne ensuite le masque du philanthrope et trouve son compte à cette métamorphose, que le génie civilisateur ne soit que l'agent et le précurseur du génie financier, ce n'en est pas moins lui qui commence ; c'est lui qui sème ; et, quand la civilisation sème quelque part, ce n'est jamais un gouvernement quelconque, si avide qu'on le suppose, qui fait à lui tout seul la moisson.

Jacquemont, voyageant dans l'Hindoustan, se trouva un jour au milieu d'un peuple que la baguette magique d'un major anglais avait civilisé comme par miracle. C'était dans les montagnes du Mhairwara, qu'on pourrait nommer les Abruzzes du Radjpoutana, à peu près à moitié chemin entre Delhi et Bombay. « Là, écrit-il, j'ai vu un pays dont les habitants, de temps immémorial, ne connaissaient d'autre manière de gagner leur vie que d'aller piller les contrées voisines de Marwar et de Mewar ; un peuple de brigands, maintenant changé en un peuple de laboureurs et de bergers industrieux, paisibles, heureux. Un seul homme, le major sir Henri Hall, a opéré ce miracle de civilisation ; et, comme je sais que la réflexion suivante doit être agréable à votre cœur et conforme à vos opinions[1], j'ajouterai que le major Hall a pu accomplir son admirable expérience sans faire le sacrifice d'une seule vie[2]... »

C'est ainsi que procède la politique du gouvernement anglais dans l'Inde. La conquête ouvre la marche, le percepteur des finances ne vient que longtemps après. La conquête, la civilisation, le tribut, trois faits qui ont chacun leur place, chacun leur temps ; système puissant qui soumet une population de soixante millions d'âmes à une armée de trente mille hommes.

Les journaux anglais nous ont appris récemment que la Compagnie des Indes vient de déclarer la guerre à un radjah du district de Mysore, et d'envoyer une armée pour conquérir ses États. Est-ce un coup de tête de la Compagnie ? Non, certes ; elle ne s'est émue qu'après nombre d'impertinences et de provocations adressées à son gouverneur général. Et comment procède-t-elle ? En mêlant le prosélytisme à la guerre, en déclarant par *ultimatum* qu'il sera établi dans les provinces à conquérir un *système calculé pour assurer le bonheur du peuple*[3] ; j'ajoute que ce système aura pour effet d'augmenter aussi les revenus de la Compagnie dans un temps donné. Mais,

1. Note de Cuvillier-Fleury : « Cette lettre est adressée à M. Victor de Tracy. Elle est écrite en anglais. Nous y renvoyons nos lecteurs, comme à une des plus curieuses du recueil. »

2. Le major Henry Hall, qui finit d'ailleurs général, passa la plus grande partie de son service dans la région du Mairwara. Henry William Mulvany publia un livre en son hommage, *Story of Mairwara, Or Our Rule in India*, London, Longmans & Green, 1868, visant à promouvoir auprès du grand public « l'évolution d'un État de l'Inde qui a été civilisé entre les mains de notre gouvernement », ainsi que l'indique la préface (« This work is account of the progress of a State in India which was civilised under our rule... »).

3. Note de Cuvillier-Fleury : « Voyez *le Globe* du 1er août 1831. »

quoi qu'il en soit de ma prédiction, la Compagnie tiendra sa parole.

Jusqu'où peuvent s'étendre les progrès de l'influence anglaise chez le peuple indien ? Jusqu'à la limite, malheureusement infranchissable, que lui assignent les préjugés religieux et domestiques enracinés chez cette nation. Accessibles au progrès dans toutes les habitudes de la vie civile, comme soldats, comme agriculteurs, comme négociants, leur vie intime est murée : elle n'admet ni nos usages, ni nos mœurs, ni le respect de la femme, ni les saintes et paisibles vertus de la famille ; nulle affection, nulle sympathie ; les enfants méprisent leur mère, le père maltraite ses enfants ; d'implacables jalousies, des haines atroces, fermentent dans le cœur des frères. Mais c'est là un mal incurable : les majors Hall eux-mêmes n'y peuvent rien. Ainsi, dans le Mhairwara, tandis que les habitudes civiles pliaient sous le joug, les mœurs domestiques, les préjugés de race, ont résisté ; là, une femme est un être impur que les hommes regardent à peine comme appartenant à leur espèce. Le mari achète sa femme, le père vend sa fille, le fils vend sa mère. Le déshonneur pour une femme consiste à n'être pas vendue ou à être mal vendue. La femme de Sganarelle, qui veut absolument être battue, serait donc un personnage très peu extraordinaire et assurément fort peu comique dans ce pays-là. S'agit-il de religion, c'est bien pis encore. Leur conscience repousse bien plus obstinément toute conversion religieuse que leur foyer ne se ferme à nos lois civiles. « Les Indiens, tâtés partout, dit Victor Jacquemont, n'ont voulu nulle part changer Mahomet ou Brahma pour Jésus-Christ ou La Trinité. »

Que résulte-t-il de cette obstination des Indiens à rester fidèles aux vieilles traditions de leur vie domestique et religieuse ? L'impuissance pour le gouvernement anglais de s'assimiler complétement ce peuple ;

la nécessité d'une domination forte qui le maintienne sous le joug ; enfin l'ajournement indéfini de tout projet d'amélioration politique dans un pays où le premier essai de l'émancipation serait la révolte. Car, il faut bien le dire, l'immobilité du peuple indien dans ses habitudes et dans ses croyances, sa résistance à épouser les mœurs de l'Angleterre, quoiqu'il accepte ou qu'il subisse patiemment tous les bienfaits de son administration éclairée, c'est là, si nous en croyons un observateur judicieux, Victor Jacquemont, le seul danger réel qui menace la puissance anglaise dans l'Inde. Les colonies anglo-américaines qui parlaient la même langue que la mère patrie, qui avaient ses mœurs, sa religion, ses lois, ses usages, se sont affranchies du jour où leur civilisation s'est trouvée l'égale de la civilisation anglaise ; mais, si l'Inde échappe jamais à l'Angleterre, ce sera par une guerre de religion. Voilà ce qui compromet l'avenir de la Compagnie bien autrement que l'ambition de la Russie, qui ne sera jamais pour le gouvernement anglais dans l'Inde un sujet de grand effroi, surtout s'il veut conquérir le cours de l'Indus et l'assurer sans partage à sa navigation, depuis l'embouchure de ce fleuve jusqu'aux montagnes.

Nous avons laissé Victor Jacquemont dans les montagnes du Mhairwara, au milieu de l'Indoustan ; mais nous avons oublié de dire comment il était arrivé là. Il nous faut donc revenir un instant sur nos pas, et reprendre le voyage de Jacquemont au moment où il a quitté le Pundjâb, le 9 novembre 1831. Jacquemont venait de repasser le Sutledje ; il s'était reposé quelque temps à Delhi, dans les délices de l'hospitalité anglaise : et, le 14 février, après avoir employé plusieurs semaines à emballer ses collections, il s'était remis en route, le cap au sud, chevauchant en tête de sa caravane dans l'ordre imposant que nous avons précédemment décrit.

L'intention de Victor Jacquemont était de visiter dans toute son étendue, du nord au sud, la presqu'île en deçà du Gange, et de s'arrêter à Bombay, après avoir traversé le Radjpoutana, le pays des Mahrattes, et séjourné dans plusieurs villes importantes, Djeipore, Adjmir, Indore, Poonah[1]. De Bombay, notre voyageur devait gagner le cap Comorin, en longeant la côte de Malabar, derrière les Ghattes ; puis remonter au nord par le plateau de Mysore, passer dans les montagnes Bleues tout l'été de 1833, et enfin retourner en Europe vers la fin de la même année. Cette dernière excursion devait faire du voyage de Jacquemont le plus complet qui eût jamais été entrepris aux Grandes Indes.

Tels étaient les projets de Victor Jacquemont, et il en exécuta une partie. Que ne pouvons-nous l'accompagner encore, et le suivre pas à pas ! Ce nouveau voyage dans un pays à peine exploré, cette pointe hardie vers les tropiques, toute cette vie encore une fois jetée dans les aventures, quel vaste champ pour la curiosité du lecteur ! J'ai montré Victor Jacquemont sous quelques-uns des jours où brille l'originalité de sa nature ; mais combien je suis loin d'avoir complété l'histoire de son caractère et de son esprit, la seule que j'aie voulu faire ! Nous avons vu Jacquemont à la table des riches Anglais de Calcutta, subjuguant l'étiquette à force de naturel, de franchise et de gaieté ; puis gravissant avec la science les glaciers de l'Himalaya ; géologue intrépide et guerrier sur le Thibet ; diplomate éprouvé, orateur éloquent, hardi patriote à Meeru ; prisonnier et maître dans les montagnes du Pundjâb, plus que roi à Cachemire ; mais que n'aurais-je pas à raconter encore si je voulais puiser moins discrètement dans cette mine intarissable que sa correspondance me fournit ! Chacune de ses lettres

1. Jaipur, Ajmer, Indore, Puna.

résume tant d'idées, tant de faits, remue tant de souvenirs, provoque tant de réflexions, et renferme quelquefois des pages d'un style si achevé, qu'il aurait fallu donner, pour ne rien perdre, une analyse de chacune d'elles. Mais aujourd'hui il faut finir, et finir bien tristement.

Le 5 juin 1832, Victor Jacquemont arriva à Poonah, ville de cinquante mille âmes, située sur de hautes montagnes à quelques lieues de Bombay, et l'une des plus importantes stations militaires des Anglais dans la péninsule. Il y passa l'été, c'est-à-dire la saison des pluies, qui est insupportable à Bombay. Le 5 juillet, le choléra fit invasion à Poonah avec une violence effrayante ; il mourait au-delà de soixante personnes par jour. Un des domestiques de Victor Jacquemont fut atteint et les soins de son maître ne purent le sauver. C'était un excellent serviteur ; Jacquemont le pleura. Mais le désespoir qui s'empara des Indiens, ses camarades, dépasse tout ce qu'on peut imaginer ; ils n'avaient cessé de le veiller pendant sa maladie, faisant bonne contenance près de lui, cherchant à l'égayer par des contes qu'il n'entendait plus ; puis, quand ils pouvaient s'éloigner un instant de sa chambre, se retirant dans le jardin pour se rouler à terre et sangloter. Quand il mourut, la douleur de ces malheureux éclata par des témoignages d'une telle violence, qu'elle ressemblait à de la fureur. Comment concilier cette sensibilité profonde avec ce que nous avons vu plus haut de l'apathique insouciance qui est le fond du caractère indien, et surtout avec cette indigence complète des sentiments et des vertus de famille ? C'est une énigme entre mille autres.

Jacquemont n'était pas *contagioniste* ; il ne ressentit donc aucun effroi de l'épouvantable fléau qui ravageait Poonah, et se contenta de prendre toutes les précautions prescrites par l'hygiène du pays. Malgré ces soins, Jacquemont tomba malade, le 22 juillet, d'une violente et soudaine attaque de dysenterie, qui faillit l'emporter. C'était la première maladie un peu sérieuse qu'il eût faite dans l'Inde ; il crut que c'était la dernière, et, voulant mourir en musique, *comme il avait vécu*, il donna ordre qu'on amenât près de son lit un excellent musicien qui, par hasard, se trouvait à Poonah. Mais ce fut l'énergie de sa volonté, aidée d'un bon remède, qui évidemment le sauva.

Jacquemont était arrivé dans l'Inde avec une confiance robuste dans sa jeunesse, dans sa santé, et, toute superstition à part, dans son étoile. Aussi ne cesse-t-il, dans sa correspondance, de combattre par des raisonnements moitié sérieux, moitié plaisants, les inquiétudes de sa famille et de ses amis. Il prouve par de longs calculs de statistique qu'il ne peut pas mourir : « Il me semble qu'il faut être un peu sot pour se laisser mourir à trente ans… Permets-moi de te dire, écrit-il ailleurs, que tu n'as pas assez de confiance en moi, ma bonne amie. Je commence à me considérer comme un vieux vase, fragile par sa nature, mais endurci par le choc des accidents et habitué à tomber sans se briser. Ne rêve donc jamais en noir de moi. » C'est ainsi que Jacquemont joue avec l'idée de la mort. J'ai vu mourir bien des jeunes gens, robustes, pleins d'avenir, qui jouaient avec la mort ; et je vois vivre avec une mauvaise santé, nombre de personnes qui en ont une peur effroyable. Il faut donc traiter fort sérieusement la mort, c'est-à-dire se garder des pièges qu'elle nous tend, et penser à elle le moins possible. Aussi bien, c'était le système de Jacquemont partout ailleurs que dans ses lettres ; il était trop sérieux pour compromettre follement sa vie ; et sa confiance, si vivement exprimée, tenait au soin même qu'il prenait de sa santé. Personne, en effet, n'était plus attentif à soumettre aux variations de la température les procédés de sa toilette. Nous l'avons vu, sur les cimes glacées de l'Himalaya, fourré comme les ours auxquels il donne la chasse, empaqueté comme un Lapon, bravant le froid sous la triple enveloppe d'une épaisse couverture. Arrivé dans le Deccan, par 43 degrés de chaleur, sa toilette avait subi une réforme considérable. Il vivait nu, mais non sans culottes. Il décrit ce nouveau costume dans une de ses lettres les plus amusantes.

Telle est la prudence de Victor Jacquemont. Par malheur, elle l'abandonne quelquefois. Jacquemont ne sait pas sacrifier les intérêts de la science au soin de sa conservation. Dès que la science l'appelle, il marche ; adieu la santé ! adieu la vie ! son ardeur l'emporte ; et, parmi toutes les chances de mort qui abondent dans ce long voyage, les dangers auxquels la science l'expose sont les seuls qu'il ne compte pas ! Le 15 septembre, il quitta Poonah, et prit la route de Bombay. Il voulut visiter en passant l'île de Salsette. Et pourquoi ? L'île de Salsette, située au bas du versant occidental des Ghattes, est un pays malsain, couvert de forêts empestées ou brûlées par les ardeurs d'un soleil dévorant. De plus, Jacquemont avait choisi pour ce voyage la saison la plus dangereuse de l'année. Mais qu'importe ! il venait de recevoir un travail remarquable de M. Arago, sur les recherches géologiques de M. Élie de Beaumont. Cette communication inattendue avait réveillé son zèle scientifique ; c'était comme un noble défi d'ajouter par ses observations personnelles aux expériences déjà si décisives de ces deux savants célèbres ; il espérait découvrir au pied des Ghattes, et sur leurs croupes, des couches tertiaires et alluviales, et trouver, dans les accidents de leur stratification sur ces montagnes, des éléments supérieurs à toutes les conjectures précédentes pour la solution du problème important de leur âge géologique. C'est ainsi que la science le tentait. Comment résister à la science ? Il partit. Il parcourut, sous le feu des tropiques ou sous l'ombrage pestilentiel des bois, toute la longueur de cette île meurtrière, à la recherche de quelques lambeaux de ces terrains, dont l'étude et l'analyse le courbaient douloureusement pendant des jours entiers, « Il en résulte que je suis souffrant, ou plutôt chiffonné depuis quelques jours, écrit-il le 14 octobre. Perfide climat que celui-ci ! »

Il prit quelque repos à Tannah, et enfin, le 29 octobre, il arriva à Bombay, mais épuisé. Le lendemain, il fut obligé de garder le lit ; puis on le transporta au quartier des officiers malades, où le gouvernement anglais le confia aux soins du plus habile médecin du pays.

Jacquemont, qui était lui-même un médecin fort instruit, ne se fit aucune illusion sur la nature de la maladie qu'il avait rapportée de son dernier voyage et sur le danger qu'il courait. C'était une inflammation au foie, dont il avait pris le germe au milieu des miasmes putrides de Salsette. Bientôt un abcès se forma dans l'intérieur de l'organe, et le peu d'espoir qui était resté s'évanouit. Le malade sentit ses forces diminuer de jour en jour ; mais, résigné, tranquille, il dissertait gravement sur son mal, en suivait comme avec l'œil le développement rapide et caché, et calculait avec un calme admirable ce qu'il lui restait de jours à vivre et à souffrir. Souffrir et mourir ! sur cette terre étrangère et funeste, loin de son vieux père qu'il ne reverrait plus, loin de ses amis dont le souvenir, dont la jeunesse réveillaient à chaque instant, sur ce lit de mort, des idées de patrie et d'avenir ! Mourir si jeune, après tant de travaux accomplis, tant de dangers bravés pour la science, au moment d'atteindre le terme d'une si longue épreuve et de toucher au but de tant d'efforts courageux, mourir ! Est-ce ainsi que devait finir le voyage scientifique de Victor Jacquemont ?

« Oh ! qu'il sera charmant, écrivait-il à son frère,

quelque temps avant la fatale excursion dans l'île de Salsette, de nous retrouver tous ensemble après tant d'années d'absence et pour moi d'isolement ! Et notre père, comme il sera heureux ! »

Quelques semaines s'écoulèrent, et toutes ces espérances étaient détruites. Victor Jacquemont, épuisé par trente jours de maladie, condamné par ses médecins et par lui-même, étendu sur ce lit de douleur qu'il ne devait plus quitter, adressait à son frère des adieux touchants et suprêmes :

« … Ma fin est douce et tranquille : si tu étais là, assis sur le bord de mon lit, avec notre père et Frédéric, j'aurais l'âme brisée, et ne verrais pas venir la mort avec cette résignation et cette sérénité… Mais il faut vous dire adieu ! – Adieu ! Oh ! que vous êtes aimés de votre pauvre Victor ! – Adieu pour la dernière fois ! »

Ici finit la correspondance de Victor Jacquemont. Cette dernière lettre que le mourant, étendu sur le dos, ne put écrire qu'avec un crayon, fut copiée par M. Nicol, négociant anglais, qui assista notre malheureux compatriote à ses derniers moments, et transmit à sa famille tous les détails de sa mort. Jacquemont vécut encore quelques jours, qu'il employa à donner à M. Nicol, avec une présence d'esprit admirable, toutes les instructions relatives à l'emballage et au transport de ses collections, de ses écrits, de ses catalogues, ainsi que de plusieurs objets, entre autres sa croix de la Légion d'honneur (il venait d'être nommé chevalier), qu'il envoyait à son frère. Il commanda ses funérailles, et composa lui-même son épitaphe. Le 7 décembre, il fut saisi de douleurs violentes qui annoncèrent sa fin. Mais la force du mal ne put troubler son esprit, ni ébranler son courage, ni altérer la sérénité de son âme. « Je suis bien ici, disait-il seulement, mais je serai bien mieux dans mon tombeau. » Quelques minutes après, il expira. Ceux de nos compatriotes qui chercheront sa tombe sur cette plage lointaine où il mourut, la reconnaîtront à cette modeste inscription :

Victor Jacquemont, né à Paris le 28 août 1801, est mort à Bombay le 7 décembre 1832, après avoir voyagé pendant trois ans et demi dans l'Inde.

Cuvillier-Fleury

Un romantique stoïcien : Victor Jacquemont, par Émile Henriot[1]

Victor Jacquemont figure au premier rang de la petite troupe d'*happy few* qui, dans leur temps même, fait escorte à Stendhal et à Mérimée. *Happy few*, ce mot par lequel Stendhal désigne les quelques heureux, le petit nombre d'être rares qu'une sensibilité délicate apparente, nous venons de le retrouver sous la plume de Jacquemont lui-même, dans une de ses lettres, où il en donne la définition par analogie avec ces balances si sensibles qu'enfermées dans une cage de verre, au fond d'une chambre bien close, elles trébuchent et s'affolent, quand un modeste fiacre vient à passer dans la rue. « Les *happy few* sont des machines également subtiles, et bien plus délicates encore, bien plus impressionnables... » Jacquemont était de ceux-là, et se comptait volontiers au nombre de ce groupe élu que Stendhal, dit-il, « appelle des gens de l'an 1860 », c'est-à-dire qui se croyaient venus trop tôt pour être compris en 1820. Mais Jacquemont ne devait pas connaître cette date, en effet pour lui climatérique, étant mort fort jeune, au cours de son grand voyage des Indes, comme on sait, en décembre 1832 : il y a cent ans cette année. Il y aura lieu de commémorer ce bout de siècle ; la mémoire de Jacquemont en est digne. On espère aussi que cette

1. *Le Temps*, 23 février 1932, p. 3.

occasion verra paraître enfin le livre annoncé que prépare sur lui, depuis si longtemps, M. Pierre Maes[1], de qui nous attendons, avec beaucoup de documents inédits, quelques éclaircissements sur certains points obscurs et demeurés secrets de ce personnage. Hormis les esquisses de Mazade et de Cuvillier-Fleury, et les deux études (insuffisantes) de Mérimée[2], Jacquemont n'a encore été l'objet d'aucun travail vraiment important. En attendant le portrait en pied qu'il mérite, essayons de situer un peu ce curieux homme, et de tracer de lui un léger croquis, inspiré par la sympathie.

Victor Jacquemont est né à Hesdin, en 1801, d'un père idéologue qui avait fait partie du tribunat et devait avoir sous l'Empire, pour quelques relations imprudentes, d'assez peu agréables démêlés avec la police de Fouché. Un de ses frères, Porphyre, avait fait la campagne de Russie comme colonel d'artillerie ; un autre, Frédéric, était consul à Saint-Domingue, où le peu que l'on sait de lui (dont un duel) n'atteste pas un caractère très facile. Tous ces Jacquemont étaient certainement de fortes têtes, capables d'énergie et de résolutions violentes : l'heure venue, Victor en fournira la preuve à son tour, avec cette vigueur glacée qui lui est propre et le fait si souvent ressembler à un héros de Stendhal ou de Mérimée. Introduit par son père dans ce milieu de philosophes et de savants qui continuait autour de Destutt de Tracy la tradition de Cabanis, le jeune Jacquemont s'était trouvé naturellement porté vers l'étude des sciences et y avait assez tôt manifesté ses heureuses dispositions pour se conquérir l'estime de gens comme Cuvier, Humboldt, Jussieu ou Ramond, dont l'appui ne devait pas lui manquer par

1. La biographie de Pierre Maes paraîtra deux ans plus tard, *Un ami de Stendhal. Victor Jacquemont*, Paris, Desclée de Brouwer, 1934.

2. Ces quatre études sont celles que nous rééditons dans ce volume.

la suite quand il eut besoin d'eux. En même temps, lettré, artiste, mélomane, l'aimable garçon fréquentait le monde, tantôt chez le vieux La Fayette, au château de la Grange, tantôt chez le baron Gerard ou dans la spirituelle compagnie de dilettantes réunie autour de Stendhal chez Mme Pasta. Autre point commun avec Stendhal, Victor était amoureux d'elle, comme il l'était de la musique italienne. Les premières lettres qu'on a de lui, adressées à la jeune Mme de Tracy, donnent la plus juste idée de ses goûts et de ses connaissances approfondies en fait de musique et de peinture. Il aimait aller au fond des choses, en prendre réellement possession ; mais dans une âme de vingt ans, cette rigueur et cette froideur de raison ont quelque chose d'effrayant, compensé d'ailleurs par les élans d'imagination passionnée et d'un incoercible naturel. Toutes choses faites pour plaire à Stendhal, et lui inspirer de la sympathie pour ce jeune homme, quand il le rencontra, environ 1820, chez les Tracy.

De cette rencontre initiale, Beyle a noté les circonstances dans ses *Souvenirs d'égotisme*, à l'époque où Jacquemont mourait aux antipodes : il vit en lui d'abord un grand garçon, fort maigre, haut de six pieds, peu logique « et par conséquent misanthrope, sous prétexte qu'il avait beaucoup d'esprit » ; un vrai Français, en somme, qui « ne voulait pas se donner la peine de raisonner ». On comprend pourquoi ce Jacquemont de vingt ans parut tel au quadragénaire Stendhal : il avait dû médire devant lui de Napoléon, en souvenir des persécutions paternelles. « Son cœur n'avait qu'un défaut, une envie basse et subalterne pour Napoléon. » Ce que Jacquemont explique, d'autre part : « Les louanges que j'entends chanter à Bonaparte, *dieu de la liberté*, me donnent des accès de jacobinisme d'ultracisme. » Évidemment, il eût fallu choisir entre ces extrêmes. Par contre, Victor avait de quoi intéresser beaucoup l'auteur de *De l'amour* : il était éperdument amoureux d'une Mme de Lavenelle, dont Stendhal accuse le mari d'espionner Benjamin Constant et La Fayette pour le compte des Tuileries. Notons au passage que cette dame, au dire de Stendhal, était sèche comme un parchemin, sans esprit, et sans *passion*, « sans possibilité d'être émue autrement que par les belles cuisses d'une compagnie de grenadiers défilant dans le jardin des Tuileries en culottes de casimir blanc » ; au surplus, si libertine en ses propos qu'elle acheva de dégoûter Stendhal de ces conversations où l'on dit tout. Ces dispositions ne semblent guère concorder avec ce que l'on sait du grand amour malheureux qu'aurait eu Jacquemont à cette époque, au point que, faut d'avoir rien obtenu, il décida de s'expatrier et de s'en aller au bout du monde… Toujours est-il qu'à le voir ainsi, misanthrope, naturel et amoureux, Beyle prit de l'amitié pour Victor, et sut discerner son mérite, « comme un connaisseur voit un beau cheval dans un poulain de quatre mois qui a encore les jambes engorgées ». Cette amitié alla bientôt à une assez complète confiance pour que Stendhal, en 1825, trois ans après que *De l'amour* eut paru, désirât d'obtenir l'avis et les critiques de Jacquemont sur plusieurs fragments inédits dont il se proposait d'augmenter une édition nouvelle de ce livre. Il n'eut pas le plaisir de voir cette nouvelle édition de son vivant, et les fragments en question n'ont paru que dans celle de 1853, publiée chez Michel Lévy par Romain Colomb, et augmentée, notamment, d'un morceau de Jacquemont lui-même, *Exemple de l'amour en France dans la classe riche*, trouvé dans les papiers de Beyle. Parmi les fragments que celui-ci avait soumis à son jeune censeur, figure le fameux chapitre de la cristallisation (*le Rameau de Salzbourg*) sur lequel on nous a conservé une lettre de Jacquemont, d'un ton assez tranchant et cavalier, où il fait quelques objections pertinentes à Stendhal et lui conseille plusieurs suppressions de développements et de redites, propres à rendre le récit plus clair. On trouvera ce document dans le premier volume de la *Correspondance inédite* de Jacquemont. Il n'y a lieu d'en souligner ici qu'un détail digne de remarque : le conseil qu'il donne à Stendhal de ne pas abuser du *je* et de se mettre en scène moins souvent. Il eût été fâcheux que Beyle en tînt compte, puisque c'est toujours lui que nous aimons retrouver dans tous ses écrits. Mais ce conseil explique aussi très utilement l'attitude de Jacquemont dans les siens, où il met une pudeur extrême à se taire sur ses sentiments. On touche là au point le plus délicat de son caractère, à cette réserve frémissante qui, somme toute, l'apparente beaucoup plus au pudique et méfiant Mérimée qu'à notre chaleureux Stendhal.

Aussi bien est-ce Mérimée qui, avec sa lucidité habituelle, d'ailleurs ici sans grand mérite car il n'avait qu'à regarder en lui pour déchiffrer le caractère de Jacquemont, a su nous renseigner le mieux sur les obscurs dessous de cette âme ardente et contenue. « Je n'ai jamais connu, dit-il, de cœur plus vraiment sensible que celui de Jacquemont. C'était une nature aimante et tendre, mais il apportait autant de soin à cacher ses émotions que d'autres en mettent à dissimuler de mauvais penchants. Dans notre jeunesse, nous avions été choqués de la fausse sensibilité de Rousseau et de ses imitateurs. Il s'était fait une réaction exagérée, comme c'est l'ordinaire. Nous voulions être forts, et nous nous moquions de la sensiblerie. Peut-être Victor cédait-il involontairement à cette tendance de sa génération… Ses dehors d'impassibilité tenaient moins à une mode qu'à une conviction. Il était stoïcien dans toute la force du terme, non par nature mais par raisonnement, et s'il ne niait pas la douleur, il croyait qu'un homme devait toujours trouver en lui la force de la supporter ; en outre, qu'il devait s'exercer sans cesse à se vaincre lui-même... Je crois que la victoire lui coûtait cher... »

À l'éclairage de ce jet de lumière, lisez, si vous êtes curieux de ce Jacquemont, rare et frappant exemple de romantisme maté, les quatre volumes de sa *Correspondance avec sa famille et ses amis pendant son voyage dans l'Inde* (1833) et de sa *Correspondance inédite* (1867), et bien des traits, dignes d'amitié, vous apparaîtront, de nature à le faire, de plus, comprendre et estimer. C'est à la suite d'un profond chagrin d'amour (on ne sait au juste inspiré par qui : Mme de Lavenelle, ou la chanteuse Schiassetti, qu'il avait connue chez Mme Pasta) que Jacquemont, une première fois, avait quitté la France, en 1826, pour l'Amérique. Ses confidences évasives et voilée à Mme de Tracy, à son frère Porphyre, permettent de déterminer la force de son mal et la nature de son secret, mais sans plus, car il n'en précise pas la circonstance. Il avait vu, dans son petit groupe romantique, le pauvre libraire Sautelet se tuer par amour : il préféra fuir, et mit un an à se reprendre. Revenu en France en 1828, il ne toucha sa patrie que pour repartir, après avoir minutieusement préparé ce grand et fécond voyage des Indes d'où il ne devait pas revenir. Voyage de savant, plus que d'aventurier ou d'égotiste, et pour lequel il se fit charger de mission par le Muséum d'histoire naturelle. Muni de recommandations puissantes, annoncé au gouvernement anglais de l'Inde par les plus hautes notabilités scientifiques d'Angleterre, de France, d'Allemagne, il partit à sa coutume, brusquement, « comme un coup de canon », pour épargner aux siens et à lui-même les déprimantes émotions d'une séparation qu'il savait devoir être longue, mais ne présumait pas éternelle. « Je compte que vous aurez soin de vous, dit-il à son père. Évitez les rhumes. » – « Donne-nous de tes nouvelles quand tu pourras », répondit sans plus d'abandon le vieil idéologue, bien digne père d'un tel fils ; et il se remit à lire un tome de Walter Scott. Mérimée ajoute que Victor descendit l'escalier un peu plus vite qu'à l'ordinaire, et qu'avant de monter dans la malle-poste, il lui fit seulement cette recommandation : « Vous irez le voir souvent. » Sur quoi Mérimée lui remit un exemplaire de *Tristram Shandy*, pour le divertir en cours de route. C'était bien la lecture, amère et tendre, qui lui convenait. Mais nous savons aussi qu'il emportait dans son bagage les élégies de Catulle. *Hic quos durus amor*... Il avait alors vingt-sept ans.

Nous ne le suivrons pas, cette fois du moins, en son voyage : le livre, attendu, de M. Pierre Maès, nous en fournira peut-être bientôt l'occasion. Rappelons seulement l'ampleur qu'il sut donner, sous couleur de géologie et de botanique, à cette vaste et méthodique exploration de trois ans, de Calcutta à Bombay, par le Thibet, l'Himalaya, le Pendjab, le Lahore et le Cachemire. Il nous a laissé un double tableau de ce voyage, dans son *Journal*, publié depuis aux frais de l'État, et dans ses lettres vivantes, colorées, riches d'observations et de faits, joliment et fermement écrites, où la conscience du savant n'est pas moins remarquable que la sûreté d'œil du peintre. On soupçonne seulement, à une certaine constance dans le sérieux, ou plutôt à une certaine absence de cette détente amusée qu'on trouve habituellement aux récits de voyage, que ces lettres ont dû être assez gravement expurgées par la famille, qui les publia. Notons, toutefois, pour expliquer ces manques, que Jacquemont (au reste fort intelligent, mais peu poète) fit savoir, de Cachemire, à Beyle que « l'Inde, pour un chasseur du gibier que vous aimez à poursuivre, est un pays bien stérile ». « Les roses de Cachemire ont peu de parfum, les fruits peu de saveur ; les danseuses sont laides et changent rarement de chemise... » Et

Jacquemont s'en consolait, en collectionnant, comme il dit, ses pierres savantes et son docte foin.

Il n'eut malheureusement pas le loisir de mettre à profit la peine qu'il s'était donnée : atteint de dysenterie, au terme même de son voyage, il mourut à Bombay, d'un abcès au foie, se voyant mourir. Sa dernière lettre est sublime, qu'il dicta, ne pouvant écrire, après un mois d'atroces souffrances, et qu'il eut seulement la force de signer. Elle est adressée à son père et à son frère : lucide, sans illusion, sans un mot de regret pour la vie, pleine de consolations pour ceux qui restaient et ne le verraient plus. Mais le dernier mot de ce stoïcien est un cri d'amour. « Adieu ! oh ! que vous êtes aimés de votre pauvre Victor !... » Il faut bien que le cœur, une fois, se libère...

Discours sur Victor Jacquemont, par André Chevrillon[1]

L'esprit de l'homme dont nous célébrons aujourd'hui la mémoire fut si vaste et multiforme, ses travaux ont porté sur tant de sujets qui relèvent des sciences de la nature et des sciences de l'humanité qu'il semble avoir découragé les critiques. Il faut plusieurs spécialistes pour le suivre en des domaines si divers[2]. Quelques-uns, qui sont des maîtres, vont nous dire ce qu'il y a cherché et trouvé. Je voudrais seulement essayer d'évoquer l'homme qui, dans sa courte vie, a porté sur le monde une vue si étendue et si pleine.

Il est né en 1801. Issu d'une vieille famille de Hesdin, dans l'Artois, il a ses racines dans cette forte bourgeoisie française, amie des Lumières, formée par Voltaire et les Encyclopédistes, qui fit la Révolution de 1789. Wenceslas Jacquemont, son père, dont un portrait nous montre, sous une haute cravate, l'austère visage, les yeux sagaces derrière de grandes besicles, fut un homme d'étude et

1. « Victor Jacquemont, discours prononcé le 27 mai 1933 au Muséum à l'occasion du centenaire de la mort de Jacquemont », *La Revue de France*, juillet 1933, p. 169-183. [L'éditeur remercie Madame Nicolette Picherol de nous avoir autorisés à reproduire ce discours d'André Chevrillon.]

2. Ce sera le sujet du livre que lui consacrera le Muséum d'histoire naturelle en 1959 dans la collection « Les grands naturalistes français », rassemblant une vingtaine de contributions sur tous les aspects embrassés par Jacquemont (botanique, géologie, amitiés, Inde anglaise, etc.).

de pensée, disciple des sensualistes et des idéologues, épris de définitions exactes et de méthode, philosophe en chambre, qui écrivit toute sa vie pour lui-même sans rien publier. Girondin pendant la Révolution, administrateurs aux finances, et qui donna sa démission en 1792 parce qu'il répugnait à ce qu'il appelait le joug affreux de la démagogie, membre du Tribunat, de 1792 à 1803, membre de l'Institut, républicain sous Napoléon, il a vécu dans la société des meilleurs esprits de son temps. Ses amis s'appelaient Chaptal, Destutt de Tracy, La Fayette. À la fermeté antique de son caractère, à sa noblesse d'âme, à sa secrète tendresse, son fils a rendu, dans une lettre intime, le plus fervent hommage.

C'est à Paris, sous ces influences, dans ce milieu de haute culture, qu'a grandi Jacquemont. Sa formation fut ainsi toute naturelle. Les carrières, à cette époque, n'étaient pas tracées d'avance, leur abord gardé par de difficultueuses barrières qu'il faut longuement et patiemment s'exercer à franchir. Un jeune homme se frayait librement sa voie, sans ces absorbantes préparations d'examens et de concours, qui, à l'âge où l'être atteint toute sa plénitude de vie, le retranchent trop de la vie. Il y entrait avec des énergies fraîches, et pouvait rapidement donner sa mesure. À vingt ans, Jacquemont n'était pas encore bachelier, mais, dans les salons de Cuvier, de Delécluze, des Tracy, il fréquentait les hommes politiques, les savants, les écrivains et les artistes de son temps. Admirablement doué pour les lettres, passionné de poésie et de musique, par besoin de connaissances objectives et précises il s'était pourtant tourné vers les sciences physiques et naturelles, alors en plein essor, et suivait les cours des maîtres qui les enseignaient au Collège de France. Un an plus tard, il était préparateur du chimiste Thénard, quand un accident de laboratoire compromit pour un temps sa robuste santé. Obligé, pour se rétablir, de vivre au grand air, après une convalescence passée à la campagne chez La Fayette, il se mit à courir les Cévennes, l'Auvergne, le Jura, la Suisse, le Dauphiné, comme plus tard il courut l'Inde, à pied, à cheval, s'enchantant de solitude et de grands paysages, mais toujours travaillant, sollicité par les problèmes que posaient à sa curiosité les terrains et les plantes. Déjà remarqué pour quelques notes et mémoires de géologie où s'exposaient avec clarté des vues neuves, il voyait, dans ces voyages, tous les savants de Suisse et de nos grandes villes de province. À Genève, il fréquentait le grand botaniste De Candolle, à Bex le géologue Charpentier, Allemand d'origine française. Chaudement accueilli par ce jeune savant, il se sentit vite en profonde affinité de nature avec lui. Ils avaient commencé par échanger des plantes et des minéraux de leurs collections ; sur tous les sujets, ils échangèrent bientôt leurs idées et leurs rêves. De là cette riche correspondance qui dormait dans les archives du Muséum et que M. Bultingaire vient de publier[1], document capital pour qui veut bien connaître Jacquemont. Ses fameuses lettres de l'Inde sont surtout objectives ; celles-ci nous ouvrent l'intimité d'une âme habituée, par discipline stoïcienne de famille, à contenir en soi ses profondes ardeurs.

Voyons-le tel que Mérimée le décrit à ce moment : grand, maigre, avec des yeux gris foncé, de longs cheveux châtains dont les boucles flottaient sur son front. Il reste de lui un portrait qui nous montre cette orageuse chevelure, ces beaux et larges yeux au regard si droit, des narines sensibles, des lèvres chaudes et bien arquées : la plus noble et virile figure. Victor Jacquemont fut un

1. *Lettres de Victor Jacquemont à Jean de Charpentier, 1822-1828*, éditées par Léon Bultingaire et Pierre Maes, Publications du Muséum national d'histoire naturelle, n° 2, Paris, Masson, E. Leroux, 1933.

magnifique exemplaire de ce que son ami Stendhal appelait « la plante homme ».

Sa vitalité était inépuisable. De ses courses, écrit-il à Beyle, il lui reste la faculté de faire trente lieues en deux jours sans fatigue. On le voit, dans cette lettre, partant au lever du soleil, pour marcher jusqu'à la nuit, parcourant les bois, traversant – et en hiver – une rivière à la nage, sans, dit-il, avoir réussi à se fatiguer assez pour éprouver par le repos le sentiment du bien-être physique. Le soir, il écrivait des lettres de vingt à trente pages. Il y a en lui un trop-plein d'énergie bouillonnante, des puissances de passion qui le tourmentent et n'arrivent pas à se dépenser. Le travail de science ne lui suffit pas :

> Une existence toute intellectuelle me paraît triste ; il faut, pour le bonheur, l'excitation variée de la sensibilité. Je vois une foule de gens qui coulent tranquillement leurs jours ; je préférerais la vie dure et aventureuse d'un chasseur de chamois ou des chances terribles de danger dans les montagnes de Thessalie, parmi les bandes de Klephtes.

Voilà le sentiment qui le conduira dans l'Inde. Une affaire qui pouvait aboutir à un duel s'étant arrangée, il regrette presque cette occasion manquée de ce qu'il appelle « une sensation forte ». « Je m'ennuie ; un petit coup d'épée à donner ou à recevoir me distrairait. » À ce moment, il est amoureux, d'un amour sans espoir, et dont il n'attend que d'immenses chagrins, et il aspire à s'isoler au plus profond de la nature. Il forme le projet, pour se guérir, de s'enfoncer dans une certaine vallée dauphinoise, « au milieu des plus belles sapinières, au pied d'un glacier d'où sort un torrent magnifique ». Et puis, il voudrait aller suivre la médecine des écoles de Pavie ou de quelques autres villes d'Italie, et reviendrait par l'Angleterre, pour voir aussi celle d'Édimbourg :

> Encore des châteaux en Espagne ! direz-vous. J'aime à laisser mon imagination comme un insecte qu'on lâche en l'air avec un fil à la patte. C'est que votre ami a une âme fort tendre, jouissant et souffrant à la fois de choses à peine aperçues, et qu'il a besoin de s'égarer dans le monde imaginaire pour échapper à la plate réalité de celui-ci.

Cette excessive faculté de sentir, ce besoin de l'ailleurs, cet essor toujours renaissant et toujours rabattu du rêve, cette vague et ardente aspiration d'une âme qui ne trouve pas dans le réel à se satisfaire, ce désir de l'aventure et danger, qu'est-ce que tout cela, sinon le byronisme de l'époque ? Dans cette correspondance, toujours à base de botanique et de géologie, ce jeune homme se montre bien un romantique de sa génération. Romantique, il l'est, non seulement de tempérament, mais au sens précis qu'a le mot en histoire littéraire. Dans la grande querelle de son temps, il a pris parti :

> Je ne sais rien de plus ennuyeux que *Télémaque*, la plupart des tragédies de Racine et de Corneille. Le plus ennuyeux de tous est l'Aigle de Meaux[1], comme on dit à l'Académie.

Par un trait, son romantisme est différent de celui qui règne alors en littérature : il répugne aux confessions, aux cris de l'âme. Sauf à l'ami choisi, il ne se livre pas. Mérimée, qui l'avait pénétré, et qui a dit sa nature aimante et tendre, parle aussi de son « insensibilité de commande ». Il le montre, « apportant à cacher ses

1. Voltaire aurait donné ce surnom à Bossuet : « Le cygne de Cambrai [i.e. Fénelon], l'aigle brillant de Meaux, dans ce temps éclairé n'ont-ils pas des égaux ? » (cité par Anne Herschberg-Pierrot, *Le Dictionnaire des idées reçues de Flaubert*, Presses Universitaires de Lille, 1988, p. 67).

émotions autant de soin que d'autres à dissimuler leurs mauvais penchants » :

Il croyait, dit Mérimée, qu'un homme doit toujours trouver en soi la force de supporter la douleur, qu'il doit s'exercer sans cesse à se vaincre lui-même. Plus d'une fois, j'ai assisté à des combats entre ses nerfs et sa volonté où je crois que la victoire lui coûtait cher.

Nietzsche a écrit que souvent un grand homme n'est même pas un homme. Jacquemont fut pleinement un homme.

Sainte-Beuve, toujours si perspicace, disait qu'il avait été mordu par Stendhal, qu'il avait connu en 1821, dans le salon du comte Destutt de Tracy. C'est ce que confirment ces dix-sept lettres de Jacquemont à Beyle, la plupart inédites, que M. Pierre Maës vient de rendre à l'histoire littéraire le grand service de publier[1] et dont sa pénétrante *Introduction* nous dit toutes les circonstances. Beyle, féru de logique – on sait quel accent il mettait sur ce mot : la *lo-gique* – lui reproche d'en manquer totalement, « et, sous prétexte qu'il a beaucoup d'esprit, de ne pas vouloir se donner la peine de raisonner ». Grave défaut pour ce singulier romantique. Mais lui-même subit étrangement l'ascendant de l'étudiant, qui a tout juste la moitié de son âge. Il aperçoit en lui « la plus haute distinction, comme un connaisseur voit un beau cheval dans un poulain de quatre mois qui a les jambes engagées ». Il ajoute même que Victor Jacquemont s'élève à une immense hauteur au-dessus de tous les hommes qu'il a connus depuis son retour à Paris. Ce candidat au baccalauréat, il l'adopte comme confident et conseiller littéraire. Il lui soumet des additions qu'il se propose d'apporter à son livre sur l'Amour et à son *Racine et Shakespeare*. Il lui demande

1. Victor Jacquemont, *Lettres à Stendhal*, introduction et notes par Pierre Maes, Paris, André Poursin, 1933.

des critiques, et Jacquemont lui en administre de sévères. Mais ils ont fait la convention qu'entre eux les conventions sociales seront mises de côté, qu'ils ne se *mentiront* point. On sait le sens que Stendhal donne à ce mot : il veut la vérité nue, et Jacquemont ne la lui ménage pas. « Autre reproche, lui écrit-il, et de mensonge. » Simplement, Stendhal, dans un projet de préface a usé d'une expression outrée ; il s'est écarté du naturel. « Détestable, lui dit-il encore. Style de portier » – le plus drôle, c'est que l'expression « style de concierge » faisait partie du vocabulaire particulier de Beyle. Il va même jusqu'à railler le nom de plume que celui-ci s'est donné : baron de Stendhal. « Ce nom-là, lui dit-il, me paraît fâcheux. Il est même assez ridicule. » Il se moque joliment de lui en lui renvoyant l'accusation de vanité que lui adresse l'admirateur des Italiens, comme à tous les Français. Il trouve que le sémillant baron fait trop le beau devant les jolies femmes, qu'il parle trop de lui-même, et il l'appelle Monsieur *Je-Moi*. L'admirable, c'est que, de toutes ces critiques, son grand aîné tient compte. Il biffe de ses manuscrits des passages que Jacquemont a censurés. Il fait même son profit de la cinglante leçon adressée à Monsieur *Je-Moi*. En 1828, il notera en marge de son exemplaire personnel du livre *De l'Amour* : « Victor Jacquemont m'a rendu un vrai service en m'empêchant de parler de moi en public. » Cette modestie, cette soumission au jugement d'un enfant de vingt ans, voilà un trait touchant et bien inattendu du grand ironiste.

Dans ces lettres de Jacquemont, Stendhal surtout nous apparaît. C'est comme un miroir que le spirituel Victor lui présente. Il lui prend pour lui parler son style désinvolte, ses mots caractéristiques, ses manières et jusqu'à ses manies. Comme lui, il use de phrases anglaises et italiennes : *addio*, *arriverderci*, *perhaps Richelieu Street*. Comme lui, il parle de l'amour vanité, de cristallisation, du beau idéal, des *happy few*. Il dit le *King* pour le Roi, et en signant se donne de mystérieux et fantaisistes pseudonymes : comte Anonimi, Zermatt, Tempête, Montfleuri, Pormenak, Incognito, affectant, lui aussi, de se méfier d'un cabinet noir de la poste, et d'espions partout cachés.

Tout de même, il y a des traits communs chez les deux hommes. Stendhal disait qu'entre deux esprits l'admiration est un brevet de ressemblance. Certainement, c'est ce qu'il retrouvait dans son cadet de lui-même qui l'a si vite attiré vers Jacquemont. Tous deux sont romantiques, et pourtant élèves des sensualistes du XVIIIe siècle. Ils s'accordent par leur goût de la vérité exacte et simplement dite, montrée en de menus faits significatifs, en de petits exemples précis dont ils tirent de piquants effets.

Le jeune homme aussi est observateur, psychologue. Dans ses grands voyages, il apportera la même curiosité que Beyle à regarder et comparer les âmes des différents peuples, leurs conceptions propres du bonheur et de l'amour. Et c'est aussi le même ironique dédain des faux grands hommes, des parvenus de l'argent, la même intolérance des prétentieux et des imbéciles ; et, encore, la même sensibilité secrète qui trouve son bonheur dans la belle musique italienne, dans l'*Opera buffa*, dans la libre conversation entre gens d'esprit, vers minuit, « autour d'un bol de punch léger ».

Mais Jacquemont est bien plus sérieux, plus sain, et il a une autre conscience. Sainte-Beuve a vu ce qu'il y avait de factice dans Stendhal quand il a dit que le goût du naturel, du vrai qu'il met en avant a souvent l'air d'une gageure. Si le jeune homme, si prompt à deviner autrui, s'est joué à contrefaire celui qu'il appelle un inconcevable original, que ses lettres à Charpentier, à son père, à son frère Porphyre, à tous ceux qu'il aime, sont différentes ! A-t-on jamais écrit avec plus d'aisance et de simplicité, plus d'abondance spontanée ?

C'est une généreuse énergie, le cœur le plus chaud qui s'épanche. Par un grand trait intellectuel, Jacquemont se distingue encore de Stendhal. Intuitif comme lui, il ne se contente pas de vives intuitions. Ses études spéciales l'ont habitué aux recherches méthodiques, patientes, et complètes. Il est dressé aux disciplines rigoureuses de la science.

En 1828, il passait par une crise sentimentale. La jeune cantatrice italienne qu'il aimait depuis quatre ans quittait brusquement Paris pour s'établir à Dresde, et il tomba dans une mélancolie profonde. Il prit le parti viril de s'arracher à son tourment par un grand voyage d'étude aux États-Unis. Quarante-trois jours de traversée, pendant lesquels il ne reste pas oisif. Il lit, il écrit beaucoup, il perfectionne son anglais ; il apprend la navigation, le métier de matelot ; il n'est satisfait que lorsqu'il a réussi à grimper à la pomme du grand mât, traversant des huniers « où il faut cheminer le dos en bas, comme les mouches au plafond ». Il dessine le plan du bâtiment, il en fait des coupes en long et en large, il entend « se rendre compte de toutes choses à bord, non pas à peu près, mais exactement ». Tous les milieux qu'il traverse, il les étudie avec cette inlassable curiosité.

Aux États-Unis, c'est une enquête systématique qu'il entreprend. Il veut tout connaître, la constitution politique, la société, les sectes religieuses, les universités, les écoles, les tribunaux, l'influence du climat et des institutions sur les hommes et les mœurs. Sur tous ces sujets, il abonde en vues profondes, et parfois prophétiques. Il note qu'aux États-Unis, le Gouvernement est soumis à l'opinion publique et ne peut donc que la suivre – vérité que nous n'avons apprise que trop récemment, et à nos dépens ; que les changements de la loi retardant toujours sur ceux des mœurs,

> … la Constitution américaine vaut mieux que la société, pour la raison qu'elle fut conçue par des hommes d'un savoir profond, d'un talent éminent et qui étaient encore de formation européenne – des Anglais, – et que, depuis leur génération s'est éteinte, les mœurs se sont altérées.

Et cette autre vue, confirmée par tant de désordres récents : qu'un système judiciaire établi au XVIIIe siècle, pour un petit peuple agricole et biblique, n'est pas adapté à une société démesurément accrue par des flots hétéroclites d'immigrants. Il découvre cette maladie de nos démocraties : la corruption mutuelle de l'élu et de l'électeur, et cette conséquence : le mépris des politiciens. Il observe le contraste entre le libéralisme des institutions et la tyrannie de l'opinion, et que si, théoriquement, il n'y a pas de religion d'État, « celle du plus grand nombre fait la loi, et interdit de vivre et de parler librement » et que les « jésuites sont des philosophes auprès des puritains ». Il remarque la prodigieuse croissance des États de l'Union où l'esclavage n'existe pas, et que « le centre de figure n'est plus où il était au temps de Washington, ce point remontant incessamment vers le Nord ». Il aperçoit la possibilité d'une guerre entre les États du Nord et ceux du Midi ; il annonce que la question nègre conduira à des effusions de sang qui ne la termineront pas. Il prédit le développement de la grande industrie, l'établissement de barrières protectionnistes de plus en plus hautes. Il discerne déjà ce grand trait qui nous frappe aujourd'hui et que nous appelons de ce joli nom : la standardisation des vies et des mœurs. « Toutes les existences, dit-il, sont jetées dans un même moule, comme les maisons sont bâties sur un même plan ; un même cadre enferme les vies de tous les hommes », empêchant le développement des caractères originaux, et c'est pourquoi « nulle population n'est à ce point antipittoresque ». Que d'autres caractères profonds il signale ! – l'intensité de l'orgueil national, l'absence de la vie de famille, « l'extrême aisance du peuple ouvrier, que rapprochent aussi des riches la ressemblance et l'égalité d'instruction » – une instruction qu'il montre faite de toutes sortes de demi-connaissances diffusées par un nombre immense de journaux, principale et presque seule lecture de tous les citoyens. Et il a le don de l'écrivain qui sait enfermer beaucoup de sens en peu de mots. Quand il dit, par exemple, que nulle part il n'y a plus d'esprit d'association et moins d'esprit de société, ce sont deux idées qui vont très loin qu'il condense en une petite phrase bien frappée.

Dans une lettre à M. de Tracy, qui couvre quarante-trois pages d'un volume in-8, il a résumé l'ensemble de ses jugements sur le peuple des États-Unis. C'est la substance d'un grand livre qui eût devancé celui de Tocqueville, et cette lettre, datée d'un bateau qui le mène à Saint-Domingue, il l'écrit, sans en rien dire, à un moment émouvant de sa vie. Insulté par un Français de New York, il l'a provoqué à un duel, impossible sur le territoire de l'Union, car les conditions qu'il a fixées sont telles qu'il doit se terminer par la mort d'un des combattants, et la justice américaine traiterait l'autre en assassin.

À Saint-Domingue, où il attendit vainement son offenseur, il reçut de notre Muséum la lettre qui offrait une mission scientifique de cinq ans dans l'Inde. Quelle perspective ouverte à ce passionné voyageur, à ce romantique épris de grands paysages et de rudes aventures, à cet infatigable chercheur de toutes les formes de l'homme et de la nature ! Laissant là une nouvelle enquête qu'il a commencée sur l'étrange république nègre, il ne rentre en Europe que pour se préparer – d'abord par un voyage en Angleterre – à la grande entreprise dont il ne reviendra pas.

Si j'étudiais l'œuvre de Jacquemont, je devrais m'arrêter longtemps à sa correspondance de l'Inde et à ce grand journal de plus de deux mille pages dont M. Alfred Martineau vient de nous donner des extraits. Mais mon propos est d'essayer d'évoquer l'homme dont la figure est restée trop longtemps ignorée, et les célèbres lettres, surtout narratives et descriptives, n'en révèlent guère plus que nous n'en apercevons déjà. Sa vie, dans l'Inde, est tournée vers le dehors. À ses maîtres du Muséum, il expose ses recherches de naturaliste et ses conclusions ; à ses amis, il décrit les pays et les paysages, les villes et les habitants ; dans son journal, où il assemble les matériaux de plusieurs livres qu'il veut écrire à son retour, il note tout ce qu'il observe : les peuples, leurs caractères, leurs coutumes, leurs religions, leurs formes d'esprit, de vie et de société, le despotisme et parfois la barbarie des rajahs indépendants, le juste et sage gouvernement de l'autorité anglaise.

Il sait l'hindoustani, le persan. Au cours du voyage de près de neuf mois qui, par Rio de Janeiro, le Cap, la Réunion, Pondichéry, l'a conduit à Calcutta, il a commencé d'étudier ces deux langues[1] avec lesquelles il se familiarise au point d'en employer parfois les termes dans les lettres à ses correspondants de l'Inde, – et il les écrit en caractères arabes. Sur les principes et les méthodes de l'administration britannique, dont il montre le pouvoir fondé bien moins sur la force que sur le prestige ; sur la formation, la psychologie et les mœurs de ses agents – gouverneurs, juges, commissaires, collecteurs – le journal et les lettres de Jacquemont composent le document

1. C'est la magie des voyages au long cours : ils permettent d'apprendre des langues. On a vu Jacquemont apprendre l'anglais sur le bateau le menant aux États-Unis, le voici apprenant l'hindoustani et le persan.

le plus complet ; et l'étonnant, c'est qu'il est encore vrai. Les sports, les *gymkhanas* sans doute, ne tiennent pas alors dans ce monde la place qu'ils occupent aujourd'hui, mais à part ce détail, tous les types que Kipling peindra soixante ans plus tard apparaissent déjà dans les récits de Jacquemont. Il semble – et il l'a bien vu – que, par l'effet d'une culture très spéciale, il y ait à l'état fixé, dans la variété de notre espèce qu'est l'Anglais, des traits qui la distinguent de toutes les autres.

Si, dans l'Inde, Jacquemont reste l'homme que nous connaissons déjà, il y prend toute sa taille. Il nous apparaît plus fort et plus grand. Quel courage, quelle endurance, quelle inlassable activité d'esprit ! Les rajahs l'accueillent en prince, mais, le plus souvent, il est seul et vit en anachorète, comptant sur son régime d'eau claire et de farines pour éviter les maladies qui sévissent sur les Anglais moins tempérants. Il marche aux heures brûlantes du jour. La nuit, il lit, il écrit. Par les journaux et les revues que son grand ami de Calcutta, lord William Bentinck, le gouverneur général de l'Inde, lui envoie par courriers spéciaux, relayés de cent lieues en cent lieues, il suit toutes les affaires du monde et les commente abondamment dans sa correspondance – celles de France, d'Angleterre, des États-Unis, d'Algérie, de Perse, d'Afghanistan, des États arabes d'Asie, des Juifs de Goa, des Parsis de Bombay, celles du Brésil même, où il s'est arrêté pendant une escale d'un mois, et qu'il a regardé comme il sait regarder. En juillet 1833, il traverse, à 18 000 pieds d'altitude, les glaces de l'Himalaya. Pendant cinq mois durant, il explore la grande chaîne, étudiant les roches, corrigeant les cartes anglaises. Il intimide les bandits et les officiers tibétains qui veulent lui barrer la route, et aborde dans la Tartarie chinoise. Il revient au versant sud des montagnes, visite le vieil empereur de Delhi, le dernier des Moghols, entre dans le pays des Sikhs, parcourt le Punjab, alors fermé aux Européens, réussit à se faire recevoir de l'étonnant despote Rendjit Singh, conquérant de cette mystérieuse contrée, qui veut l'en faire vice-roi ; et il en obtient de longs entretiens qui vont jusqu'à la théologie et dont il note tous les mots. Au printemps de 1831, il monte au Cachemire, qu'il ne quitte qu'en septembre pour redescendre aux plaines, dont le soleil, funeste à quelques-uns de ses gens, « lui grille, dit-il, seulement l'épiderme en le laissant aussi frais au-dedans que dans la montagne ». Il lui restait encore à voir les Ghats, les Nilgherries[1], dont il espérait déterminer l'âge géologique, et puis, par le Dekkan, il eût gagné Pondichéry dont il rêve, car c'est là que, dans douze ou quinze mois, il s'embarquerait pour la France.

Il avait trop défié le climat. En avril 1832, il avoue qu'il a souffert un peu de l'épouvantable chaleur. En juillet, il est à Poona, sous les pluies tropicales et en pleine épidémie de choléra, qui lui tue « bien du monde », entre autres son serviteur préféré, qu'il a soigné nuit et jour. Lui-même a failli être emporté par une attaque de dysenterie. « J'ai rudement branlé dans le manche, les douleurs étaient cruelles, mais la tête entièrement libre. L'activité de la pensée me tuait. » Pour la première fois, il doute de sa résistance : « Un voyageur de mon métier a diverses manières de faire *fiasco* » – un mot de Stendhal qui lui revient. « Le *fiasco* le plus complet, c'est de crever en route. » Mais, à peine rétabli, il recommence de mener impitoyablement sa carcasse :

1. Les Ghâts (Occidentaux) sont les montagnes qui bordent la côte ouest de l'Inde. Les Nilgiri prennent naissance à la fin des Ghâts occidentaux et forment un arc de cercle dirigé vers l'est, à la jonction des grandes régions du Sud, Tamil Nadu, Karnataka et Kerala.

J'ai tant écrit aujourd'hui que j'en ai la main engourdie. Demain, au point du jour, je galoperai à cinq lieues d'ici, grimperai sur les montagnes, herboriserai, et, mes sacs pleins, reviendrai comme si j'avais le diable à mes trousses, car il sera midi, et je n'aurai encore rien mangé après une quinzaine de lieues à cheval et à pied, dans la boue et la pluie.

En septembre, la pluie sévit toujours,

… ce qui me vexe beaucoup, dit-il, car je me prépare à descendre dans la boue des îles et de la côte, et j'ai peur de rester enterré dans les rivières. On m'en menace, mais il faut que le service se fasse. Ainsi, je me dis : En avant, marche ! – et sans tambour ; le 13 de ce mois, je marcherai ou pataugerai, pluie ou non.

C'est dans l'île empestée de Salsette, en chevauchant dans des marécages dont le soleil d'été pompe les miasmes, qu'il ressent les premières atteintes du mal – un abcès au foie – qui va l'emporter. Couvert de sangsues et de vésicatoires, « ce qui est bien incommode pour monter à cheval », il part pour Bombay où il n'arrive, en pleine fièvre, que pour entrer au quartier des officiers malades. Il y a langui quarante jours à travers des souffrances qui finirent par s'éteindre dans sa faiblesse croissante. Avec la lucidité, la tranquillité d'âme du savant et du sage, il voit venir sa fin, il en prédit le jour. Elle est toute proche quand il trouve encore la force d'écrire à son frère Porphyre sa dernière lettre. Que les siens ne croient pas qu'il meurt dans l'isolement et l'abandon ! Il leur dit les soins dont ses amis anglais l'entourent, et le dévouement admirable du médecin « qui compromet presque sa santé pour lui » :

Si tu étais là avec notre père, j'aurais l'âme brisée et ne verrais pas venir la mort avec cette sérénité. Console-toi, console notre père. Mais je suis épuisé par l'effort d'écrire. Il faut vous dire adieu. Adieu ! Oh ! vous êtes aimés de votre pauvre Victor ! Adieu pour la dernière fois !

Les Anglais lui firent de grandes funérailles, suivies par toutes les autorités de la résidence. Tous ceux qui représentaient l'Angleterre dans cette Inde dont il avait parcouru deux mille lieues, savaient ce qu'il était. Ils l'aimaient pour sa simplicité, sa gaîté rayonnante, sa franchise et sa noblesse d'âme. Son immense savoir, son obstiné labeur, son invincible courage avaient conquis leur admiration. Dans ce magnifique domaine d'Asie, où la France avait joué un si grand rôle, il avait montré tout ce que peut être un gentleman français. Nul n'a représenté plus hautement au loin l'esprit et la culture de notre pays. On ne le connaissait guère chez nous de son vivant. La publication de ses lettres le révéla. Jusqu'à la fin du siècle dernier, elles furent presque classiques. Mais la marche du temps s'est précipitée, et les générations nouvelles l'avaient perdu de vue. C'est le bienfait de la cérémonie qui nous réunit aujourd'hui, de ranimer la mémoire de ce héros de la science. Appelé par tant de dons aux plus hautes destinées, il a tout sacrifié pour la servir. Dans les inquiétudes du temps présent, la figure et la vie magnifique de Victor Jacquemont nous assurent de la force et des vertus de notre race.

André Chevrillon, *de l'Académie française.*

Repères chronologiques

Alfred Duvaucel

1757 L'East India Company prend le contrôle du Bengale.

1773 Warren Hastings, premier gouverneur général de l'Inde anglaise, le 20 octobre.

1793 Naissance d'Alfred Duvaucel, le 4 février à Évreux.

1794 Son père, Louis Philippe Duvaucel, marquis de Castelnau, fermier général, est guillotiné le 19 floréal an II (8 mai 1794).

1803 Anne-Marie Loquet du Trazail, sa mère, se remarie avec Georges Cuvier.

1814 Janvier-mai, siège d'Anvers au cours duquel Duvaucel s'illustre. Il y est nommé officier d'ordonnance.

1815 Duvaucel quitte les armes pour reprendre ses études d'histoire naturelle sous la direction de Cuvier son beau-père.

1817 Duvaucel est envoyé en Inde comme naturaliste du Roi. Il embarque en décembre sur le navire *La Seine.*

1818 Il débarque à Calcutta en mai où il retrouve le naturaliste Pierre-Médard Diard qui l'avait précédé de quelques mois. Ils s'établissent à Chandernagor, comptoir français, et commencent leur collecte. En juin, il adresse un premier envoi au Muséum contenant notamment un squelette du dauphin du Gange. En décembre, il s'embarque avec sir Stamford Raffles, gouverneur de Bencoolen, pour explorer les îles de la Sonde.

1819 Duvaucel et Diard explorent les îles de Pulo-Pinang, Karrimor et se dirigent vers Singapour. Ils se rendent ensuite à Aceh, où Diard se fait dépouiller par un groupe de brigands malais. Ils se rendent alors à Malacca où ils observent un dugong, mammifère marin au corps fuselé. En août, ils parviennent à Bencoolen, possession britannique à Sumatra. Leurs collections sont spoliées par Raffles et envoyées en Angleterre.

1820 Diard et Duvaucel se séparent pour enrichir leurs collections. Ils ne se reverront pas. Diard se dirige vers Jakarta à l'est, Duvaucel vers Padang, à l'ouest, en direction du Bengale. Nombreux envois de collections au Muséum.

1821 En juillet, Duvaucel descend la rivière Hooghly jusqu'à Dacca et explore les forêts du Sylhet, au nord-ouest de l'actuel Bangladesh. Il explore aussi les montagnes Khasi, dans l'actuel État indien du Meghalaya. Une fièvre, dite « *jungle fever* », le fait revenir à Calcutta.

1822 Il réunit des collections dans la plaine gangétique autour de Bénarès et jusqu'à Katmandou au Népal. Son souhait d'atteindre le Tibet est déçu par les tensions politiques avec les Gurkhas népalais qui avaient envahi le pays.

1823 La fièvre le reprend et le force à revenir à Calcutta. Cuvier décrit le Barasingha ou « Cerf de Duvaucel » (*Cervus duvaucelii*).

1824 Duvaucel meurt en août à Madras, dans la maison de Herbert-Compton, écuyer, avocat-général.

Victor Jacquemont

1791 Naissance de son frère Porphyre avec qui il entretiendra une importante correspondance.

1796 Son père, Venceslas, élu à l'Institut, Classe des Sciences morales et politiques, section de l'Analyse des sensations et des idées morales.

1798 Venceslas membre du Conseil de l'instruction publique.

1799 Venceslas élu en décembre membre du Tribunat où il fait, avec les Idéologues, opposition à Bonaparte.

1801 Naissance, le 8 août, à Paris de Victor Jacquemont. Son père, Venceslas, né en 1757, avait épousé Rose Laisné en 1797.

1802 Venceslas lit au Tribunat un important rapport sur l'organisation de l'instruction publique en France.

1808 Compromis dans la conspiration du général Malet, Venceslas est emprisonné pour dix mois, le 12 juin.

1810 Porphyre est nommé sous-lieutenant. Victor suit les cours du Lycée impérial (Louis-le-Grand) jusqu'en 1815.

1811 Venceslas est réintégré dans l'administration et envoyé à Aurillac comme inspecteur des droits réunis.

1815 Retour de Venceslas à Paris. Victor est inscrit aux cours du Collège de France.

1817 Victor réside chez le général La Fayette, au château de La Grange, près de Rozoy-en-Brie. Il se passionne pour la botanique.

1818 Victor fait un séjour chez les Tracy, au château de Paray-le-Frésil, près de Moulins, où il retournera souvent. Mort de sa mère, le 24 octobre.

1820 Voyage à cheval dans le nord de la France. Il suit les cours de botanique de Desfontaines au Muséum d'histoire naturelle. Il s'intéresse à la minéralogie.

1821 Il est membre fondateur la Société d'histoire naturelle de Paris, en mars. Il voyage dans le Midi d'avril à juillet. Ramond lui enseigne la géologie. Il rencontre Stendhal chez les Tracy, en décembre.

1822 Il est reçu bachelier ès lettres (le jury était présidé par Cuvier), le 14 mars. Rencontre d'Achille Chaper en mai. Voyage dans les Alpes durant l'été. Rencontre avec Jean de Charpentier, botaniste et géologue suisse. Il s'inscrit à l'École de médecine de Paris en novembre.

1824 Rencontre avec la Schiassetti, en juillet.

1826 Jacquemont s'embarque au Havre pour New York sur le brick américain *Cadmus*, le 3 novembre. Explore les rives de l'Hudson avec John B. Stevenson, un médecin new-yorkais rencontré à Paris.

1827 Lettre de son père du 17 janvier lui offrant une mission scientifique dans l'Inde pour le Muséum d'histoire naturelle. Il débarque à Port-au-Prince le 18 février où il rejoint son frère Frédéric parti en Haïti en 1822. Il passe trois mois à herboriser, avant de repartir pour New York. Excursions botaniques et géologiques dans les environs de New York avec Stevenson, jusqu'aux chutes de Niagara où il manque de se noyer. Débarque au Havre, le 16 octobre.

1828 William Bentinck, gouverneur général de la Compagnie britannique des Indes orientales (jusqu'en 1835), nommé le 4 juillet. Victor Jacquemont quitte Paris pour sa mission en Inde, le 9 août. Il s'embarque à Brest sur *La Zélée*, le 26 août. Escale à Rio de Janeiro en octobre-novembre. Escale au cap de Bonne-Espérance. Rencontre Dumont d'Urville qui revient de Polynésie sur *L'Astrolabe* en décembre.

1829 Escale à l'île Bourbon (île de la Réunion) où il assiste à un cyclone en février. Escale à Pondichéry en avril. Il débarque à Calcutta le 5 mai. Il séjourne chez lord William Pearson, avocat général du Bengale. Il est invité par Lord Bentinck à Barrackpore, en juin. Il s'installe près du Jardin botanique de Calcutta pour parfaire ses connaissances de la flore indienne. Il quitte Calcutta en novembre avec une modeste caravane de deux chariots conduits par des bœufs et huit serviteurs. Il suit la plaine du Gange et commence ses observations géologiques et botaniques. Il arrive à Bénarès le 31 décembre.

1830 Jacquemont part pour Delhi en janvier en passant par les monts Vindhya et fait d'intéressantes observations minéralogiques. Il est reçu en mars à Delhi par l'empereur moghol déchu. Il se remet en route en avril vers l'Himalaya et s'arrête au jardin botanique de Saharanpur. En juin, il se repose à Shimla où il trouve un an de correspondance. En juillet, il part explorer le versant himalayen du Tibet. Le 29 juillet il rencontre le savant hongrois Alexandre Csoma de Korös qui étudie la langue tibétaine. En France, gouvernement provisoire, le 2 août, monarchie de Juillet (Louis-Philippe), le 9 août. De retour à Shimla, Jacquemont prend connaissance de la « révolution de 1830 ».

1831 Séjour à Delhi. Il arrive à Amritsar puis à Lahore en mars où il est accueilli par le général Allard qui le présente à Ranjit Singh, lequel lui accorde une longue audience et l'autorise à se rendre au Cachemire pendant l'été. Retour à Amritsar en octobre où Ranjit Singh lui propose la vice-royauté du Cachemire, qu'il refuse. En novembre, il quitte le Pendjab et retourne à Shimla où son ami le capitaine Kennedy lui fait fête. En décembre, il rejoint Delhi où il est accueilli par son ami William Fraser.

1832 Il prépare son voyage au Rajasthan et à Bombay. Il visite Jaipur, Ajmer, les montagnes du Mewar en mars. Il herborise dans les monts Vindhya sous les grandes chaleurs de la saison chaude, en avril-mai. Il s'installe à Puna pendant la saison des pluies, en juillet-août. Il apprend fin août que le roi Louis-Philippe l'a fait, en janvier de la même année, chevalier de la Légion d'honneur. Il part en septembre pour l'île de Salsette où il tombe malade. Il part pour Bombay en novembre afin de s'y faire soigner. Le docteur Mac Lennan le prévient de la gravité de son état. En novembre, il rédige son testament. Après un sursaut, la maladie s'aggrave. Victor Jacquemont fait ses dernières recommandations, prépare ses envois de manuscrits et de collections en France, règle ses funérailles et demande l'épitaphe qu'il souhaite. Il meurt le 7 décembre à 18 h 16. Il est enterré le lendemain à Bombay, au cimetière de Lonapore, avec les honneurs militaires.

1833 Publication de sa correspondance.

1836 Mort de son père.

1855 Commande par l'État du buste de Jacquemont au sculpteur Fernand Talouet, placé dans la serre tempérée du Muséum.

1881 Exhumation des restes de Jacquemont à Bombay, le 25 février. Arrivée du cercueil au Muséum le 26 avril. Élévation d'un monument à son effigie à Srinagar, en octobre, par des voyageurs français, pour commémorer le cinquantenaire de son passage dans cette ville.

1893 Inhumation de Jacquemont dans un caveau du côté sud des galeries de zoologie, le 19 novembre.

1933 Célébration au Muséum du centenaire de sa mort, du 2 au 7 mai.

1951 Cérémonie au Muséum à l'occasion du cent cinquantième anniversaire de sa naissance, en octobre.

1959 Publication du volume en son honneur dans la collection « Les grands naturalistes français » du Muséum national d'histoire naturelle.

Bibliographies

Alfred Duvaucel

Manuscrits

Muséum national d'histoire naturelle

« Peintures de mammifères envoyés de l'Inde par Alf[red] Duvaucel, qui n'ont pas trouvé place dans l'histoire naturelle des mammifères, ou qui forment double emploi. » Papiers Georges Cuvier, cote Ms 602.

« Figures peintes d'oiseaux [et de reptiles], envoyées de l'Inde par Duvaucel et Diard. » Papiers Georges Cuvier, cote Ms 604.

« Lettre de Mme Georges Cuvier (née Anne-Marie Coquet Du Trazaille [*sic*], Veuve en première noce de Louis-Phillipe Duvaucel) à la comtesse Victorine de Chastenay. » 2 août 1828. Recueil d'autographes et de documents divers, cote Ms 2533/pièce 35.

« Lettres et pièces relatives au voyage de Diard et Duvaucel dans l'Inde. » Papiers Georges Cuvier, cote Ms 625.

Papiers et manuscrits du baron Georges Cuvier (1769-1832). Muséum national d'histoire naturelle, cote Ms 600-642.

Institut de France

Fonds Georges Cuvier. Bibliothèque de l'Institut de France, cote Ms 3001-3347.

Publications

Duvaucel, Alfred et Pierre-Médard Diard, « Sur une nouvelle espèce de Sorex – Sorex Glis », *Asiatick Researches, or Transactions of the Society, instituted in Bengal*, vol. XIV, 1822, p. 471-475.

Duvaucel, Alfred, « On the Black Deer of Bengal. [Hippelaphus] », *Asiatic Researches*, vol. XV, 1825, p. 157-162.

Duvaucel, Alfred, « Lettres familières sur l'Inde : Première partie », *Revue des Deux Mondes*, deuxième quinzaine, juin 1833, p. 601-631.

Duvaucel, Alfred, « Lettres familières sur l'Inde : Seconde partie », *Revue des Deux Mondes*, première quinzaine, juillet 1833, p. 59-80.

Autour d'Alfred Duvaucel

« Notice sur le Voyage de M. Alfred Duvaucel, dans l'Inde », *Journal asiatique*, tome 4, mars 1824, p. 137-145.

« Notice sur le Voyage de M. Alfred Duvaucel, dans l'Inde », *Journal asiatique*, tome 4, avril 1824, p. 200-213.

« Troisième notice sur les voyages de M. Alfred Duvaucel, dans l'Inde, ayant pour objet plus particulier, l'histoire naturelle », *Journal asiatique*, tome 5, novembre 1824, p. 277-285.

Cuvier, Georges, « Notice sur les voyages de MM. Diard et Duvaucel, naturalistes français, dans les Indes orientales et dans les îles de la Sonde ; extraite de leur correspondance, et lue à l'Académie des sciences, le 14 mai dernier [1821], par M. le baron Georges Cuvier, membre de l'Institut », *Revue encyclopédique*, tome X, juin 1821, p. 473-482.

Cuvier, Frédéric, « Notice sur les voyages de M. Duvaucel », *Revue encyclopédique*, tome XXI, février 1824, p. 257-267.

Duvaucel, Louis-Philippe, *Réflexions importantes sur l'impôt du tabac*, s.l., circa 1790.

Duvaucel, Louis-Philippe, *Lettre adressée à M. de Blacons, député à l'Assemblée nationale, par M. Duvaucel, servant de suite aux réflexions importantes sur le tabac, par le même*, s.l., 1790.

Claeys, Jean-Yves, « Deux Français à la conquête de Singapour », *France-Asie, revue mensuelle de culture et de synthèse franco-asiatique*, vol. 99, août 1954, p. 1001-1007.

Feller, F. X. de, « Duvaucel (Alfred) », in *Biographie universelle ou dictionnaire historique des hommes qui se sont fait un nom par leur génie, leurs talens, leurs vertus, leurs erreurs ou leurs crimes*, nouvelle édition augmentée de plus de 3 000 articles rédigés par M. Pérennès, tome quatrième, Paris, Gauthier Frères, 1834, p. 451.

Mahul, Alphonse, « Duvaucel (Alfred) », in *Annuaire nécrologique ou complément annuel et continuation de toutes les biographies, ou dictionnaires historiques, contenant la vie des hommes remarquables par leurs actes ou leurs productions, morts dans le cours de chaque année, à commencer de 1820*, 5e année, année 1824, Paris, Ponthieu, 1825, p. 109-110.

Mérimée, Prosper, « Lettres à Sophie Duvaucel », *Revue de Paris*, 1er septembre 1932, p. 83-98, 15 septembre 1932, p. 360-376.

« Nécrologie – M. Alfred Duvaucel », *Revue encyclopédique*, tome XXVI, avril 1825, p. 274.

« Necrology – M. Du Vaucel », *The Asiatic journal and monthly register for British India and its dependencies*, May 1825, p. 662-663.

Notice biographique sur M. Diard (Pierre-Médard), naturaliste. Lu à la Société d'agriculture, sciences, arts et belles-lettres d'Indre-et-Loire par M. le Président Diard, son frère, Tours, 1877.

Stendhal au jardin du roi : lettres inédites à Sophie Duvaucel, publiées avec des notes, par Louis Royer, Grenoble, Arthaud, 1930.

Victor Jacquemont

On pourra se reporter à la bibliographie, exhaustive en son temps, de Pierre Maes, placée à la fin de sa biographie, *Un ami de Stendhal : Victor Jacquemont*, Paris, Desclée de Brouwer, 1934, p. 603-621.

Manuscrits

Muséum national d'histoire naturelle

« Manuscrits du Voyage [dans l'Inde] de Victor Jacquemont », cote Ms 182-183.

« Copies des lettres de Victor Jacquemont », cote Ms 2531-2532.

« Copie de lettres de Victor Jacquemont à Jean de Charpentier », cote Ms 2115.

« Lettre à Raspail du 2 août 1826 », Correspondance scientifique de François-Vincent Raspail, cote Ms 2388/f. 144.
« Lettres à Joseph Desbassyns, 27 février 1829, et à de La Serve, 12 décembre 1829 », cote Ms 2528/f. 67-68.
« Lettres à Jean Alexandre C. Buchon et au Général Ventura, du 14 mars 1828 au 18 octobre 1831 », Collection d'autographes de botanistes constituée par Gustave Thuret et Édouard Bornet, cote Ms CRY 503/f. 815-818.
« Commission de publication des œuvres de Victor Jacquemont, 1834 », Papiers d'Adrien de Jussieu, cote Ms Jus 51/f. 3.

Bibliothèque nationale de France

« Lettres de Victor Jacquemont au capitaine de vaisseau de Mélay, gouverneur des établissements français dans l'Inde (1829-1832) », 111 feuillets, cote Nouvelles Acquisitions Françaises 6459.
« Lettres de Victor Jacquemont au capitaine de vaisseau Joseph Cordier, administrateur des établissements français au Bengale (1830-1832) », 292 feuillets, cote Nouvelles Acquisitions Françaises 6615.
« Correspondance de Victor Jacquemont avec Mademoiselle Zoé Noizet de Saint-Paul (1827-1833) », 161 feuillets, cote Nouvelles Acquisitions Françaises 10221.

Institut de France

« Correspondance avec Pierre-Louis Cordier (1822-1829) », Papiers de Pierre-Louis Cordier, cote Ms 2724.
« Lettres de Victor Jacquemont à Jacques Cambessédès (1828-1831) », Correspondance botanique de Joseph Decaisne, cote Ms 2448/XXVI/26-32.

« Lettre de Victor Jacquemont à Henri Cordier », Fonds Henri Cordier, cote Ms 5462/Pièce 99.

Publications (ordre chronologique)

« Voyage en Inde », *Revue des Deux Mondes*, première quinzaine, juin 1833, p. 585-593.

Correspondance de Victor Jacquemont avec sa famille et plusieurs de ses amis pendant son voyage dans l'Inde (1828-1832), 2 vol., Paris, H. Fournier, décembre 1833 (rééditions : 1835, 1841, Garnier Frères 1846, 1861 ; voir nouvelle édition Michel Lévy, 1869).

Letters from India : describing a journey in the British dominions of India, Tibet, Lahore, and Cashmere, during the years 1828, 1829, 1830, 1831, undertaken by order of the French government, 2 volumes, London, Edward Churton, 1834.

Voyage dans l'Inde pendant les années 1828 à 1832 : journal, publié sous les auspices de M. Guizot, ministre de l'Instruction publique, et du Muséum, volumes 1-3, Paris, Firmin Didot, 1841.

Voyage dans l'Inde pendant les années 1828 à 1832 : description des collections, par MM. Isidore Geoffroy Saint-Hilaire, Milne Edwards, Émile Blanchard, Valenciennes, Cambassèdes, J. Decaisnes, volume 4, Paris, Firmin Didot, 1844.

Voyage dans l'Inde pendant les années 1828 à 1832 : planches du journal, planches des collections, atlas, 2 volumes (290 planches et 4 cartes), Paris, Firmin Didot, 1844.

Correspondance inédite de Victor Jacquemont avec sa famille et ses amis. 1824-1832, précédée d'une notice biographique, par Victor Jacquemont neveu, et d'une introduction par Prosper Mérimée, 2 volumes, Paris,

Michel Lévy, 1867 (réédition Calmann-Lévy 1877, reproduction en fac-similé, coll. « Bibliotheca asiatica », Paris, Kailash, 1993).

Correspondance de Victor Jacquemont avec sa famille et ses amis : pendant son voyage dans l'Inde, 1828-1831, précédée d'une étude sur Jacquemont par Cuvillier-Fleury, nouvelle édition augmentée de lettres et fragments inédits, Paris, Michel Lévy, 1869.

Planchon, Jules-Émile, « Deux lettres inédites de Victor Jacquemont, communiquées à la société botanique de France : session extraordinaire d'Antibes, mai 1883 », *Bulletin de la Société botanique de France*, fasc. 30, 1883, p. 64-66.

Nouvelle correspondance inédite de Victor Jacquemont avec le capitaine de vaisseau Joseph Cordier, administrateur des établissements français au Bengale (1830-1832), publiée par Henri Omont, Paris, Armand Colin, 1896.

Omont, Henri, « Nouvelle correspondance inédite de Victor Jacquemont avec Mlle Zoé Noizet de Saint Paul (1827-1832) », *Revue d'histoire littéraire de la France*, volume 11, numéro 2, 1904, p. 282-334 ; suite et fin, volume 11, numéro 3, 1904, p. 477-491.

Lettres à Stendhal, introduction et notes par Pierre Maes, Paris, André Poursin, 1933.

État politique et social de l'Inde du Nord en 1830 : extraits du Journal de voyage de Victor Jacquemont, avec une introduction de M. Alfred Martineau, coll. « Bibliothèque d'histoire coloniale », Paris, Société de l'histoire des colonies françaises, 1933.

État politique et social de l'Inde du Sud en 1832 : extraits du Journal de voyage de Victor Jacquemont, avec une introduction de M. Alfred Martineau, coll. « Bibliothèque d'histoire coloniale », Paris, Société de l'histoire des colonies françaises, 1934.

Lettres de Victor Jacquemont à Jean de Charpentier. 1822-1828, avec une introduction de Léon Bultingaire et des notes de Pierre Maes, coll. « Publications du Muséum national d'histoire naturelle », n° 2, Paris, Masson, 1933, 2e édition avec supplément, 1934.

Letters from India, 1829-1832 : being a selection from the correspondence of Victor Jacquemont, translated with an introduction by Catherine Alison Phillips, London, Macmillan and Co., 1936.

Letters to Achille Chaper : intimate sketches of life among Stendhal's coterie, with an introduction and notes by James Fred Marshall, coll. « Memoirs of the American philosophical society », n° 50, Philadelphia, American philosophical society, 1960.

Découverte de l'Inde éternelle, extraits de la correspondance de Victor Jacquemont pendant son voyage dans l'Inde (1828-1832), introduction et notes d'André Lebois, Paris, Éditions du Vieux-Colombier, 1961.

Autour de Victor Jacquemont

Beauverie, Jean, « Une correspondance inédite de M. Jacquemont. La vie pittoresque du comte de Montlosier à Randanne », *Revue d'Auvergne*, 1922, p. 145-154.

Bronner, François, *La Schiassetti : Jacquemont, Rossini, Stendhal*, collection « Points d'orgue », Paris, Hermann, 2010.

Chevrillon, André, « Victor Jacquemont. Discours prononcé le 27 mai 1933 au Muséum à l'occasion du centenaire de la mort de Jacquemont », *La Revue de France*, juillet 1933, p. 169-183.

Cuvillier-Fleury, Alfred-Auguste, « Victor Jacquemont », in *Correspondance de Victor Jacquemont avec sa famille et ses amis : pendant son voyage dans l'Inde,*

1828-1831, nouvelle édition, Paris, Michel Lévy, 1869, p. I-XXXV.

Duminy, Marcel, *Les Jacquemont. Le monument d'Hesdin, discours prononcés à l'inauguration, lettres inédites de Victor Jacquemont*, Paris, Bureaux de la Revue septentrionale, 1909.

Guyon, Charles, *Aventures de Victor Jacquemont dans l'Inde*, coll. « Les livres roses pour la jeunesse », n° 500, Paris, Larousse, 1930.

Herrenschmidt, Olivier, « Victor Jacquemont (1801-1832), naturaliste en Inde, voyageur, ethnologue », conférence présentée au 130e Congrès national des Sociétés historiques et scientifiques, La Rochelle, 2005.

Herrenschmidt, Olivier, « Jacquemont, Victor », in *Dictionnaire des orientalistes de langue française*, édité par François Pouillon, Paris, IISMM Karthala, 2008.

Jacquemont, préface de Jean Filliozat, coll. « Les grands naturalistes français », n° 3, Paris, Muséum national d'histoire naturelle, 1959.

Jacquemont du Donjon, Victor, « Victor Jacquemont », in *Correspondance inédite de Victor Jacquemont avec sa famille et ses amis : 1824-1832*, tome 1, Paris, Michel Lévy, 1867, p. 1-8.

La Tour Madure, *Victor Jacquemont, voyageur (1801-1832)*, Paris, Bayard, 1902.

Le Calloc'h, Bernard, « La Rencontre de Victor Jacquemont et d'Alexandre Csoma de Koros dans l'Himalaya indien (1830) », *Revue d'histoire diplomatique*, n° 3, 1989, p. 219-220.

Le voyage sans retour de Victor Jacquemont, spectacle mis en scène de Jean Grimaud, Compagnie Clarance, Paris, 18, 19 et 20 septembre 2009.

Margerie, Emmanuel de, « Victor Jacquemont dans l'Himalaya, 1830-1831 », *Geografiska annaler*, 1935, p. 394-412.

Mazade, Charles de, « La jeunesse de la Restauration : Victor Jacquemont », *Revue des Deux Mondes*, décembre 1867, tome 72, p. 966-984.

Mérimée, Prosper, « Nécrologie de Victor Jacquemont », *La Revue de Paris*, tome 50, mai 1833, p. 252-259.

Mérimée, Prosper, « Introduction », in *Correspondance inédite de Victor Jacquemont avec sa famille et ses amis : 1824-1832*, tome 1, Paris, Michel Lévy, 1867, p. I-XVI.

Maes, Pierre, *Un ami de Stendhal. Victor Jacquemont*, Paris, Desclée de Brouwer, 1934.

Resch, Yannick, *Le rêve foudroyé de Victor Jacquemont : itinéraires d'un écrivain voyageur*, coll. « La bibliothèque d'outre-mer », Marseille, CGR, 1998.

Salamand, Georges, *Ciel et fer : les amis romantiques des Sept-Laux. L'explorateur Victor Jacquemont et Achille Chaper, maître de forges et maire de Pinsot au pays d'Allevard, 1822-1831*, coll. « L'histoire du fer au pays d'Allevard », n° 6, Pinsot, les Éditions du Fond-de-France, 2005.

Théodoridès, Jean, « Notes sur Victor Jacquemont », *Revue d'histoire des sciences et de leurs applications*, vol. 14, n° 1, 1961, p. 27-31.

Théodoridès, Jean, « La mission de Victor Jacquemont dans l'Inde Anglaise, 1828-1832 », *Revue d'histoire diplomatique*, 1967, p. 125-142.

Warren, Édouard de, *La Vie et les œuvres de Victor Jacquemont, discours de réception à l'Académie de Stanilas, prononcé à Nancy, le 24 juin 1852*, Nancy, Grimblot et Veuve Raybois, 1852.

Documentation sur Victor Jacquemont collectée par Armand Boutillier du Retail (1882-1943), conservateur à la Bibliothèque Nationale, directeur du Centre de documentation. BnF, cote FOL-LN1-232 (12575).

Les pièces sont principalement des coupures de presse, sur lesquelles la pagination n'apparaît pas toujours. Le dossier contient, dans l'ordre des pièces :

Anonyme, « Les amitiés et les amours de Victor Jacquemont », *Les Nouvelles littéraires*, 21 septembre 1935.

Fontenoy, Henri, « Compte rendu du livre de Pierre Maes sur Victor Jacquemont », *Les Nouvelles littéraires*, 2 mars 1935.

Pilon, Edmond, « Aux prises avec Bonaparte : Venceslas Jacquemont », *L'Action française*, 27 décembre 1934.

Thiébaut, Marcel, « Victor Jacquemont. [Compte rendu du livre de Pierre Maes sur Victor Jacquemont] », *Revue de Paris*, 15 décembre 1934, p. 929-944.

R. T. (?), « Compte rendu de l'édition des lettres de Jacquemont à Stendhal par Pierre Maes », *Revue politique et littéraire*, 1er mai 1934.

Beauverie, Jean, « Compte rendu de l'édition des lettres de Jacquemont à Jean de Charpentier », *Revue générale des sciences*, 30 novembre 1933, p. 653-654.

Chevrillon, André, « Victor Jacquemont, discours prononcé le 27 mai 1933 au Muséum à l'occasion du centenaire de la mort de Jacquemont », *La Revue de France*, juillet 1933, p. 169-183.

Henriot, Émile, « Stendhal et Victor Jacquemont », *Le Temps*, 7 février 1933.

Henriot, Émile, « Un romantique stoïcien : Victor Jacquemont », *Le Temps*, 23 février 1932, p. 3.

La Tour Madure, « Victor Jacquemont, voyageur (1801-1832) », *Les contemporains*, 10e année, n° 519, 21 septembre 1902, p. 1-16.

Ouvrage composé par
PCA 44400 Rezé

Cet ouvrage a été imprimé
En France par
CPI Bussière
Saint-Amand Montrond (Cher)
en septembre 2015

POCKET – 12, avenue d'Italie – 75627 Paris Cedex 13

N° d'impression : 2017850
Dépôt légal : septembre 2015
S26215/01